国家出版基金项目
NATIONAL PUBLICATION FOUNDATION

"十三五"国家重点图书出版规划项目

智能制造
系|列|丛|书

U0378608

智能制造系统中的
建模与仿真

系统工程与仿真的融合

朱文海 郭丽琴 著

MODELING AND SIMULATION IN IMS

FUSION OF SE AND SIMULATION

清华大学出版社

北京

图书在版编目(CIP)数据

智能制造系统中的建模与仿真：系统工程与仿真的融合/朱文海，郭丽琴著.—北京：清华大学出版社，2021.12
　（智能制造系列丛书）
　ISBN 978-7-302-59555-7

Ⅰ.①智…　Ⅱ.①朱…②郭…　Ⅲ.①智能制造系统—研究　Ⅳ.①TH166

中国版本图书馆 CIP 数据核字(2021)第 236315 号

责任编辑：刘　杨　冯　昕
封面设计：李召霞
责任校对：赵丽敏
责任印制：沈　露

出版发行：清华大学出版社
　　　　网　　　址：http://www.tup.com.cn，http://www.wqbook.com
　　　　地　　　址：北京清华大学学研大厦 A 座　　　邮　　　编：100084
　　　　社　总　机：010-62770175　　　　　　　　邮　　　购：010-62786544
　　　　投稿与读者服务：010-62776969，c-service@tup.tsinghua.edu.cn
　　　　质量反馈：010-62772015，zhiliang@tup.tsinghua.edu.cn
印　装　者：涿州市京南印刷厂
经　　　销：全国新华书店
开　　　本：170mm×240mm　　　印　张：14　　　　字　　　数：283 千字
版　　　次：2021 年 12 月第 1 版　　　　　　　印　　　次：2021 年 12 月第 1 次印刷
定　　　价：58.00 元

产品编号：093923-01

智能制造系列丛书编委会名单

主　任:

　　周　济

副主任:

　　谭建荣　李培根

委　员(按姓氏笔画排序):

王　雪	王飞跃	王立平	王建民
尤　政	尹周平	田　锋	史玉升
冯毅雄	朱海平	庄红权	刘　宏
刘志峰	刘洪伟	齐二石	江平宇
江志斌	李　晖	李伯虎	李德群
宋天虎	张　洁	张代理	张秋玲
张彦敏	陆大明	陈立平	陈吉红
陈超志	邵新宇	周华民	周彦东
郑　力	宗俊峰	赵　波	赵　罡
钟诗胜	袁　勇	高　亮	郭　楠
陶　飞	霍艳芳	戴　红	

丛书编委会办公室

主　任:

　　陈超志　张秋玲

成　员:

郭英玲	冯　昕	罗丹青	赵范心
权淑静	袁　琦	许　龙	钟永刚
刘　杨			

制造业是国民经济的主体,是立国之本、兴国之器、强国之基。习近平总书记在党的十九大报告中号召:"加快建设制造强国,加快发展先进制造业。"他指出:"要以智能制造为主攻方向推动产业技术变革和优化升级,推动制造业产业模式和企业形态根本性转变,以'鼎新'带动'革故',以增量带动存量,促进我国产业迈向全球价值链中高端。"

智能制造——制造业数字化、网络化、智能化,是我国制造业创新发展的主要抓手,是我国制造业转型升级的主要路径,是加快建设制造强国的主攻方向。

当前,新一轮工业革命方兴未艾,其根本动力在于新一轮科技革命。21世纪以来,互联网、云计算、大数据等新一代信息技术飞速发展。这些历史性的技术进步,集中汇聚在新一代人工智能技术的战略性突破,新一代人工智能已经成为新一轮科技革命的核心技术。

新一代人工智能技术与先进制造技术的深度融合,形成了新一代智能制造技术,成为新一轮工业革命的核心驱动力。新一代智能制造的突破和广泛应用将重塑制造业的技术体系、生产模式、产业形态,实现第四次工业革命。

新一轮科技革命和产业变革与我国加快转变经济发展方式形成历史性交汇,智能制造是一个关键的交汇点。中国制造业要抓住这个历史机遇,创新引领高质量发展,实现向世界产业链中高端的跨越发展。

智能制造是一个"大系统",贯穿于产品、制造、服务全生命周期的各个环节,由智能产品、智能生产及智能服务三大功能系统以及工业智联网和智能制造云两大支撑系统集合而成。其中,智能产品是主体,智能生产是主线,以智能服务为中心的产业模式变革是主题,工业智联网和智能制造云是支撑,系统集成将智能制造各功能系统和支撑系统集成为新一代智能制造系统。

智能制造是一个"大概念",是信息技术与制造技术的深度融合。从20世纪中叶到90年代中期,以计算、感知、通信和控制为主要特征的信息化催生了数字化制造;从90年代中期开始,以互联网为主要特征的信息化催生了"互联网+制造";当前,以新一代人工智能为主要特征的信息化开创了新一代智能制造的新阶段。

这就形成了智能制造的三种基本范式，即：数字化制造（digital manufacturing）——第一代智能制造；数字化网络化制造（smart manufacturing）——"互联网＋制造"或第二代智能制造，本质上是"互联网＋数字化制造"；数字化网络化智能化制造（intelligent manufacturing）——新一代智能制造，本质上是"智能＋互联网＋数字化制造"。这三个基本范式次第展开又相互交织，体现了智能制造的"大概念"特征。

对中国而言，不必走西方发达国家顺序发展的老路，应发挥后发优势，采取三个基本范式"并行推进、融合发展"的技术路线。一方面，我们必须实事求是，因企制宜、循序渐进地推进企业的技术改造、智能升级，我国制造企业特别是广大中小企业还远远没有实现"数字化制造"，必须扎扎实实完成数字化"补课"，打好数字化基础；另一方面，我们必须坚持"创新引领"，可直接利用互联网、大数据、人工智能等先进技术，"以高打低"，走出一条并行推进智能制造的新路。企业是推进智能制造的主体，每个企业要根据自身实际，总体规划、分步实施、重点突破、全面推进，产学研协调创新，实现企业的技术改造、智能升级。

未来 20 年，我国智能制造的发展总体将分成两个阶段。第一阶段：到 2025 年，"互联网＋制造"——数字化网络化制造在全国得到大规模推广应用；同时，新一代智能制造试点示范取得显著成果。第二阶段：到 2035 年，新一代智能制造在全国制造业实现大规模推广应用，实现中国制造业的智能升级。

推进智能制造，最根本的要靠"人"，动员千军万马、组织精兵强将，必须以人为本。智能制造技术的教育和培训，已经成为推进智能制造的当务之急，也是实现智能制造的最重要的保证。

为推动我国智能制造人才培养，中国机械工程学会和清华大学出版社组织国内知名专家，经过三年的扎实工作，编著了"智能制造系列丛书"。这套丛书是编著者多年研究成果与工作经验的总结，具有很高的学术前瞻性与工程实践性。丛书主要面向从事智能制造的工程技术人员，亦可作为研究生或本科生的教材。

在智能制造急需人才的关键时刻，及时出版这样一套丛书具有重要意义，为推动我国智能制造发展作出了突出贡献。我们衷心感谢各位作者付出的心血和劳动，感谢编委会全体同志的不懈努力，感谢中国机械工程学会与清华大学出版社的精心策划和鼎力投入。

衷心希望这套丛书在工程实践中不断进步、更精更好，衷心希望广大读者喜欢这套丛书、支持这套丛书。

让我们大家共同努力，为实现建设制造强国的中国梦而奋斗。

周济

2019 年 3 月

技术进展之快,市场竞争之烈,大国较劲之剧,在今天这个时代体现得淋漓尽致。

世界各国都在积极采取行动,美国的"先进制造伙伴计划"、德国的"工业 4.0 战略计划"、英国的"工业 2050 战略"、法国的"新工业法国计划"、日本的"超智能社会 5.0 战略"、韩国的"制造业创新 3.0 计划",都将发展智能制造作为本国构建制造业竞争优势的关键举措。

中国自然不能成为这个时代的旁观者,我们无意较劲,只想通过合作竞争实现国家崛起。大国崛起离不开制造业的强大,所以中国希望建成制造强国、以制造而强国,实乃情理之中。制造强国战略之主攻方向和关键举措是智能制造,这一点已经成为中国政府、工业界和学术界的共识。

制造企业普遍面临着提高质量、增加效率、降低成本和敏捷适应广大用户不断增长的个性化消费需求,同时还需要应对进一步加大的资源、能源和环境等约束之挑战。然而,现有制造体系和制造水平已经难以满足高端化、个性化、智能化产品与服务的需求,制造业进一步发展所面临的瓶颈和困难迫切需要制造业的技术创新和智能升级。

作为先进信息技术与先进制造技术的深度融合,智能制造的理念和技术贯穿于产品设计、制造、服务等全生命周期的各个环节及相应系统,旨在不断提升企业的产品质量、效益、服务水平,减少资源消耗,推动制造业创新、绿色、协调、开放、共享发展。总之,面临新一轮工业革命,中国要以信息技术与制造业深度融合为主线,以智能制造为主攻方向,推进制造业的高质量发展。

尽管智能制造的大潮在中国滚滚而来,尽管政府、工业界和学术界都认识到智能制造的重要性,但是不得不承认,关注智能制造的大多数人(本人自然也在其中)对智能制造的认识还是片面的、肤浅的。政府勾画的蓝图虽气势磅礴、宏伟壮观,但仍有很多实施者感到无从下手;学者们高谈阔论的宏观理念或基本概念虽至关重要,但如何见诸实践,许多人依然不得要领;企业的实践者们侃侃而谈的多是当年制造业信息化时代的陈年酒酿,尽管依旧散发清香,却还是少了一点智能制造的气息。有些人看到"百万工业企业上云,实施百万工业 APP 培育工程"时劲头十足,可真准备大干一场的时候,又仿佛云里雾里。常常听学者们言,CPS(cyber-physical systems,信息-物理系统)是工业 4.0 和智能制造的核心要素,CPS 万不能离开数字孪生体(digital twin)。可数字孪生体到底如何构建? 学者也好,工程师也好,少有人能够清晰道来。又如,大数据之重要性日渐为人们所知,可有了数据后,又如何分析? 如何从中提炼知识? 企业人士鲜有知其个中究竟的。至于关键词"智能",什么样的制造真正是"智能"制造? 未来制将将"智能"到何种程度? 解读纷纷,莫衷一是。我的一位老师,也是真正的智者,他说:"智能制造有几分能说清楚? 还有几分是糊里又糊涂。"

所以,今天中国散见的学者高论和专家见解还远不能满足智能制造相关的研究者和实践者们之所需。人们既需要微观的深刻认识,也需要宏观的系统把握;既需要实实在在的智能传感器、控制器,也需要看起来虚无缥缈的"云";既需要对理念和本质的体悟,也需要对可操作性的明晰;既需要互联的快捷,也需要互联的标准;既需要数据的通达,也需要数据的安全;既需要对未来的前瞻和追求,也需要对当下的实事求是……如此等等。满足多方位的需求,从多视角看智能制造,正是这套丛书的初衷。

为助力中国制造业高质量发展,推动我国走向新一代智能制造,中国机械工程学会和清华大学出版社组织国内知名的院士和专家编写了"智能制造系列丛书"。本丛书以智能制造为主线,考虑智能制造"新四基"〔即"一硬"(自动控制和感知硬件)、"一软"(工业核心软件)、"一网"(工业互联网)、"一台"(工业云和智能服务平台)〕的要求,由 30 个分册组成。除《智能制造：技术前沿与探索应用》《智能制造标准化》《智能制造实践》3 个分册外,其余包含了以下五大板块:智能制造模式、智能设计、智能传感与装备、智能制造使能技术以及智能制造管理技术。

本丛书编写者包括高校、工业界拔尖的带头人和奋战在一线的科研人员,有着丰富的智能制造相关技术的科研和实践经验。虽然每一位作者未必对智能制造有全面认识,但这个作者群体的知识对于试图全面认识智能制造或深刻理解某方面技术的人而言,无疑能有莫大的帮助。丛书面向从事智能制造工作的工程师、科研人员、教师和研究生,兼顾学术前瞻性和对企业的指导意义,既有对理论和方法的描述,也有实际应用案例。编写者经过反复研讨、修订和论证,终于完成了本丛书的编写工作。必须指出,这套丛书肯定不是完美的,或许完美本身就不存在,更何况智能制造大潮中学界和业界的急迫需求也不能等待对完美的寻求。当然,这也不能成为掩盖丛书存在缺陷的理由。我们深知,疏漏和错误在所难免,在这里也希望同行专家和读者对本丛书批评指正,不吝赐教。

在"智能制造系列丛书"编写的基础上,我们还开发了智能制造资源库及知识服务平台,该平台以用户需求为中心,以专业知识内容和互联网信息搜索查询为基础,为用户提供有用的信息和知识,打造智能制造领域"共创、共享、共赢"的学术生态圈和教育教学系统。

我非常荣幸为本丛书写序,更乐意向全国广大读者推荐这套丛书。相信这套丛书的出版能够促进中国制造业高质量发展,对中国的制造强国战略能有特别的意义。丛书编写过程中,我有幸认识了很多朋友,向他们学到很多东西,在此向他们表示衷心感谢。

需要特别指出,智能制造技术是不断发展的。因此,"智能制造系列丛书"今后还需要不断更新。衷心希望,此丛书的作者们及其他的智能制造研究者和实践者们贡献他们的才智,不断丰富这套丛书的内容,使其始终贴近智能制造实践的需求,始终跟随智能制造的发展趋势。

2019 年 3 月

21世纪已走过了20年,伴随着科学技术的突飞猛进,新概念犹如雨后春笋破土而出,随处涌现,例如云计算、大数据、物联网、移动互联网、工业4.0、智能制造、信息物理系统(CPS)、工业互联网、数字孪生、数字主线等。各种学说、思潮充斥于媒体、互联网,铺天盖地的科技快餐让人目不暇接。昨天刚得到一个突破,今天就听说一场革命,人们在良莠混杂的信息中很容易迷失方向。例如,我们经常在线上或线下听"大咖们"讲解"某某技术"有多么强大,制造业的诸多难题可迎刃而解。有道是,布道者振振有词、口吐莲花,听讲者热血沸腾,感觉取到了"真经",可随后冷静思考,却发现依旧是两手空空。原因在于,大家当场被新概念震慑了,竟然忘记了寻找解决问题的技术途径的初心。

一项研究表明,企业不过是在名称里加上了.com、.net或互联网,股价便翻了一番还多。可一旦互联网泡沫破灭了,股民的钱就打了水漂。今天的人工智能(artificial intelligence,AI)同样如此。当下,人工智能已经成为一种时尚的"大箩筐",任何跟计算机沾上边的东西似乎都能被装入这个"大箩筐"。为了说服大家肯为实际上并不需要的东西投入更多的钱,这些企业需要做出更多承诺,提出超出实际能兑现的范围的目标。这种情况互联网泡沫时期出现过,近期的人工智能也重蹈覆辙,估计数字孪生、基于模型的系统工程(model-based systems engineering,MBSE)也必然如此。道理很简单,哪里有利可图,哪里就有资本蜂拥而至。

诚然,近些年,以深度学习为代表的AI的确以日新月异的速度变得更加令人震撼,甚至令人叹为观止。从下围棋到语音识别,到人脸识别,AI都取得了长足的进展,以至于人们误以为只要有了大数据+深度学习,很多问题都可以轻松得到解决。人们之所以总是这样过高地估计AI的实际能力,一部分原因在于媒体的夸张宣传,将每一次小小的进展都描绘成翻天覆地的历史性突破。技术大鳄们在每次发布新闻稿件时,基本上也是遵循同一个套路。这种基于大数据和机器深度学习的计算智能和感知智能很快就碰到了"天花板"。以智能驾驶汽车为例,由于它无法识别未曾学习过的复杂的、突发的情况,导致交通事故时有发生。另外,模型的不透明、难以解释性也成为当今AI的软肋。一言以蔽之,目前的AI是在限制领域内专用的狭义 AI(narrow AI)，只能应用于其设计初衷所针对的特定任务，而且应用前提是系统所遇到的问题与其之前所经历的场景不能有太大的变化。

MBSE 成为当下热词中的一员，也不足为奇。国外有学者甚至把 MBSE 视为"系统工程(systems engineering，SE)的革命""系统工程的未来""系统工程的转型"等。虽然它不像工业 4.0、大数据、人工智能、智能制造等名词那样响彻云霄，但也如雷贯耳，也不乏大批追名逐利者蜂拥而至。与其他新技术类似，数字孪生、MBSE 也必然要经历硅谷"臭名昭著"的技术成熟度曲线(炒作周期)：任何新的技术在出现后会迅速被炒作并达到一个峰值，而在过高的期望达到后，一切会重归幻灭，回到低谷期；但是市场最终是可以明辨哪些技术是好的，哪些技术可以提高生产力，因此会经历一个缓慢上升的过程，最终使得该产品市场成熟。

虽然很多期刊论文都引用了国际系统工程协会(International Council on Systems Engineering，INCOSE)给出的 MBSE 的定义，但是 MBSE 似乎并不是由 INCOSE 最早提出的。早在 1993 年，亚利桑那大学的 A. Wayne Wymore 教授就发表了关于 MBSE 的专著，试图对系统设计的理论进行阐述，并在书的附录中给了一种 MBSE 建模语言，但推广并未获得成功。INCOSE 于 2006 年重新审视与发展了"基于模型的系统工程"，并在 2007 年初面向工业界和学术界发起了 MBSE 倡议，重新给出了 MBSE 的定义(Systems engineering vision 2020)：MBSE 是一种应用建模方法的正式方式，用于支持系统需求、设计、分析、检验与确认活动。这些活动从概念设计阶段开始，持续贯穿整个开发过程及后续的所有生命周期阶段。

在国内，尤其是一些公司的咨询顾问引入基于某个特定软件的系统工程方法之后，很多时候只要提到 MBSE，通常指的仅仅是系统需求(概念)设计。无论是高层论坛，还是产品发布会，只要涉及 MBSE 主题，就一定有专家学者、解决方案提供商、企业用户，大讲特讲 SysML＋Rhapsody 或＋MagicDraw 等，仿佛只要在系统需求设计阶段应用了 SysML(systems modeling language，系统建模语言)，一切复杂问题就可迎刃而解。毫不夸张地讲，这种对 MBSE 断章取义、片面的解释，除了凸显对 MBSE 本质认识存在较大的偏差外，更暴露出商业诱导的痕迹。至于有学者撰文说 SysML 是 MBSE 的核心，则更是不着边际、错得离谱。

近几年，许多已发表的期刊论文、网络文章都将传统的系统工程(traditional systems engineering，TSE)定义为基于文本的系统工程(text-based systems engineering，TSE)。这种"形象、直观、鲜明"的对比，格外吸引普罗大众的眼球，导致很多人误以为 MBSE 之前的工程项目只能使用文档进行系统需求分析和概念设计。这种对比既不尊重事实，也误解和歪曲了 MBSE，更有失公允。而无休无止的跟风、人云亦云更促成了今天"三人成虎"的局面。

INCOSE 在其《系统工程手册》中指出，现代系统工程的起源可追溯到 20 世纪 30 年代。我们不妨稍微向后延迟一点时间，将现代系统工程起始时间点顺延至第一台电子计算机问世的时间点(20 世纪 40 年代中后期)。那么，传统系统工程结束的标志时间点应该是何时呢？毋庸置疑，当然应该在现代系统工程起始之前。传统的系统工程和今天的 MBSE 相隔七八十年，将二者相比未免有些不伦不类（古代皇帝连智能手机都没玩过，真不如今天的你我幸福），也没有可比性。其实，早在 SysML 问世之前，在军事系统开发的初始阶段就大量使用了概念建模与仿真工具进行复杂系统需求分析和概念设计，UML(unified modeling language，统一建模语言)和美国 DoDAF(department of defense architecture framework，国防部体系架构)在装备体系论证和大型装备研制的早期阶段都发挥了十分重要的作用。SysML 不过是继 IDEFx、UML、DoDAF 之后，充分借鉴 UML 2.0 和 DoDAF，增补和裁剪了部分视图而形成的系统建模语言/工具而已。虽然 SysML 与其前身相比能提高系统需求分析、设计、验证与确认的效率，但并未从根本上产生思想的跃升，当然更谈不上是对系统工程的"颠覆性"变革。况且 SysML 作为系统工程师的建模语言/工具，要想成为与各类用户进行需求沟通的工具，还需要大量的资金投入和人员培训，更别说用它替代复杂系统(产品)全生命周期各阶段"五花八门"的建模与仿真工具来开展多层次的系统仿真了。

系统工程是用于系统设计、实现、技术管理、运行使用和退役的专门学科方法论。其中，模型方法是系统工程的基本方法。研究系统一般都要通过它的模型来研究，甚至有些系统(特别是想象中的系统)只能通过模型来研究。经历几千年的经验积累，模型方法(建模与仿真技术)早已贯穿于复杂系统(产品)开发的始末，即从系统(产品)需求分析、概念设计开始直至系统(产品)衰败和消亡的全过程，并与项目管理一并融入系统工程之中。不管 MBSE 的定义如何，基于模型(MB)作为修饰语，始终服务于系统工程这个主题。MBSE 作为一种方法论，其核心永远是系统工程。INCOSE 重新梳理定义的 MBSE 是现阶段系统工程与仿真技术融合的结果，不是针对某特定学科解决问题的具体方法、过程和工具。在开展工程系统项目的不同阶段，除了针对不同层次的需求分析、设计外，系统开发不同的阶段所使用的建模与仿真工具依然还会是多种多样、五花八门的。仅仅使用单一的系统建模语言/工具，无法满足工程系统项目开发全生命周期的要求。

系统工程作为一门学科形成于 20 世纪 40 年代。70 多年来，世界各国科研机构、航空航天、汽车行业等主要借鉴 NASA(National Aeronautics and Space Administration，美国国家航空航天局)的系统工程思想/方法，其原因在于 NASA 在系统工程领域积累了许多成功经验，典型代表如"阿波罗"登月计划。由于登月所需的实体系统原本并不存在，而在那个年代，没有云计算、大数据，也没有基于大数据的深度学习，人类只能凭借掌握的先验信息(知识)，进行必要的假设和推理，然后通过数学和逻辑演绎来建模(机理模型)，通过仿真(模型试验)不断地改进设计，直到最终开发出满足登月要求的实体系统，并成功地完成了登月使命。"阿波罗"登月计划的成功强有力地证明了系统工程方法的胜利，证明了人类最擅长虚构和创造原本不存在的系统的能力，也充分证明了模型方法是系统工程的基本方法，同时也强有力地证明了 SysML 等不是工程系统项目研制的必要条件。虽然人类开展大型创造活动长期使用文本文档,但也同时使用概念模型,如实物模型、数学模型、图表模型、逻辑模型、语言模型等,只不过描述模型的工具不统一、不规范。在解决系统问题时,一般使用数学、物理、化学、材料、生物等知识,建立不同学科、不同领域以及跨学科的机理模型。这些机理模型不但帮助工程师圆满地解决了诸多复杂系统的问题,而且很好地预言了未来。工程师在万不得已的情况下才使用唯象模型。唯象模型就是在不明事物内在原因的情况下,用统计数学方法从大量实验数据中拟合得到的规律。在实验数据范围内,唯象模型对自然现象有描述或"预言"的能力,但没有解释、理解的能力。超出实验数据范围的外推是不科学的。

不知从何时开始,大家习以为常的单一学科、单一专业领域的"分析"都"摇身一变"成为时髦的"仿真"。例如,力学分析变成力学仿真,有限元分析软件变成有限元仿真软件。当然,这种称呼上的变化无可厚非,然而这样做可能会导致一些年轻的工程师误以为以前的专业领域"分析"一直就叫"仿真",以至于不知晓还有仿真科学与技术作为专门独立学科的存在。仿真科学与技术是以相似理论、建模与仿真理论为基础,建立并利用模型,以计算机系统、物理效应设备及仿真器作为工具,对研究对象进行分析、建模、运行与评估的一门综合性、交叉性学科。仿真科学与技术已形成独立的知识体系,包括仿真建模理论、仿真系统构建理论和仿真应用理论等。仿真科学与技术已成为理论研究、科学实验之后人类认识和改造客观世界的第三种方法。今天,系统工程同仿真科学与技术水乳交融、如影随形,已经成为解决复杂系统问题的强有力的方法和工具。

我们都知道,概念模型是对真实世界的第一次抽象,是构建后续模型的基本参照物。在这一点上,系统工程、建模与仿真,甚至 MBSE 都是一致的。以仿真系统开发为例,一方面,概念模型由领域主题专家和系统开发人员共同构建,其主要作用在于为领域主题专家(有时也包括用户)和仿真开发人员搭建沟通的桥梁。借助概念模型,仿真开发人员可获取所仿真的真实世界系统的细节信息,以便于进行仿真系统的基于实体分析和设计。另一方面,由领域主题专家、模型专家和软件专家组成的第三方权威认证机构,在确认概念模型的合理性之后,可对照概念模型检验数学模型和软件模型的准确性及合理性,从而便于对整个系统进行校验、验证和确认(verification,validation,accreditation,VV&A)。借助概念模型,领域主题专家/用户和仿真开发人员更容易在简化和逼真之间达成妥协,在系统需求的确认上达成共识。

为了支持构建智能制造系统中的建模与仿真系统,消除因大肆宣传、商业炒作而引发对数字孪生、MBSE 等能力的无限放大,我们必须清醒地认识这些概念的本质,需要进一步了解"新概念"鼓噪者避而不谈的那些起关键作用的核心技术。事实上,无论是数字孪生,还是 MBSE,都无法回避系统建模与仿真技术。如果没有建模与仿真技术的支持,这些概念注定会成为无源之水、无米之炊,会失去其鲜活的生命力。鉴于此,笔者力图简要阐述数学建模、系统工程、建模与仿真、虚拟样机等基本理论,分析系统工程、建模与仿真技术水乳交融的关系,进而阐明 MBSE 是 M&S(modeling & simulation,建模与仿真)和 SE 深度融合的阶段产物。与此同时,通过对数字孪生、MBSE 等进行剖析,旨在帮助大家深刻领悟 MBSE 的精髓,共同促进数字孪生、MBSE 的推广应用。

笔者认为:INCOSE"重新"定义 MBSE,旨在进一步强调和突出概念模型在系统工程中的地位和作用,其实并没有引起系统工程本质的变化,只是运行的形态发生了部分变化,最大的差别体现于工具、效率的不同。随着 M&S 向全系统、全过程、全方位的发展,MBSE 必然贯穿于系统的全生命周期,当然在解决系统问题的不同阶段还必然需要各学科、各专业领域的建模与仿真工具。与此同时,应该认识到,在系统开发过程中使用新的需求分析、设计工具,对系统工程师、组织内部的相关人员,乃至用户都提出了更高的要求,即要求利益相关方都应尽可能地掌握系统建模语言(便于沟通),这势必会增加新系统投资和学习培训的压力。也许对系统工程师来说这不是问题,但对专业学科设计师来说未免过于苛刻了。如果其他学科的人员不能熟练掌握 SysML,使用 SysML 提高沟通交流的效率只能是系统工程师的梦想了。

在智能制造中应用 MBSE,不仅需要理解 M&S 与 SE 的理念,更要掌握系统工程、建模与仿真技术,而且还要将 M&S 与 SE 融入制造企业(生态圈)的智能制造系统相关功能分支,覆盖复杂产品全生命周期(从概念设计到工程、制造和运行使用等)的每个阶段,从而能够为决策提供仿真结果的支持。只有这样,才能更好地发挥数字孪生、MBSE 等应有的作用,实现虚、实两个世界的完美融合,以便进一步支持复杂产品(系统)的智能制造。

最后再次强调,实施 MBSE 本身就是一个工程项目,不是简单地引进一些新工具,需要在企业战略的指导下,通过组建多学科团队(也许会涉及成千上万人),采用系统工程、项目管理等方法、手段,团队成员勠力携手,循序渐进地推进项目进展。

复杂产品智能制造系统技术国家重点实验室总技术负责人朱文海

2021 年 8 月于北京

Contents | **目录**

第 5 章　建模与仿真技术的基础 104

第 6 章　复杂产品虚拟样机工程 155

第 1 章

时代背景

　　大约发生在 1 万年前的人类生活方式的首次深度转变，使人类通过驯养动植物，从采集时代过渡到了农耕时代（农业革命）。农业活动作为现代工业出现之前人类的主要经济活动，对人类的存在和发展具有重要意义。农业革命为以后的一系列社会变革创造了物质基础。18 世纪中叶，由于能源（化石燃料）的大规模开发和利用、蒸汽机的发明和使用所引发的工业革命，把人类历史推进了以大机器生产为标志的工业文明时代，从而实现了人类文明史上又一次伟大的飞跃。进入工业文明时代，人类不仅从根本上提高了社会生产力，创造了农业文明时代无法比拟的巨量的物质财富和精神财富，完成了社会经济、政治、文化以及人的生存方式等方面的历史性变革，还从根本上改变了人与自然的关系，使人类有史以来第一次走出了自然笼罩的阴影，取得了对自然的伟大胜利，成为自然的主宰者和支配者。

　　科技革命，特别是关键技术创新深入地影响着宏微观经济结构、组织形态和运行模式，进而形成了新的社会经济格局。当代经济社会正处于从传统的技术经济范式向数字经济创新应用推动的数字范式转变。今天，新一轮科技革命和产业变革正在加速推进制造业向智能化、服务化、绿色化转型，发展数字经济成为全球共识，以人工智能、大数据、工业互联网、区块链为代表的新一代信息技术加速突破应用，数字产业化、产业数字化的趋势越来越明显。数字经济作为一种新的经济形态，正成为推动经济发展质量变革、效率变革、动力变革的重要驱动力，也是全球新一轮产业竞争的制高点和促进实体经济振兴、加快转型升级的新动能。数字经济通过不断升级的网络基础设施与智能机等信息工具，推动人类经济形态由工业经济向"信息经济—知识经济—智慧经济"形态发展，极大地降低了社会交易成本，提高了资源优化配置效率，提高了产品、企业、产业附加值，推动了社会生产力的快速发展，同时为落后国家后来居上实现超越性发展奠定了技术基础。

　　中国是数字经济时代的重要技术供应方和主要应用市场之一。不论从规模体量还是融合深度层面，中国都正在成为更为重要的全球数字经济大国，并在更新兴、更前沿、更融合的领域试图引领全球数字经济发展。我国重点推进建设的 5G 网络、数据中心、工业互联网等新型基础设施，本质上就是围绕科技新产业的数字经济基础设施，数字经济已成为驱动我国经济实现又好又快增长的引擎，数字经济所催生出的各种新业态，也将成为我国经济的重要增长点。

1.1 数字经济时代

1.1.1 数字经济的概念内涵

数字经济是继农业经济、工业经济之后的一种新的社会经济发展形态。人们对数字经济的认识是一个不断深化的过程。数字经济的概念早期出现在 1996 年唐·泰普斯科(Don Tapscott)撰写的《数字经济：智力互联时代的希望与风险》中，但数字经济在学术界并没有一个统一的定义。1998 年,美国商务部发布了《新兴的数字经济》报告,由此数字经济的提法正式成型。美国麻省理工学院(MIT)媒体实验室的创立者尼古拉·尼葛洛庞第提出的数字经济定义是早期定义中较有影响力的,他将数字经济描述为"利用比特而非原子"的经济。这一定义道出了数字经济基于网络的本质。数字经济概念出现后,随即引起了各国政府的重视。各国政府为促进数字经济发展,开始对数字经济概念进行界定。数字经济的发展是同信息技术,尤其是互联网技术的广泛应用分不开的,也是同传统经济的逐步数字化、网络化、智能化发展分不开的。

区别于工业经济时代强调基于工业技术专业分工和发挥其规模化发展效率,数字经济时代则更加注重发挥信息技术作为通用使能技术的赋能作用,打破工业技术专业壁垒,提升供给侧能力,形成轻量化、协同化、社会化的业务服务新模式,动态响应用户个性化需求,从而获取多样化发展效率,实现创新驱动、高质量发展,开辟新的经济增长空间。

目前得到广泛认可的是中国于 2016 年在《G20 数字经济发展与合作倡议》中给出的定义:"数字经济是指以使用数字化的知识和信息作为关键生产要素、以现代信息网络作为重要载体、以信息通信技术的有效使用作为效率提升和经济结构优化的重要推动力的一系列经济活动。"2017 年,"数字经济"被正式写入党的十九大报告,报告提出要建设"网络强国""数字中国""智慧社会",加快发展先进制造业,推动互联网、大数据、人工智能和实体经济深度融合,在中高端消费、创新引领、绿色低碳、共享经济、现代供应链、人力资本服务等领域培育新增长点,形成新动能。2018 年《政府工作报告》中提出"发展壮大新动能""为数字中国建设加油助力"。2019 年《政府工作报告》中明确指出:"打造工业互联网平台,拓展'智能＋',为制造业转型升级赋能。"这些都充分体现了党中央、国务院对工业互联网的高度重视。工业互联网作为工业体系和互联网体系深度融合的产物,是制造业等实体经济领域向数字化、网络化、智能化转型的关键支撑,是促进我国供给侧结构性改革、加快新旧动能转换的有效抓手,是实现我国经济高质量发展和改善民生的重要依托。由此可以得出,国家对于数字经济的定位不只局限于新兴产业层面,而是将之提升为驱动传统产业升级的国家战略。中共十九届四中全会又进一步提出将数据增列为一种新的生产要素,建立由市场评价贡献、按贡献决定报酬的机制,这体现了中国特色社会主义基本经济制度的制度优势——能够最大限度地适应当代中国的客观实际,能够最大限度地解放和发展社会生产力,是中国特色社会主义政治经济学的重要理论创新,标志着数据生产要素将从经济社会建设的初始投入阶段向经济产出与社会分配的更高阶段发展。

根据统计数据显示,2017 年我国数字经济总量达到 27.2 万亿元,占 GDP 的比重达到 32.9%。2017 年信息通信产业规模为 6.2 万亿元,占 GDP 的比重为 7.4%,数字融合部分规模为 21 万亿元,占 GDP 的比重为 25.45%。其实最为大家关注的互联网行业,根据中国信通院测算数据显示:2017 年我国上市互联网公司总营业额达到 1.4 万亿元。2018 年中国数字经济总量突破 30 万亿元,占 GDP 的比重为 34.8%。数字化产业规模达到 6.4 万亿,占 GDP 的比重为 7.1%,在数字经济中占比为 20.49%;产业数字化在数字经济中继续占主导位置,2018 年产业数字化部分规模 24.9 万亿元,在数字经济中占比为 79.51%。在数字经济中,产业数字化在经济中继续占据主导位置,产业数字化部分占比远远高于数字化产业的规模,说明我国数字化技术、产品、服务正在加速向各行各业融合渗透,对其他产业产出增长和效率提升的拉动作用不断增强。2020 年 7 月 3 日,中国信通院发布的《中国数字经济发展白皮书(2020 年)》显示:2019 年,我国数字经济增加值规模达到 35.8 万亿元,占 GDP 比重达 36.2%,占比同比提升 1.4 个百分点。从规模上看,2019 年数字产业化增加值达 7.1 万亿元,同比增长 11.1%。从结构上看,数字产业结构持续软化,软件业和互联网行业占比持续小幅度提升。产业数字化深入推进,2019 年我国产业数字化增加值约为 28.8 万亿元,占 GDP 比重为 29.0%。

根据现行的国民经济行业分类和统计制度,准确界定数字经济不是一件容易的事情。其中,计算机制造、通信设备制造、电子设备制造、电信、广播电视和卫星传输服务、软件和信息技术服务等行业作为数字经济的基础产业,互联网零售、互联网和相关服务等几乎全部架构在数字化至上的行业,可看作数字经济范畴。数字经济难以准确界定的另一个原因在于它是融合性经济。其他行业通信技术的应用与向数字化转型所带来的产出增加和效率提升,在国内被认作是数字经济的主体部分,在数字经济中所占比重越来越高,这部分却更难以准确衡量。

数字经济也称智能经济,是后工业经济的本质特征,是"信息经济—知识经济—智慧经济"的核心要素。数字经济是一个经济系统,在这个经济系统中,数字技术被广泛使用并由此带来了整个经济环境和经济活动的根本变化。数字经济也是一个信息和商务活动都数字化的全新社会政治和经济系统。数字经济主要研究生产、分销和销售都依赖数字技术的商品和服务。数字经济的商业模式本身运转良好,因为它创建了一个企业和消费者双赢的环境。

数字经济的发展给包括竞争战略、组织结构和文化在内的管理实践带来了巨大的冲击。随着先进网络技术的应用与实践,我们原来的关于时间和空间的概念受到了真正的挑战。企业组织正在努力想办法整合与顾客、供应商、合作伙伴在数据、信息系统、工作流程和工作实务等方面的业务，而它们又都有各自不同的标准、协议、传统、需要、激励和工作流程。随着数字经济的深入发展，其内涵和外延不断演化。

1.1.2　数字经济的特点

在数字经济时代，数据在经济生活中的作用变得越来越重要，不仅能帮助人们更好地组织和规划生产经营，更能有效地进行判断和预测。想要真正把握好数字经济，就要了解数字经济时代在组织方式、生产要素、生产方式、驱动力、发展方式方面的特点和转变。具体涉及以下方面：

（1）数字经济时代的组织方式由以前的产业链条式转变为网络协同式。从传统的线下转变为线上线下相融合；从传统的基于产业链的层级式、离散式、中心化和规模化的全球专业化分工与集聚模式，逐步转变为基于互联网的平台化、协同化、分布式、定制化的贯通研发、设计、生产、流通的全球资源与服务协同模式。

（2）数字经济时代的生产要素出现了自生长的数据要素。数据要素成为新型的生产要素，但并非所有的数据在任何场合都能成为生产要素，而是必须建立在实时在线、共享交互、加工处理的基础上。

（3）数字经济时代的生产方式由"标准化 ＋ 集中式"转变为"定制化 ＋ 分布式"，自动化生产将转向智能化生产。"智能工厂＋智能决策"成为工厂改造提升的方向，标准化生产将转向个性化生产。基于生产过程中对于个性化、柔性生产系统的需求升级，更多地依赖外部资源通过分包或者众包等方式完成，集中式生产转变为分布式生产。

（4）数字经济时代的驱动力由要素驱动转变为创新驱动。当前，数字经济已进入新的裂变式发展阶段，创新将成为引领这一阶段数字经济发展的核心动力，创新的范畴包括技术创新、模式创新、管理创新等方面。

（5）数字经济时代的发展方式由线性增长转变为裂变式指数增长。步入数字经济时代，经济社会的发展在网络连接数量、数据要素、渠道裂变、传播裂变和生态扩张等方面，都是指数级增长。

数字经济是人类生产函数的一场范式变革，是经济运行模式的一次形态重构。如何定义一个经济体进入数字经济时代？从学理逻辑看，就是形成了以数字产业化为动力主体、以产业数字化为融合实体的经济体系。从经济指标看，就是数字是否成为创造经济增加值的核心生产要素。

随着多年信息化建设的深入推进，互联网、移动互联网以及工业互联网等迅猛发展，产生了源源不断的数据。智能手机的出现，使得每个消费者都成为重要的数据生产者，而以智能手机为代表的智能终端所拥有的各种传感器便是新的数据源。这些海量数据产生的同时，一方面满足了消费者的消费需求，另一方面也催生了更多的产品和服务。而位于生产端的数据也从主要用于记录和查看,逐渐转化为流程优化、工艺优化、产品质量、设备健康诊断等的重要依据,进而在产品设计、服务交付等各个方面发挥着愈发重要的作用。所有环节都可以基于数据分析的结果实现价值网络的整合和系统优化的目的。大数据和云计算、人工智能、物联网的结合,有效地实现了数字到价值创造的有效转化。美国政府认为,数据是"陆权、海权、空权之外的另一种国家核心资产"。数据已经成为数字经济赋能实体经济的核心生产要素。

1.1.3　面临的挑战

在数字经济时代我们面临的一个重大挑战,就是全球的知识总量在增加,而我们实际掌握的知识和自认为掌握的知识之间的鸿沟却越来越宽。在数字经济时代,如果信息的数量以每天 250 兆亿字节的速度增长,其中有用的信息肯定接近于零。大部分信息都只是噪声而已,而噪声的增长速度要比信号快得多。有太多的假设需要验证,有太多的数据需要挖掘,但客观事实的数量却是个相对恒量。虽然像互联网这样的复杂系统不易出错,可一旦出错,必定是要命的大错。互联网,特别是移动互联网在信息宣传方面都是非常高效的,这使得好、坏两种消息的广泛传播成为可能,而且坏消息也许会造成更大的影响。一旦作出错误的假设,哪怕只是一个错误的假设,都极有可能导致某个系统(例如全球金融系统)的崩溃。

随着数字经济的发展,安全威胁也日益增多,高危漏洞数量有增无减,网络攻击愈演愈烈,关键基础设施面临严重威胁,金融领域、能源行业成为重灾区。一项研究估计,每年各种网络犯罪、攻击对全球经济造成的损失高达 4000 亿美元。安全问题的存在大大阻碍了数字经济的发展。

1.2　新的生产要素:数据

1.2.1　生产要素的演变

生产要素的内容并非是一成不变的,它随着经济发展的时代特征不断变迁。生产要素种类的演进是与经济发展相一致的,不同的经济发展阶段,生产过程的投入不尽相同,由此导致社会经济发展的历史过程中,生产要素的内涵日益丰富,不断有新的生产要素出现。因此,生产要素的构成也相应做出了调整,范围也越来越广泛。从历史演变的规律看,生产要素越来越表现出多样化和细分化。每种生产要素都参与财富价值的创造,但生产要素的自身变化以及生产要素所有组合的演变影响着价值创造中各要素的作用。

生产要素又称生产因素,是经济学中的一个基本范畴,指进行社会生产经营活动时所需的各种社会资源,它是维系国民经济运行及市场主体生产经营过程中所必须具备的基本因素。所谓生产要素,是说这一经济资源对于全要素生产力的充分发挥、对经济社会的全面持续发展、对经济组织与参与个体非常重要,不可或缺。

一般而言,生产要素至少包括人的要素、物的要素及其结合因素。劳动者和生产资料之所以是物质资料生产的最基本要素,是因为不论生产的社会形式如何,它们始终是生产不可缺少的要素,前者是生产的人身条件,后者是生产的物质条件。但是,对劳动者和生产资料处于分离的情况,它们只在可能性上是生产要素。它们要成为现实的生产要素就必须结合起来。劳动者与生产资料的结合,是人类进行社会劳动生产所必须具备的条件,没有它们的结合,就没有社会生产劳动。在生产过程中,劳动者运用劳动资料进行劳动,使劳动对象发生预期的变化。生产过程结束时,劳动和劳动对象结合在一起,劳动物化了,形成了适合人们需要的产品。如果整个过程从结果的角度加以考察,劳动资料和劳动对象表现为生产资料,劳动本身则表现为生产劳动。由于生产条件及其结合方式的差异,使社会区分成不同的经济结构和发展阶段。在社会经济发展的历史过程中,生产要素的内涵日益丰富,不断地有新的生产要素(如现代科学、技术、管理、信息、资源等)进入生产过程,在现代化大生产中发挥各自的重大作用。生产要素的结构方式也将发生变化,而生产力越发达,这些因素的作用越大。这些生产要素进行市场交换,形成各种各样的生产要素价格及其体系。

长期以来,我们只强调劳动在价值创造和财富生产中的作用,而其他生产要素的作用及其对国民收入的分割不是被忽视了,就是重视不够,因而一直只强调劳动参与收入分配的问题。而按生产要素分配,就是要在继续凸显劳动作用的同时,给资本、技术和管理等生产要素以足够的重视,使它们也合理合法地得到回报。这其中特别要强调两种要素的作用和回报:

一是人力资本。各国经济发展实践表明,人力资本的作用越来越大,教育对于国民收入增长率的贡献正在大幅攀升,人的素质和知识、才能等对经济发展越来越具有决定性意义。因此,如何使人力资本得到足够的回报,对于经济的持续发展以及国民收入的分配变得非常重要。

二是土地以及资源性财产。它们对于财富生产的作用早已为人们所认识,但对于它们参与收入分配的必要性却一直存在模糊认识,这表现在我国土地和自然资源在很多情况下是被免费或低价使用的。因此,土地和资源性要素如何参与分配,是在完善收入分配制度时应认真加以考虑的问题。

尽管生产因素也和普通产品一样要通过买卖关系才能实现其自身的价值,但是,两者在买卖结束后所起的作用是不一样的。对于产品来说,买主得到了产品以后就进入了该产品的最后消费环节,通过消费该产品实现其一定程度的满足。而购买生产要素的买主不是把生产要素用来消费的,而是进一步投入生产过程中,并且生产要素在进入生产过程之前仅仅是可能的生产能力,只有在它们进入生产过程并按照一定比例结合起来,创造产品和服务之后,才变为现实的生产能力。也就是说,只有在这时生产要素才能体现出其价值,此时生产要素的所有者才能获得相应的收入。生产要素所有者的收入就是生产要素的价格。比如,劳动者的收入就是工资,即劳动的价格;资本所有者的收入就是利息,即资本的价格;土地所有者的收入就是地租,即土地的价格;企业家的收入就是利润,即企业家才能的价格。因此,反过来也可以说,生产要素价格的决定问题是要素所有者的收入分配问题。

从经济学的发展角度看,生产要素的种类经历了从单要素论到多要素观的演变。1662 年,威廉·配第在《赋税论》中指出:"所有物品都由两种自然单位——土地和劳动——来评定价值,因为它们都是由土地和投在土地上的人类劳动创造的。"即土地和劳动创造了财富并成为价值评价标准。土地和劳动体现了生产要素的二元论。1776 年,亚当·斯密在《国民财富的性质和原因的研究》中指出:"一国国民每年的劳动,本来就是供他们每年消费一切生活必需品的源泉。""只有劳动的价值的普遍尺度"但"无论是什么社会,商品的价格归根到底都分解为劳动、资本和土地三个部分或其中之一"。斯密指出劳动是衡量价值的标准,并提出了劳动、资本和土地三要素观。1803 年,法国经济学家萨伊于《政治经济学概论》一书中正式提出了三要素论:"价值是劳动、自然所提供的各种要素和资本的作用联合产生的成果。"明确指出劳动、土地和资本是最基本的 3 种要素,既是构成价值又是衡量价值的标准。1890 年,马歇尔在《经济学原理》中提出"组织"(即企业家才能)对生产有着重要的作用,可以作为第四种生产要素,并提出了包括企业家才能的四要素观。2012 年,林毅夫认为要素禀赋结构表现为该国的劳动力和劳动技能、资本以及自然资源的相对丰裕度,即定义为自然资源、劳动力、人力资本和物质资本的四要素观。20 世纪,经济取得了快速发展,生产要素的种类也发生了变化。20 世纪 50 年代,美国经济学家西蒙·库兹涅茨运用统计方法分析了各国经济增长后认为"先进技术是经济增长的一个允许的来源";罗伯特·索洛的研究也揭示了技术作为经济增长的主要原因。因此,加入技术要素后生产要素的种类演进到了五要素观。1990 年,张浩等将生产要素的范围扩大到劳动者、劳动资料、劳动对象、科学技术、生产管理、经济信息和现代教育 7 个方面。2013 年,张幼文等从经济全球化的角度,将生产要素分为一般劳动力、货币资本、土地与自然资源、技术、品牌、高端人才、经营管理方法和营销网络 8 个方面。

1.2.2　数据要素

随着移动互联网、物联网的蓬勃发展,人与人、人与物、物与物的互联互通得以实现,数据量呈爆发式增长。庞大的数据量及其处理和应用需求催生了"大数据"从开始的概念走向规模化应用,数据日益成为重要的国家战略资产。从计量角度看,PB 是大数据的临界点。根据 IDC(Internet Data Center,互联网数据中心)的《数字宇宙报告》,到 2020 年人类拥有的数据量以 ZB(1ZB＝1 048 576PB)计量。

预计随着 IoT（internet of things，物联网）的应用普及和在线化，人类将迎来"数据核爆"。数据记载着信息，信息蕴含着知识，这些信息与知识，过去分散于生产经营的各个环节，不易量化，也不好积淀为显性数据与知识。伴随着信息技术的飞速发展，识别数据的经济价值，充分发挥其影响全部生产力发展的作用日趋重要，也具备了识别、计量与管理海量数据的算法、算力等工具，于是将数据单列为生产要素就具备了现实条件，其作用也会与土地、设备、原材料、资本、劳动、技术同等重要。随着科学技术的发展和知识产权制度的建立，数据将如同农业时代的土地、资源、劳动力，工业时代的技术、资本一样，成为数字经济时代的重要生产要素。数据资源将是企业的核心实力，谁掌握了数据，谁就具备了优势。

作为生产要素的形态，数据正逐渐成为一种资产。由生产单位拥有或者控制的，能够为生产单位带来未来经济利益的，以物理或电子的方式记录的数据资源，称为数据资产。数据，尤其是大数据是数字经济社会的智能基础，通过汇聚海量数据以及基于之上的分析挖掘和处理，让数据实现从信息到知识再到智能的价值转换和升华，为社会提供智能的基础。需要注意的是，任何生产要素都不是独自存在的，也不是独立发挥作用的，需要与其他要素协同联动，共同支撑价值创造。

2017 年 12 月 8 日，习近平总书记在中共中央政治局关于实施国家大数据战略第二次集体学习时强调："大数据发展日新月异，我们应该审时度势、精心谋划、超前布局、力争主动……加快完善数字基础设施，推进数字资源整合和开放共享，保障数据安全，加快建设数字中国。"习近平强调："要构建以数据为关键要素的数字经济。建设现代经济体系离不开大数据发展和应用。我们要坚持以供给侧结构性改革为主线，加快发展数字经济，推动实体经济和数字经济融合发展，推动互联网、大数据、人工智能同实体经济深度融合，继续做好信息化和工业化深度融合这篇大文章，推动制造业加速迈向数字化、网络化、智能化发展。"

2019 年 11 月 1 日，在中共十九届四中全会新闻发布会上，中央财经委员会办公室副主任韩文秀，在介绍坚持和完善社会主义基本经济制度的有关情况时指出："要鼓励勤劳致富，健全劳动、资本、土地、知识、技术、管理和数据等生产要素按贡献参与分配的机制……"这是中央首次在公开场合提出数据可作为生产要素按贡献参与分配。数据作为生产要素参与分配，某种角度上，可以看做技术参与分配在逻辑与发展趋势上的一个延续，有着深远的意义。2020 年 4 月印发的《中共中央 国务院关于构建更加完善的要素市场化配置体制机制的意见》是中共中央关于要素市场化配置的第一份文件，明确数据成为生产要素。这可谓是一个标志性事件，表明数据将会是未来社会数字化、信息化、智能化发展的主要基础。当前，数据已经成为驱动经济增长的关键生产要素。

不难看出，大数据正在改变各国综合国力，重塑未来国际战略格局。国家竞争不仅包括对土地、资本、人口、资源、能源等的争夺，还增加了对大数据的争夺。既然数据是一种重要的生产要素，那么其生产效率和分配效率都会对经济的总体发展起到关键作用。为了让更多数据被有效地生产出来,同时让生产出来的数据得到更为有效的配置和利用,科学设计相关规则,规范人们的数据生产和交易行为就变得极为重要。

1.3　大数据与机器学习之痛

大数据与
机器学习
之痛

2009 年出现了一种新的流感病毒,这种甲型 H1N1 流感结合了导致禽流感和猪流感病毒的特点,在短短几周之内迅速传播开来。全球的公共卫生机构都担心一场致命的流行病即将来袭。有的评论家甚至警告说,可能会暴发大规模流感,类似于 1918 年西班牙暴发的影响 5 亿人口并夺走了数千万人性命的大规模流感。更糟糕的是,我们还没有研发出对抗这种新型流感病毒的疫苗。公共卫生专家能做的只是减慢它的传播速度。但要做到这一点,他们必须先知道这种流感出现在哪里。在甲型 H1N1 流感暴发的几周前,互联网巨头谷歌公司的工程师在《自然》(*Nature*)杂志上发表了一篇引人瞩目的论文,它令公共卫生官员和计算机科学家感到震惊。文中解释了谷歌为什么能够预测冬季流感的传播,不仅是全美范围的传播,而且可以具体到特定的地区和州。谷歌通过观察人们在网上的搜索记录来完成这个预测。和疾病控制中心一样,他们也能判断出流感是从哪里传播出来的,而且判断非常及时,不会像疾病控制中心一样要在流感暴发一两周之后才可以做到。惊人的是,谷歌公司的方法甚至不需要分发口腔试纸和联系医生——它是建立在大数据的基础之上的。这是当今社会所独有的一种新型能力:以一种前所未有的方式,通过对海量数据进行分析,获得有巨大价值的产品和服务,或深刻洞见。基于这样的技术理念和数据准备,下一次流感来袭的时候,世界将会拥有一种更好的预测工具,以预防流感的传播。

不幸的是,当 10 年后新型病毒出现的时候,似乎没有任何机构预测出即将发生波及全球的公共安全危机。新型冠状(以下简称新冠)病毒大流行引发了现代历史上空前的全球危机。毫不夸张地讲,全世界乃至我们每个人都因此陷入了几十年未曾有过的艰难境地。对我们而言,这一决定性时刻的影响将持续多年,许多事情都将永远改变。新冠疫情正在严重地破坏经济,使社会、地缘政治等多个领域陷入危机与动荡,引发人们对环境问题的深刻关注,也让技术广泛进入我们的生活(这一影响是好是坏,我们还无法判断)。世界的种种裂痕从未像今天这样一览无遗,社会分化、公平缺失、合作乏力、全球治理与领导失灵等问题尤为明显。全球新冠病毒大流行标志着全球发展的根本性转折,危机之前"支离破碎"的世界常态将一去不复返。意料之外的快速变化将层出不穷,互相融合,引发第二波、第三波、第四波乃至更多的后果,带来连锁反应以及难以预料的影响,在逐渐打破以往状态的同时,塑造出截然不同的"新常态"。在这个过程中,我们关于世界可能呈现或应当呈现何种面貌的许多信念和假设将烟消云散。新冠病毒大流行本身或许不会彻底改变这个世界,却能加速业已发生的变化,并引发其他变化。我们唯一可以肯定的是,这些变化不会是线性的,间断会经常发生。

现在要合理预测新冠疫情将会带来哪些重大变化还为时过早,也不是本书重点阐述的内容。笔者引用这两个事件仅仅是为了说明自己对大数据和机器智能的粗陋认识。由于即将发生的变化难以预想,即将产生的新秩序也有无限可能,即使拥有再多的历史数据、再强大的人工智能算法,精准预测未来也是不可能的。

1.3.1　今天的大数据与机器智能

数据(data)这个词在拉丁语里是"已知"的意思,也可以理解为"事实"。如今,数据代表着对某个事物的描述,数据可以进行记录、分析和重组。为了得到可量化的信息,我们要知道如何计量;为了数据化量化了的信息,我们需要知道怎么记录计量的结果。计量和记录的需求也是数据化的前提。记录信息的能力是原始社会和先进社会的分界线之一。早期文明最古老的抽象工具就是基础的计算以及长度和质量的计量。公元前3000年,信息记录在埃及和美索不达米亚平原地区就有了很大的发展。计量和记录共同促成了数据的诞生,它们是数据化最早的基础。伴随着数据记录的发展,人类探索世界的想法一直在膨胀,我们渴望能更精确地记录时间、距离、地点、体积和质量,等等。在相当长的时间里,准确分析大量数据对人类来说是一种挑战。因为记录、存储和分析数据的工具不够好,我们只能收集到少量数据进行分析,这曾使我们一度很苦恼。为了让数据分析变得简单,我们不得不把数据量缩减到最少。计算机的出现带来了数字测量和存储设备,大大地提高了数据化的效率,也使得通过数据分析挖掘出数据中隐藏的更大的价值变成了可能。进入21世纪以来,人类依靠互联网、廉价服务器和存储设备,以及日趋成熟的云计算、并行计算等工具,实现了大规模的并行计算,可以处理的数据量已经大大增加,而且未来会越来越多。

1. 计算能力为保证

近年来,伴随着科学技术突飞猛进地发展,并行计算、大数据、机器学习等成果给人类的生产、生活带来了很大影响。归纳起来,主要体现在以下(但不限于以下)几个方面的进展:

(1) 计算机的处理速度飞速增长,不仅超越了人类,而且正在比以往任何时候都要快地扩大其领先优势。随着量子计算等技术的出现,机器将不再使用晶体管。计算成本下降得如此之快,使得 NASA 和 NOAA(National Oceanic and Atmospheric Administration,美国国家海洋和大气管理局)等组织使用的"超快计算"变得人人都用得起了。在过去25年里,平均1美元的可用计算能力每4年增长10倍。单位成本存储量和带宽的增长也相似。如今一个 Apple Watch 的计算力便超过了1985 年重达 5500lb(1lb＝0.45359237kg)的液冷克雷超级计算机(Cray supercomputer)的50％。

（2）计算机在理解复杂性方面的表现也有类似进步，这是因为算法可以模拟人类的思维方式。计算机开始像人类一样"看"，像人类一样识别语言，甚至比人类更好地感知各种模式。当然人类还是有很多比计算机优越的地方，但假以时日，机器在掌握更广泛任务的复杂性方面会超越人类，并且随着计算速度的提高迅速扩大其领先优势。

（3）全世界可用数据量以指数的形式迅速膨胀，其中大部分是非结构化数据。这些格式多样的信息长期以来无人问津，就像一个堆满了难以管理、难以使用的数据的海洋垃圾场。最迅猛的增长将来自于非结构化数据，比如视频像素，这些数据并不符合预设的数据库格式。如今计算机已经可以处理不完整的数据或者毫无结构的纯文本。

（4）随着机器在探索发现中扮演更重要的角色，它会提升我们预测未来情境并制定战略行动路线的能力。但是对未来的预测不仅来自旧的静态数据，还来自实时处理变量的算法。我们将运用复杂的人类和组织系统模型，以气象学家预测风暴的方式来预测业务过程和社会事件。

今天，以大数据为标志的"信息社会"终于名副其实了。大数据无时无刻不在产生和变化，它们既可以是互联网上每天产生的、数以亿计的网页内容、文本、视频、电商订单等，也可以是来自制造业的企业信息化数据、工业物联网数据以及外部跨界数据等。未来，伴随着工业互联网的发展壮大，数以亿计的人与人、人与机器、机器与机器相互连接，工业大数据将以前所未有的维度和粒度迅猛地涌现。大数据中心正逐渐成为现代社会基础设施（新基建）的一部分，就像公路、铁路、港口、水电和通信网络一样不可或缺。在数字化时代，数据处理变得更加容易、更加快速，人们能够在瞬间处理成千上万的数据（大数据分析）。可以肯定的是，数据量将持续增长，处理这一切的能力也必将不断增长。

2. 深度学习占上风

专家们不断告诉我们，他们发现了一种新的功能，可以对海量数据进行筛查并发现真相，这将为政府、商业、金融、医疗、法律以及我们的日常生活带来一场革命。我们可以做出更明智的决策，因为强大的计算机可以对数据进行分析、发现重要的结论。大数据专家认为，大数据中所包含的充足信息可以帮助我们消除系统的不确定性，而且数据之间的相关关系（相关性）在某种程度上可以暂时取代原来的因果关系，帮助我们得到我们想知道的答案。相信只要拥有大数据便足矣的人比比皆是，他们认为人类无需理解世界，也无需理论，能在数据中找到模式就足够了。人类不仅不需要理论，理论化还会限制人类所见，妨碍人类发现意料之外的模型和关系、模型是否有用，只需要看看数据就知道了。

2008 年，美国《连线》（*WIRED*）杂志的前主编克里斯·安德森撰写了一篇引起争议的文章，题目是《理论的终结：数据泛滥时科学方法过时》（"The End of Theory：The Data Deluge Makes the Scientific Method Obsolete"）。安德森表示，只要有足够的数据，数据就能自圆其说……更庞大的数据以及计算处理数据的统计学工具，都为理解世界提供了全新的方式。相关系数可以取代因果关系，科学的发展根本无需相关模型、统一理论或任何真正的机械论的解释。

把大数据推向巅峰的代表著作当属维克托·迈尔-舍恩伯格和肯尼思·库克耶[5]所著的《大数据时代：生活、工作与思维的大变革》。该书的作者明确地提出了大数据的精髓在于分析信息时的 3 个转变：第一个转变就是在大数据时代，我们可以分析更多的数据，有时候甚至可以处理和某个特别现象相关的所有数据，而不依赖于随机采样。第二个转变就是研究数据之多，以至于我们不再热衷追求精确度。第三个转变因前两个转变而促成，即我们不再热衷于寻找因果关系。

在《自然》杂志后来发表的一篇文章中，DeepMind 甚至宣称，他们已经"在没有人类知识的情况下"掌握了围棋。虽然 DeepMind 所使用的人类围棋知识的确很少，但"没有人类知识"这个说法还是夸大了事实。系统仍然在很大程度上依赖于人类在过去几十年间发现的让机器下围棋的方法，尤其是蒙特卡洛树搜索。这种方法通过从具备不同棋局可能性的树形图上随机抽样来实现，实质上与深度学习并没有什么关系。DeepMind 还内置了棋局规则和其他一些关于围棋的详细知识。人类知识与此无关的说法，根本不符合事实。

其实，大数据分析方法的数学基础就是统计学。统计学，又称数理统计，是建立在概率论基础之上，收集、处理和分析数据，找到数据内在的关联性和规律性的科学。统计学唯一关注的是如何总结数据，而不关注如何解释数据。这种方法被称为数据驱动方法，因为它是先有大量的数据，而不是预设的模型，然后用很多简单的模型去契合数据（fit data）。相关关系的核心是量化两个数据之间的数理关系。相关关系强是指当一个数据值增加时，另一个数据值很有可能也会随之增加。相关关系通过识别有用的关联物来帮助我们分析一个现象，而不是通过揭示内部的运作机制。当然，即使是很强的相关关系也不一定能解释每一种情况，比如两个事物看上去行为相似，但很有可能只是巧合。相关关系没有绝对，只有可能性。相关关系是无法预测未来的，它们只能预测可能发生的事情。

伴随大数据同时出现的，还有基于数据处理的算法——深度学习。深度学习是一种极其强大的统计引擎（statistical engineer）。2016 年，阿尔法围棋（AlphaGo）以 4：1 的成绩击败了围棋世界冠军李世石。机器学习让我们所有人都感到了惊喜。AlphaGo 是在学习了几十万盘的数据后，得到了一个统计模型，使得它对于在不同局势下如何行棋有一个比人类更为准确的估计。AlphaGo 的成功将基于大数据和机器学习的数据驱动方法推上了巅峰。人们甚至产生了一个幻觉——所有科学问题的答案都隐藏在数据之中，有待于巧妙的数据挖掘技巧来解释。

AlphaGo 采用的深度学习技术属于人工智能的统计学派。该学派认为，机器获得智能的方式和人类是不同的，它不是靠逻辑推理，而是靠大数据和智能算法。

机器学习的方法有很多,监督学习和非监督学习是两种最常见的类型,在帮助思考和行动方面起着不同的作用。一般而言,监督学习根据训练数据在模型中的预测准确性来实现逼近和预测。如果了解数据的细节,并想建立模型来提高决策结果的能力,监督学习通常是第一步。在监督学习中,让计算机读取某些模式的样本的输入和输出数据。计算机学会了由许多变量描述的模式,并用它来预测同类现象的新事例的结果。相反,非监督学习通常始于对数据或其内部联系一无所知的状态。数据科学家不提供训练集,而是要求计算机尝试以不同的方式划分数据方式,从而了解哪些选择和情况有可能发生。经过不断地猜测,计算机推断出了正确的划分和分组,从而揭示了数据的描述和概况。非监督机器学习算法可以通过不断地学习来感知和理解数据。非监督学习的一些特定技术通常被称为“深度学习”。在其中一种叫做强化学习的优化技术中,计算机被要求完成指定目标,比如下棋,它们学习如何使用现有数据来达到目标。

最近人工智能界的许多成功案例,大都因为得到了两个因素的驱动:第一,硬件的进步,通过让许多计算机并行工作,使更大的内存和更快的计算速度成为现实;第二,大数据,包含十亿字节、万亿字节乃至更多数据的巨大数据集,在几年前还不存在。在这些案例中,大数据、深度学习再加上速度更快的硬件,便是人工智能的制胜之道。

数据驱动方法能让你认识到可重复的公式——工作和生活中超然于具体细节的真理。这些真理或公式在众多场合都有用,帮你一次又一次地提出合理的假设(预感)来证明你的想法是否有效。整个过程帮助你创建一套理论或一个故事,故事的逻辑用于指导决策。构建故事的过程中你可能会遇到麻烦,尤其是因为机器智能或许早早揭示了一种模式,但迟迟不见有人能对此解释清楚。例如,在心脏图像中,机器可以识别出预示某种心脏疾病的可见征兆,而医生可能只有在将来才能解释这种疾病与生理模式之间的因果关系。所以,即便你持怀疑的态度也得紧跟数据。[15]

3. 拓展应用遇瓶颈

大数据和机器学习融入并改善了人类生产、生活的许多方面,可是,近几年的应用进展也凸显了大数据和机器学习自身的缺陷,以及应用过程中引发的伦理、道德问题等。

自从人工智能诞生以来,人工智能专家就被冠以“远景有余、落地不足”的“美名”,近年来“火爆”的基于大数据和机器学习的人工智能也是如此。2015 年,Facebook 公司启动了“M 计划”。这是一个目标远大、覆盖范围广泛的聊天机器人项目。2016 年,IBM 宣称,在“Jeopardy!”智力问答节目中夺魁的 AI 系统沃森(Watson)将会“在医疗行业掀起一场革命”,并称沃森健康(Watson Healthcare)的“认知系统能理解、推理学习和互动”,并且“利用认知计算在近期取得的进步……我们能达到不敢想象的高度”。2017 年,Waymo 公司(从谷歌分拆出来专门从事无人驾驶汽车工作达 10 年之久的公司）首席执行官约翰·克拉夫茨克（John Krafcik）说 Waymo 很快就能推出无需人类司机作为安全保障的无人驾驶汽车。但是，时至今日，这些目标还没有一件得到落实。沃森的问题被曝光后不久，Facebook 的"M 计划"也被叫停。谷歌前首席执行官艾里克·施密特（Eric Schmidt）曾信心满满地宣布，人工智能会解决气候变化、贫困、战争和癌症等诸多社会问题。X-Prize 创始人彼得·戴曼迪斯（Peter Diamandis）在他的著作《富足》（*Abundance*）中也提出过类似的观点，认为强人工智能在成真之日"一定会如火箭般载着我们冲向富足之巅"。2018 年初，谷歌首席执行官桑达尔·皮查伊（Sundar Pichai）宣称："人工智能是人类正在从事的最重要的事业之一，其重要性超越电和火的应用。"不到一年之后，谷歌被迫在一份给投资者的报告中承认："纳入或利用人工智能和机器学习的产品和服务，可能在伦理、技术、法律和其他方面带来新的挑战，或加剧现有的挑战。"

1.3.2　数据挖掘与拷问数据

我们都知道，不论是常规工作中进行的统计分析，还是进行大数据分析，都离不开以下几个步骤：①数据收集、提取、清洗、整理的过程。这是对数据进行预处理，从而得到高质量的数据。②数据解释和可视化。我们可以了解数据的呈现样式，有什么特点和规律。让数据说话，展现数据之美，是数据可视化的一个重要目的。③数据分析与预测。我们可以对已得到的数据进行分类整理，并针对已得到的数据建立模型，以便从中得到更有价值但直观上不容易发掘的信息或对未来进行预测。

智能机器的性能毋庸置疑，可是它们在检索未标记和未整理的数据时，并没有我们想象中的那么好。它们还需要我们提供搜索的上下文，否则很难获得有用的信息。在大数据分析之前进行数据准备时，数据科学家使用多种算法来清洗数据。他们还会将重复的数据清除，并通过更多的标签（日期、位置、技术）来丰富数据的含义。数据清洗的一般方法是处理数据集中缺失的数据点。一种方法是删除质量较差的数据集，其风险是使数据集变得过于单薄。另一种方法是用算法来推算缺失的数据，用近似值填补空白。数据清洗涉及的另一个问题是数据的准确性。"废料进，废品出"的试金石原则与以往一样适用。

数据准备是数据科学家开发并获取数据的"特征"列表时的一个特别重要的步骤。特征工程是为数据选择一个易于在数学模型中使用的较窄的描述参数集的过程。特征还可以是对特定属性（如弹性）、属性组合或数字结构的描述。特征是数据科学的基础，它们让数据科学家能够把算法应用于数据。像速记技术一样，特征也使得在以前的分析中无法完成的计算密集型数据处理成为可能。当涉及大规模图像处理、传感器数据关联、社会网络分析、加密和解密、数据挖掘、模拟和模式识别时，一个良好的特征集会带来完全不同的效果。某些情况下，为了追求分析的效率,只能要求数据科学家减少特征的数量。较窄的特征集同时降低了复杂性,也改善了计算性能。

使用大数据,就像在一堆沙子中淘金。不经过处理的原始数据是给不出什么新的知识的,大数据能产生的效率在很大程度上取决于使用(和挖掘)数据的水平。数据并没有像我们想象的那样创造出我们期待的价值,很多时候甚至变成了负担——不仅需要增加运维人员,还需要增加设备来存储这些数据。当然,数据也不会直接为制造业创造价值,真正为制造业带来价值的是数据流转,是数据经过实时分析后及时地流向决策链的各个环节,成为面向客户,创造价值与服务的内容与依据。

数据驱动方法要想成功,除了数据量大之外,还要有一个前提,那就是样本必须非常具有代表性,这在任何统计学教科书里就是一句话,但是在现实生活中要做到是非常困难的。拥有更多的数据,特别是历史数据,通常将有助于使模型预测结果更加准确,这确实是千真万确的。应用更多来源的数据,如社会网络数据,将有助于组织更好地预测客户的选择和偏好,因为我们中的所有人都在一定程度上受到那些存在于我们社交网络上的人的影响,无论他们是实体的还是虚拟的。尽管人们常说只要拥有了数据集,数据科学家就可以预测未来的一切,但现实中,我们前进的脚步却处处受到数据集的限制。例如,我们不可能通过使用更大的数据集,就能可靠地预测未来的气候变化,因为不提供类似事件的历史数据的话,计算机将无法学习到相关模式,从而创建可靠的模型。我们必须时刻警惕在什么时候数据的魔力会失效。

大数据领域的研究者坚信,只要在数据挖掘方面拥有足够的智慧和技巧,就可以通过数据本身找到这些问题的答案。加里·史密斯在文献[8]中指出:"今天的数据挖掘者再度发现了几个曾经风靡一时的统计学工具。这些工具重获新生是因为它们的数学原理复杂中带着优美,很多数据挖掘者被这种数学之美诱惑,很少有人思考深层的假定和结论是否合理。"有两种已经存在 100 多年的统计学工具——主成分分析和因子分析——被数据挖掘者重新当作数据规约工具,用以减少解释变量的有效数量。主成分分析和因子分析都是基于变量的统计学属性,不关注数字代表的是什么。这种信仰是盲目的,很可能受到了对数据分析的大规模宣传炒作的误导。例如,美国的莱维特与约翰·多诺霍撰写的一篇论文认为,美国的合法堕胎降低了总体犯罪率。文章指出,如果没有合法堕胎,那么由于社会经济环境或者家长的忽视,那些"没有必要"但仍被生下来的孩子将会产生犯罪倾向(尤其是暴力犯罪)。莱维特说,他喜欢将结果从数据中梳理出来。听起来,他似乎在炫耀一种宝贵的技能。

数据挖掘能够轻易发现包括多个解释变量的模型,即便解释变量与所要预测的变量毫无关系也能与数据达到惊人的吻合度。即使在回归模型中增加毫无意义的解释变量也会提高模型的吻合度。这种建模方法就是常说的无所不包的"厨房水槽法"，即一股脑地把所有解释变量统统塞进模型中。无法避免的问题是，即使模型与原始数据吻合度很高，但对使用新数据进行预测却丝毫不起作用。学习统计学的学生在大学里就学到，仅为了提高适合度就添加或取消输入有百害而无一利。数据挖掘的根本问题在于，它非常擅长找到匹配数据的模型，但对判断模型是否荒唐可笑完全束手无策。统计学相关系统无法替代专业人士的意见。为现实世界建模的最佳方法是，从具有吸引力的理论学说开始，然后验证模型。合理的模型可对其他数据做出有用的预测，而不是预测用来推算模型的数据。数据挖掘则是反其道而行之，它没有基础理论，因此无法区分合理与荒谬的模型。这就是为什么这些模型对于全新数据的预测结果并不可靠。

许多人工智能领域的研究者总是绞尽脑汁想要跳过构建因果模型或识别出已有的因果模型这一难度较大的步骤，试图依赖数据解决所有的认知问题。统计学中的相关性却不是因果关系的代名词。不管两种事物的关系多么紧密，做出判断之前，我们都需要一种合理的解释。人类可以辨别相关系数和因果关系的差异，计算机却不能。统计方法能找出相关系数，但是无法解释是第一个要素引起第二个要素，还是相反情况，又或是第三个要素引起前两个要素。人类智能则让我们能够思考数字背后的现实，考虑合理的解释。因果关系从来不能单靠数据来回答，它们要求我们构建关于数据生成过程的模型，或者至少要构建关于该过程的某些方面的模型。

我们大家共同面对的境况是，数据训练是保密的，程序是专用的，而决策过程是一个连程序设计者都无法解释的"黑箱"。就算人们对其作出的决策再不满意也无从下手，根本没有办法去反驳和挑战。数据挖掘算法有两个根本问题：一方面，如果算法是专利机密，我们则无法检查算法使用的数据的准确度；另一方面，如果算法是公开的，大家就能摆弄系统，就会有损模型的有效性。

过去，统计学试验都假定研究人员先在脑子里有定义明确的理论，再搜索相应的数据来验证自己的理论。而如今，大数据的"数据为先，理论靠后"准则甚嚣尘上，必然成为成千上万"冒牌理论"的来源。学术研究的圈子竞争激烈，众多"聪明绝顶、竞争力强"的科学家坚持不懈地追名逐利，以求自己的职业生涯获得发展。有时，在著名刊物上发表新成果的压力过于沉重，以至于研究人员会撒谎或造假来寻求事业高升。研究人员需要依靠可以发表的研究成果存活，当结果不尽如人意时会倍感沮丧，还会担心其他人抢先发表了类似的研究成果，因此有些人会选择编造假数据这条捷径。追求名声和资助的研究人员往往会变成"得克萨斯神枪手"，一种情况是，他们随机开枪，并在弹孔最多的区域绘制靶心。另一种情况是，他们向几百个目标开火，然后只报告他们击中的目标。他们对几百种理论进行检验，然后只报告最符合数据的理论。常言道："世界上有三种谎言，谎言、该死的谎言、统计学。"统计量不是谎言，它们比单纯的数字更容易受到操纵。难怪诺贝尔奖得主罗纳德·科斯曾经辛辣地讽刺说："只要拷问数据的时间足够长，它就会屈打成招的。"

大多数拷问数据的商业性研究都因私有协议保护而未公之于众,同时,学术期刊上也发表了很多采用拷问数据方法的研究。首先,我们很容易被模式以及解释模式的理论所诱惑。其次,我们紧盯着支持这种理论的数据,忽视与之相矛盾的证据。即使是受教育程度很高,应当具有冷静头脑的科学家也很容易受到模式的诱惑。"无论文,不生存"是大学生活中的一个残酷现实。2005 年,埃尼迪斯发表了一篇非常有影响力的文章,题为《为什么大多数发表的研究成果都是骗人的》。埃尼迪斯在文中引用了大量统计论据和理论论据,就是为了说明医学期刊和其他学术或科学领域中,大量被视为真实的假设实际上都是不真实的。拜耳实验室研究发现,当他们试图利用实验再现医学期刊中的研究结果时,却发现 2/3 的结果都无法复制。检查一项研究是否真实的另一条途径是,看其在真实世界中能否做出准确的预测。如果用某种数据编造理论,那么就很容易发现这种理论与数据相符。只有当这种结论言之有理,并且得到未经污染的数据检验时,它才是令人信服的。

不要天真地认为模式就是证据。我们需要一个符合逻辑、具有说服力的解释,并且需要新数据对这种解释进行验证。

拥有的信息量呈指数级增长,需要验证的假设也正在以同样的速度增长。但是,数据中那些有意义的关系组合——这里指的是因果关系而非相关性组合,而且这些组合能够证实这个世界是如何运转的——少之又少,增长的速度也不及信息本身的增长速度快,如今的真实信息也并不比互联网和印刷机问世之前多多少。大多数数据都只是噪声,就像宇宙的大部分是真空区一样。[16]

1.3.3　深度学习的痛处

1. 机器学习不等于人工智能

神经网络算法是一种给输入分类的统计学步骤(如数字、单词、像素或声音),从而让这些数据在被整理之后输出。神经网络本质上是创建输入变量的权重线性组合(很像主成分分析),并运用这些组合推算与所预测数据最佳拟合的非线性统计学模型(很像多元回归)。推算神经网络权重的过程被称为"训练数据"中的"机器学习"。神经网络更类似回归模型中推算得出的系数,寻找模型的预测结果与被观察值最接近的那个值,不会考虑建模的意义。

目前,人们已经将机器学习误认为就是人工智能。严格地讲,机器学习是人工智能的子域,但机器学习发展得如此迅速和成功,现已超过了以前它引以为傲的母领域。机器学习尝试从数据中学习一切所需,而不再依赖于手工编程构建的知识以及相应的计算机程序。业界在狭义人工智能短期成绩上的痴迷,以及大数据带来的唾手可得的"低垂的果实",都将人们的注意力从长期的、更富挑战性的人工智能问题上转移开来。深度学习是目前人工智能领域中最受学术界和产业界关注、获得投资最多的一类。但是，深度学习依然并非唯一的方法，既非机器学习唯一的方法，也非人工智能唯一的方法。让机器通过统计数据进行学习，有许多不同的思路。许多问题，包括规划行驶路线和机器人运动等，利用的依然是经典人工智能手段，很少用到或根本不用机器学习。

目前的人工智能是在限制领域内或专用的狭义人工智能（narrow AI），只能应用于其设计初衷所针对的特殊任务，前提是系统所遇到的问题与其之前所经历的场景并没有太大的不同。人工智能参与围棋游戏，它需要处理的系统是完全封闭的，一个摆着黑白棋子的 19×19 的棋盘，规则固定不变。而机器本身就具有快速处理这个得天独厚的优势。人工智能程序自己就能下数百万盘棋，收集大量的试错信息，而这些数据又能精准地反映出人工智能系统在与人类冠军对决时所处的境况。相比之下，真实生活是没有棋盘限制的，更没有数据能完美地反映出瞬息万变的世界。真实生活没有固定规则，拥有无限的可能性。我们不可能将每一种情况都事先排练一遍，更不可能预见在任何给定情况下需要什么信息。狭义人工智能充其量不过是井底之蛙般的书呆子或白痴专家，只专注于其所在的小圈子，根本意识不到井外还有一个更大的世界。

虽然深度学习在诸如语言识别、语言翻译和语音识别等领域取得了长足的进展，事实也证明了深度学习比之前的任何一门技术都要强大得多，但我们还是认为人们对其给予了过高的期望。人工智能并非魔法，而是一套工程技术和算法，其中每一项技术和算法都存在自身的强项和弱点，适用于解决某些问题，但不能用于解决其他问题。人工智能对训练集的依赖，也会引发有害的"回音室效应"，系统最后是被自己之前产出的数据所训练的。

2. 深度学习的窘境

深度学习的专长，是利用成百上千万乃至数十亿个数据点，逐渐得出一套神经网络权值，抓取到数据示例之中的关系。如果只为深度学习提供少数几个示例，那么就几乎不可能得出鲁棒的结果。深度学习是与人类思想有着天壤之别的"怪兽"，它依赖于相关性，而非真正的理解。在最佳情况下，它可以成为拥有神奇感知能力的白痴天才，但几乎不具备综合理解能力。深度学习不具备处理不熟悉的情况、不明确的条件、模糊的规则甚至相互矛盾的目标所需的一般性智能。现代机器学习严重依赖于大量训练集的精准细节，如果将这样的系统应用于训练过的特定数据集之外的全新问题，就没法用了。太多可能发生的事情，是无法事先被一一列举出来的，也不可能全部从训练集中得到。用这样的机器学习训练出来的自动驾驶模型，很可能会因为某个微小的扰动或者某个不起眼的原因而导致车毁人亡。

虽然机器智能有坚实的数学基础,但在实践中还是无法避免偏差。偏差主要源于数据集体量太小,无法有效地发现或预测过程。例如,无法看到不复存在的事物,因此会出现幸存者偏差(survivor bias)。事实上,我们没有看到的数据和我们看到的数据一样重要,甚至更加重要。为避免幸存者偏差,应当从过去开始并向未来展望。偏差的另一个来源是"脏"数据,数据集中充斥的错误和遗漏使得结果的可靠性难以保证。甚至数据科学家本身的偏见也会造成偏差,因为在建模过程中需要进行大量的假设。如果在工作中没有秉持怀疑一切的态度,就可能让自己和同事被错误的数字愚弄。2017 年,数据科学家凯西·奥尼尔在 TED 大会上进行演讲时说:"如果我们盲目相信大数据,很多地方都会出现问题。"

深度学习是不透明的。神经网络由大量数值矩阵组合而成,其中任何一个矩阵都是普通人类从直觉上无法理解的。就算利用复杂的工具,专业人士也很难明白神经网络决策背后的原因。神经网络究竟为何能做到这么多事情,至今仍是一个未解之谜,人们也不知道神经网络在达不到既定目标时,问题究竟出在哪里。由于神经网络无法对其给出的答案(无论正确与否)进行人类能够理解的解释,问题就显得尤为尖锐。机器学习系统参见图 1-1。事实上,神经网络如同"黑箱"一般,不管做什么,你只能看到结果,很难搞懂里面究竟发生了怎样的过程。没有人知道程序究竟是怎样算出这样一个结果的。就算人们对其作出的决策再不满意,也无从下手,根本没办法去反驳和挑战。

在真实世界中,完美而清晰的模拟数据根本就不存在,也不可能总是运用试错的手法去收集数千兆字节的相关数据。在真实世界中,我们只能用有限的次数来尝试不同策略,不可能进行上千万次的试算,不慌不忙地调整一下参数,以优化我们的决策。在封闭世界中取得成功,并不能确保在开放世界中获得同样的成就。当下的人工智能研究中,鲁棒性都没有得到足够的重视。以无人驾驶为例,将车辆在理想情况下的行驶表现与车辆在极端情况下的表现混为一谈,是把整个行业置于生死边缘的重大问题。目前这条路的鲁棒性差得太远,根本不可能让

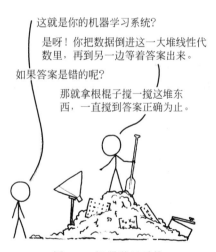

图 1-1　机器学习系统

车辆拥有人类水平的可靠性。甚至连当前水平的人工智能最擅长的领域(图像识别),也潜藏着危机。

到目前为止,太多的人工智能都是短期解决方案的堆砌,不过是一堆可以让系统立即开始工作的代码,而缺乏其他行业司空见惯的关键过程保障。例如,类似汽

车开发过程中的标准程序——压力测试（碰撞测试、天气挑战等）这样的质保手段，在人工智能领域中几乎不存在。在安全性要求极高的场合中，优秀的工程师总是会在计算最小值的基础之上，将结构和设备的设计增强一些。优秀的工程师在设计时，会充分考虑意外发生时的应对手段。他们意识到，无法详细地预测到所有可能出现的问题，因此需要将备用系统囊括进来，在意外情况发生时可以直接调用。航天飞机上使用多台相同的计算机，通常情况下，至少有一台随时待命，只要任何一台处于运行状态，航天飞机就可以正常运行。同样，无人驾驶汽车也不应该仅使用摄像头，还应该使用激光雷达，以实现部分冗余。在关键业务系统出现严重问题的情况下，为了防止不可挽回的灾难发生，优秀的工程师会预先准备好最后一招——在系统中纳入失效保护机制。在设计新产品时，利用颠覆性的创新设计做试验，很可能会从此改变游戏规则，而对于安全至上的应用来说，通常还要仰仗那些屡试不爽的旧技术。建立鲁棒的认知系统，必须从建立对世界拥有深度理解的系统开始，这个理解要比统计数据所能提供的更加深刻。

3. 深度学习的层级

当下的人工智能算法只懂得怎样拷问数据，也就是从样本数据中建立统计模型，挖掘统计规律来解决问题。为了提升效果，数据驱动的方法通常需要较多样本数据。可是，即便样本数据量再大，单纯的数据驱动方法仍然面临效果的"天花板"。如果将思路局限于狭义的人工智能，用越来越大的数据集去解决问题，则整个行业就会陷入永无休止的"打地鼠"大战，即用短期数据补丁来解决特定问题，而不去真正应对那些令此类问题层出不穷的本质缺陷。要突破这个"天花板"，则需要知识引导。很多知识密集型的应用对于知识引导提出了强烈诉求。比如，在司法诉讼的刑罚预测问题中，刑罚从根本上讲是由司法知识决定的。数据驱动的方法单纯利用词频等文本统计特征，很难有效地解决这类知识密集型的实际任务。实际应用越来越要求将数据驱动和知识引导相结合，以突破基于统计学习的纯数据驱动方法的效果瓶颈。

人类的学习很少是从零开始的学习，人类擅长结合丰富的先验知识开展学习。让机器学习模型有效利用大量积累的符号知识，将是突破机器学习瓶颈的重要思路之一。《为什么：关于因果关系的新科学》的作者朱迪亚·珀尔认为，大数据分析和深度学习（甚至多数的机器学习）都处于因果关系之梯的第一层级（见图 1-2），因为它们的研究对象还是相关关系而非因果关系。今天，缺少因果推断的人工智能只能是"人工智障"，是永远不可能通过数据看到世界的因果本质的。他提出了一个"因果推断引擎"的框架，把先验知识、因果模型与数据整合起来。他指出，数据不是越多越好，在某些模型盲的情况下，收集数据就等于浪费时间。

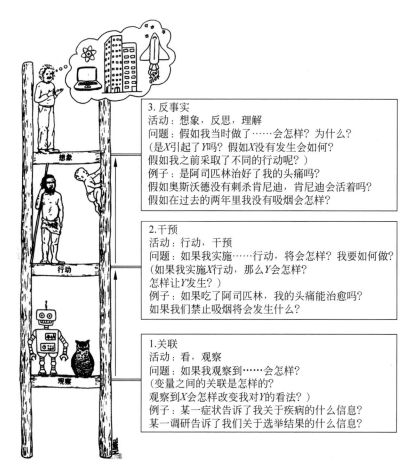

图 1-2　大部分动物和当前的学习机器都处于第一层级

1.4　模型思维

我们可以通过数据了解到已经发生了什么和正在发生什么,但现实世界是高度复杂的,我们可能很难理解为什么会发生这样的情况。现实社会中的大多数数据,也就是关于经济、社会和政治现象的数据,只不过是时间长河上的瞬间或片段的记录。这种数据是不能直接告诉我们普遍真理的。与此同时,我们的经济、社会和政治世界显然也不是固定不变的。由于数据本身没有组织和结构,也就没有意义。因此,无论数据给我们留下多么深刻的印象,它都不是万能的灵丹妙药。我们需要模型,不然就无法理解计算机屏幕上不断滑过的数据。模型是思考的工具,是最重要的科学研究手段。尤其是在大规模的工程技术应用项目中,模型是必不可少的。随着科学技术的发展和计算机的应用,各种各样的模型被广泛应用于自然科学和社会科学研究的各个领域,取得了显著的成果。目前,模型方法已经成为人们认识世界、改造世界,使研究方法形式化、定量化、科学化的一种主要工具。而且随着所研究的系统或原型的规模越来越大,复杂程度越来越高,模型的价值体现得越来越重要,对建模方法的要求也越来越高。在科学研究和工程实践中,我们能够构建一个模型,对它进行试验,并根据特定的应用目标,对它进行相应的修改完善。

构造模型是为了研究、认识原型的性质或演变规律,客观性和有效性是对模型的首要要求。所谓客观性,是指模型应以真实世界的对象、系统或行为为基础,在应用目标的框架内,与研究对象充分相似。好的模型,或者与原型具有相同或相似的结构和机制,或者虽然结构和机制与原型相异,但与原型具备相似的关联。模型的有效性是指模型应能够有效地支持建模目的,否则利用无效的模型会得出错误的认识或结论。另外,模型具有抽象性和简明性。模型的抽象性是指模型要舍弃原型中与应用目标无关紧要的要素,突出本质要素。模型的简明性是指模型应该有清晰的边界,要作出必要的假设,使模型更加直观,更便于研究者理解和把握,当然不能简化到使人无法理解的程度。

有了模型,我们就能澄清相关假设且更有逻辑地进行思考,还可以利用大数据来拟合、校准、检验因果关系与相关性。模型是让数据说话的秘诀,模型将帮助我们所有人从掌握信息提升到拥有智慧。模型可以说是一种高级知识,能解释因果关系,也是预测未来趋势的途径。模型就是能够帮助我们理解世界运行规律的观点。模型能够阐述结果,能够回答"为什么"和"怎么样"的问题。提出什么样的问题最有意义? 查理·芒格的回答是,做到从现实出发,尽量养成掌握多种模型的习惯,这种模型必须扎根于现实生活。

对于大部分复杂系统来说,尤其在构建复杂系统的早期阶段,不可能对其进行真正的试验(实体还没产生),用数学理论研究也非常困难,这个时候模型就是研究它们的唯一可行途径。模型的价值还体现在,它们能够把特定的结果所需要的限制条件清晰地揭示出来,我们所知道的大多数结论都只是在某些特定情况下成立。模型还可以揭示直觉结论可能成立的条件。解决科学和工程中的问题,必须注重方法的实效性,既可以是数学模型方法,也可以是真实系统的试验方法。但多数情况下,试验方法往往比较复杂,难以实施,生成数据的成本比较昂贵,因此采用试验手段就不可行。或者,研究人员可能面对多个输入和输出参数相互影响的复杂情况,此时,采用数学模型解决问题会更省时省力。

人们通常认为,模型是对现实世界的简化。当然,模型本身可能就是为了探索思想和总结观点而构建的虚拟世界。在现实世界中,我们用模型来预测、设计和采取行动,也可以使用模型来探索新思想和新的可能性,还可以利用模型来交流思想、增进理解。模型的机制还体现在,它们能够把特定结果所需要的条件清晰地揭示出来。我们所知道的大多数结论都只是在某些情况下成立。

模型是我们思维的方式,是用我们熟悉的概念解释观察到的现象,所用到的概念是我们头脑能够理解的。大家平时听到的谚语、公式、定理,本质上都是一种模型。物理学模型可以解释坠落物体的轨迹和轨迹形状的变化；生物学模型可以解释物种的分布；流行病学模型能够解释传染病传播的速度和模式；地球物理学模型能够解释地震的大小和分布。模型可以解释任何东西。然而，基于模型的解释必须包括正式的假设和明确的因果链条，而且这些假设和因果链条都要面对数据。一个有价值的模型能够提供有意义的解释，同时能对未来可能的结果作出预测，以规避错误后果带来的巨大风险。此外，一个模型还应该便于运用，如果晦涩难懂，将很难受到人们的青睐。最有效的模型既能解释简单的现象，也能解决令人费解的问题。

对于使用模型的人来说，模型思维的兴起有一个更简单的解释：模型能够让我们变得更聪明。如果没有模型，我们处理数据的能力就会受到极大的限制。有了模型，我们就能澄清相关假设且更有逻辑地进行思考，还可以用大数据来拟合、校准、检验因果关系和相关性。我们必须利用多种多样的模型去应对复杂性。模型思维并不是什么玄乎的技能，而是有经验者普遍使用的思考方法。一个品牌专家的脑子里一定是装着几十个常用的品牌模型，每一个模型都对应着几个特征，都有几个经典的品牌案例，也都有一些经典问题的解决答案。

无论是表征复杂的现实世界、创造一个类比，还是建立一个用来探索思想的虚拟世界，任何一个模型都必须易于处理且便于交流。易于处理是指适合分析的性质。经验表明，简单的模型比复杂的模型更容易向民众解释。但正如爱因斯坦警告过的那样："让事情尽可能简单，但不能过于简单。"

我们必须认识到，并非每个模型都适合每项任务。如果一个模型无法解释、预测或帮助我们推理，那就必须将它放到一边，考虑其他模型。建模者需要了解每个模型的优点和局限性，以免模型的结果被误读，生搬硬套，或者过分渲染。人们总是试图用以往成功的方式解决当前问题。昨天，用一把锤子成功地将钉子钉入木头，今天，如果想把螺丝钉钉入木头，锤子就不再是最合适的工具了。同样，数学模型是帮助解决问题的工具，我们也总是试图重复使用以往的模型，这就是所谓"数学建模惯性定律"。

对数据期望越高，对模型的期望也会越高。其他条件不变的情况下，将几个模型组合起来可以产生更准确的结果。复杂的模型可能更为准确，但预测能力更加受限制。简单的模型分析问题的角度或维度可能不够全面，容易将问题过分简化。此外，所有模型都需要交叉验证。

伯克斯和德雷珀说：在科学中，模型是对某种"实在"现象的简化表示。所有的模型都是错误的，但是有一些对于尝试研究极为复杂的系统却很有用。独立的重复实验能够发现理想模型中隐藏的一些不切实际的假设和对某些参数的敏感性。当然，重复实验本身也应当被重复检验，就像实验科学一样。

查理·芒格认为：如果我们要达成目标、解释原因、预防并减少错误、解决问题和判断事实，就必须培养理性思维的基本方法。我们要努力成为多模型的思想者。要成为一个多模型的思想者，我们必须学习和掌握多种模型，从中获得实用的知识,理解对模型的形式化描述,并知道如何应用它们。我们并不需要掌握成百上千个模型,甚至连 50 个也可能不需要,因为模型具有一对多的性质。对于同一个系统,从不同的角度,或用不同的方法,可以建立各种模型。同一个模型,特别是数学模型,对它的参数和变量赋予具体各异的物理意义,可以用来描述不同的系统。

构建模型是一门艺术,只能通过不断实践才能熟练掌握,这不是一项以观赏为目的的活动,需要刻意地练习。在建模过程中,数学和逻辑扮演着专家教练的角色,它们会纠正我们的缺漏。不可能建立一个能回答所有问题的通用模型,即使能建立一个这样的模型,因为它不仅包含了实际系统,而且还包含了想象的系统,所以它会比实际系统更为复杂。

1.5 小结

数字经济也称智能经济,是工业 4.0 或后工业经济的本质特征,数据成为信息经济—知识经济—智慧经济的核心要素。数字经济代表一种新的经济形态,即充分发挥数字经济在生产要素配置中的优化和集成作用,将数字经济发展中的创新成果深度融合于实体经济的各个领域之中,提升实体经济的创新力和新动力,形成更广泛的以数字经济为创新驱动力和实现工具的经济发展新形态。数字经济时代是一个数据爆炸的时代。由于消费互联网、移动互联网,以及工业互联网、智能传感器日益发达,数据的获取更加简单、便利,价格也更加低廉。一瞬间,数据充斥着我们的工作与生活的方方面面。

当下的数字经济时代,我们用没完没了而又毫无意义的数据指导我们的思想和行动。我们喜欢在数据中寻找模式,并为我们所看到的模式编造一些理由。我们通常也不会注意到数据的偏差性和无关性,或者科学研究的缺陷和误导性。我们倾向于相信计算机从不犯错,认为不管我们把什么样的垃圾扔进去,计算机都会吐出绝对真理。面对丰富的数据,研究人员通常不会花费太多的时间对优质数据和垃圾进行区分,或者对合理分析和垃圾科学进行区分。更糟糕的是,我们常常不假思索地认为,我们对大量数据的处理永远不会出错。

"数据无需理论支撑"曾一度是那样的喧嚣,但这是一种非常危险的理念和信号。计算机无法区分有用数据和无用数据,无法分辨合理理论和一派胡言。数据自身也不会给出任何论断,因此我们需要寻找一套理解数据的理论。数据中隐藏的信息和知识是客观存在的,但是只有具有相关领域专业知识的人才能将它们挖掘出来。尽管所有宣传都在鼓吹大数据,但有时小数据的作用反而更加显著。无需通过搜遍堆积如山、随机获取的数据来寻找有意思的发现,采集有助于解答问题的好数据更富有成效。

计算机没有常识或智慧,它们能识别统计学模式,但无法判断所发现的模式是否有逻辑基础。当前的机器学习程序(包括那些应用深度神经网络的程序)几乎完全是在关联模式下运行的。它们由一系列观察结果驱动,致力于拟合出一个函数,就像统计学家试图用点集拟合出一条直线一样。深度神经网络为拟合函数的复杂性增加了层次,但其拟合过程仍然由原始数据驱动。被拟合的数据越来越多,拟合的精度不断提高。一种常见的建模风险是过度拟合,也就是说,模型与历史数据的契合度相当好,以至于它只能"预测"过去,而且由于数据中不可避免地存在错误,这种预测也不完美。如果我们仅仅根据过去的趋势推测未来,而不去考虑这种趋势是否有意义,那么我们的结论可能会与众所周知的真相相去甚远。

数据挖掘技术非常火热,使用数据挖掘技术来分析和回归所得到的数据被认为是一种"先进"的做法,在拟合算法上下功夫的项目和论文越来越多。这种单凭实验数据拟合本质上是统计意义上的"改进",它与在物理意义上的改进绝不是一回事。单靠追求数值上的准确,无助于了解其物理意义。那样的计算用于探索科学原理是不可信的。

深度学习这类缺乏表示因果关系的方法,无法进行逻辑推理,依然不是放之四海而皆准的万能药,依然与我们在开放系统中需要的通用人工智能搭不上什么关系。计算机永远不会真正理解的根本事实是,合理的模型比仅仅与数据吻合的模型更加有用。人类独具的因果思维是一切科学技术的基础。

回顾历史,人工智能一直在两个极端之间徘徊,要么一切都由人工编写代码,要么一切都让机器自己学习。对人类心智的研究让我们明白一个道理:必须将注意力从统计模拟和对大数据的严重而肤浅的依赖上转移过来,从建立对世界拥有深度理解的模型开始。通往更加优秀的人工智能的大道,就是打造对世界拥有真正理解的人工智能。

我们可以得出这样的结论:能对数据进行解释的最简单的模型是最好的模型。如果找到了可用于解释数据的某种简单假定,则该假定即为数据的最好模型。当然,请牢记 Golomb 提出的下列观点(数学建模五不要):[32]

(1)不要相信模型就是真实事物。图 1-3 是对本观点最好的诠释。

(2)不要在限定范围外进行推断。

(3)不要为适应模型而歪曲事实。

(4)不要使用不可信模型。

(5)不要盲从于模型。

图 1-3　柏拉图洞穴寓言

第 2 章

数学建模的基础

数学是研究现实世界数量关系和空间形式的科学,在它产生和发展的历史长河中,一直是与各种各样的应用问题紧密相关的。数学的特点不仅在于概念的抽象性、逻辑的严密性、结论的明确性和体系的完整性,而且在于它应用的广泛性。半个世纪以来,随着计算机技术的飞速发展,数学的应用不仅在工程技术、自然科学等领域发挥着越来越重要的作用,而且以空前的广度和深度向生物、医学、地质、环境、经济、管理、金融、人口、交通等系统渗透,数学已经成为当代高技术的重要组成部分。特别是在 21 世纪这个知识(数字)经济时代,数学科学的地位发生了巨大的变化,它正从国家经济和科技的背后走到了前沿。

不论是应用数学方法在科研和生产领域解决问题,还是与其他科学相结合形成交叉学科,首要的和关键的一步是建立研究对象的数学模型,并加以计算求解。数学建模可以看作把问题的定义转换为数学模型的过程。实质上就是要通过数学这个桥梁实现现实世界和虚拟世界的联通。

2.1 虚拟与现实世界的交互

在人类生活的现实世界里,我们会经常遇到很多棘手的问题。为解决这些问题,需要设计科学的解决方案。科学的解决方案,是采用科学方法和计算法,在给定的约束条件下可以证明的解决方案。必须指出,如果问题存在一个精确的数学解(解析解),就应该毫不犹豫地使用这个精确解。然而,现实世界中观察到的大部分问题往往因为太复杂而无法采用科学理论方法直接、快速地进行解答。当遇到复杂问题又急需解答时,人们不得不采用工程启发式方法。启发式(heuristics)源自希腊词汇 heuriskein,意思是"寻找办法"。因此,启发式可以理解为合适的或可执行的经验的集合,如果一个特定的方法在过去用过,很可能在未来同等条件下也有用。简而言之,如果存在精确解,科学家必须找到它;如果科学家找不到,就得靠工程师想办法。和我们在日常生活中解决问题时采用的方法一样,工程师或科学家解决复杂问题的基本策略是简化,即将复杂事物简单化。为了理解和处理复杂系统,我们需要使用模型对复杂系统进行形式化描述。在计算机、模型等构成的虚拟世界中,进行设计、仿真验证等迭代,逐步完善产品(系统)方案之后,再回到现实世界中进行生产或试验。

这里所说的现实和虚拟世界等同于工业 4.0 中提及的信息物理系统(cyber-physical systems,CPS)的两个空间:一个是信息(虚拟)空间,指的是工业软件和管理软件、工业设计、工业互联网平台(系统)、模型、数据等;另一个是物理(真实)空间,是指人、能源环境、工作环境、网络通信设备与产品等。信息空间和物理空间是相互指导和相互映射的关系。CPS 的关键是实现产品全生命周期过程的数字化。数字化主要包含两层含义:一是对 CPS 系统中的各个子系统进行可计算的抽象化;另一个是让子系统的抽象化模型能实时地反映子系统的状态变化。在 CPS中,我们可以用虚拟世界对现实世界做一个仿真,而且可以预测现实世界在未来会发生什么。

虚拟世界不是凭空产生的,它是人们根据现实世界通过科学技术手段形成的一个模拟现实的世界。也就是说,虚拟世界是基于现实世界来进行模拟的。虚拟世界可以说是独立于现实世界,但又是与现实世界密切联系的世界。虚拟最早的表现形式是人们凭借语言、图表对事物的一种表征。可以说,虚拟是与人类相伴相随而生的。早期人们用肢体、口头语言,后来用文字语言、图表来描述虚拟对象,例如象形文字对对象外形的描述,数字对结构的虚拟等。到了现代,随着数字、信息技术的发展,虚拟技术飞速发展,出现了数字化虚拟,从而可以展示事物更多方面的特质,例如三维的形式、声音、动作等,使虚拟事物能更全面地展现虚拟空间,给人以更加逼真的感觉。

数字化虚拟技术的不断发展以及其应用范围的不断扩大,对社会产生的人文影响将会远远大于其技术影响,因此对数字化虚拟的认识无论从理论意义上来说,还是从现实意义上来说,都必须上升到哲学的高度。就是把虚拟世界置于与现实世界的关系当中、置于人的活动中来理解和把握。虚拟世界如虚拟与现实的关系一样,是以现实世界为基础,并对现实世界的创造性超越。虚拟世界是人的思想的一种物化,虚拟世界其实是来源于人类的思想,而从终极因果关系来看虚拟世界的本源归根结底是现实世界。

虚拟世界是由现实世界产生的东西,是人类思想的一种具象,由现实中的人所构建、所支配。虽然看似两个完全对立的世界,但却有着千丝万缕的联系。在当今社会,虚拟世界已然和现实世界融为了一体,它们虽然由完全不同的思维构建,有诸多的不同,但又确实是相辅相成、相互支撑的。现实生活中的我们已经离不开虚拟世界,同样虚拟世界也离不开人类的支持。

虚拟来源于现实世界,同时又高于我们生存的现实世界,是对现实世界的一种超越。虚拟世界可以轻易实现我们的构想,它可以超越现实的束缚,达到理想的世界,丰富着人们的生活,使我们的生活充满更多的乐趣。虚拟世界是现实世界的一种升华,是数字技术对现实世界的一种描述,这种形象的描述已远远地超过了文字的表达,看似与现实极其相关但是又远远地超脱于现实世界。虚拟世界对现实世界的这种强大的模拟使得人们仿佛身临其境,产生极其逼真的感觉,可以帮助人们对其成为现实的可能性做出充分的估计。我们也可以将一些不可能成为现实的东西在虚拟世界中"创造"出来,它可以充分发挥我们的想象力,也许在数年后伴随着科技的进步,这些不可能反而成了可能。

虚拟之所以能超过现实性,是因为它是以现实作为基础的。虚拟不是纯粹的幻想或是完全虚构的东西,它是人们对于自己思想的一种实现,是将自己对于理想世界的想法通过虚拟世界的一种构建,或者说是对现实世界的一种反映。虚拟事物是通过数字技术对现实事物的一种表达,它比文字和图片的一般描述更具直观性和多维性。因此,虚拟是一种真实的存在,它不仅以现实作为依托,也有人为的操作,更有各项技术的支持来表示它的全貌。没有现实世界的存在,没有人们对虚拟世界的渴望,虚拟世界根本不可能呈现在我们的面前。

虚拟世界是由数字化技术、网络技术和其他的一些硬件技术所构成的,而这些技术是随着现实世界的发展才逐渐产生并且完善的。随着人们对虚拟世界的需求,才使得这些技术在现实世界中不断地发展,最终让虚拟世界呈现在我们的眼前,因此无论虚拟世界如何发展,都离不开人的思想和现实世界的支持。虚拟世界的背后操作者是人,而人是现实世界的主宰,人类对虚拟世界作出了规定,并对其进行维护,同时对身处其中的人和行为作出了约束,在这个虚拟世界中,人们可以掌控它的一切,参与各种各样的活动,利用各种载体操纵着虚拟世界。

虽然虚拟世界和现实世界是相互依托的,但是这两个世界毕竟本质不是相同的,它们之间也有着许多的不同点。现实世界中的事物都是客观存在的,是形式与质的统一体;而虚拟世界中的事物只是数字化的展示,并不是现实世界中的质料。虚拟世界所表达的思想和内容均是从现实世界中获得的,而不是凭空出现的,有了现实世界的庞大的信息,才能使虚拟世界变得丰富多彩,同时虚拟世界中的各种思想与关系也均是对现实世界的一种模仿。

虚拟世界的运行主要依靠各种技术手段,包括网络技术、计算机技术、通信技术等。通过这些技术使得虚拟世界像人们幻想的那样发展,在网络世界产生一个非常真实的虚拟世界。在虚拟世界中时间和空间可以被压缩、跨越或者延伸,人类的行为在虚拟世界中可以是真实的,也可以是虚拟的。人们可以在虚拟世界中完成现实世界中远不能完成的各种行为与动作。虚拟世界是个形式的世界,只具备现实世界的形式,而不是一个真实的实体。作为人类的一些高级的思维和情感,虚拟世界是难以模仿的。虚拟世界是与人类生存相并的另一个世界,然而人们对虚拟世界的改造和对现实世界的改造是有很大区别的。虚拟世界是建立在现实世界基础上的,是在语言与文字之后更高级的连接人类思想和现实的一种新式工具。虚拟世界的多样化展现了人类多方位的思想和各种成果,是表现人类思想的一个重要平台。通过这个新式工具,人类的思想得到了很好的扩散,各个行业的各类人群可以通过网络交换彼此的思想与方法,使得人们更好地了解到自身的不足,更好地了解世界,共同发展。

我们的工作和生活正迈入新的阶段,我们会在两个平行世界(即真实世界和数字世界)中运作,这两个世界互为映射。我们已经踏上征程,数字世界将记录曾经高深莫测的微妙、美丽、复杂和相互关联(超越人类感知的分子级别的细节)。[15]

2.2　系统、模型与仿真

系统、模型与仿真

系统(system)、模型(model)、仿真(simulation)3 个概念是一根链条上的 3 个环节,对它们的研究是一个工作程序的 3 个步骤。研究系统要借用模型,有了模型要进行运作——这就是仿真。根据仿真结果修改模型,再进行仿真(反复若干次);根据一系列仿真的结果,得出现有系统的调整、改革方案或者新系统的设计、建造方案。中间穿插若干其他环节。这就是系统工程研究解决实际问题的工作过程[19]。

2.2.1　系统

系统是系统工程的核心和基本的概念。系统无处不在,自然界和人类社会存在着多种多样的系统。例如,一辆汽车、一架飞机、一台计算机、一项工程、一个国家、一个政府、一支军队、一个企业、一所学校、一个家庭,分别是一个系统。银河系、太阳系、地球、大森林、动植物群落,也分别是一个系统。

系统一词最早出现于古希腊原子论创始人德谟克利特(公元前 460—公元前 370)的著作《世界大系统》。该书明确地论述了关于“系统”的定义:“任何事物都是在关联中显现出来的,都是在系统中存在的,系统关联规定每一事物,而每一关联又能反映系统关联的总貌。”《辞海》中,把系统定义为“自成体系的组织;相同或相类的事物按一定的秩序和内部联系组合而成的整体”。《中国大百科全书:自动控制与系统工程》卷中将系统解释为“相互制约、相互作用的一些部分组成的具有某些功能的有机整体”。美国的《韦伯斯特大辞典》把系统称为“有组织的或被组织化的整体、相联系的整体所形成的各种概念和原理的综合,由有规律的相互作用、相互依存的形式组成的诸要素的集合”。国际系统工程协会(INCOSE)给出的定义:“从功能角度看,系统是相互作用的各组成要素的组合。”一般系统理论创始人贝塔朗菲的定义:“系统是相互联系相互作用的诸元素的综合体。”中国著名科学家钱学森院士认为:系统是由相互作用相互依赖的若干组成部分结合而成的,具有特定功能的有机整体,而且这个有机整体又是它从属的更大系统的组成部分。上述这些定义之间存在一定的差异,完全是因为作者关注的侧重点不同而造成的。

笔者建议采用的系统的定义为:由若干要素以一定的结构形式联结构成的具有某种功能的有机整体。在这个简单的定义中涉及了系统、要素、结构、功能 4 个概念,表明了要素与要素、要素与系统、系统与环境的关系。

系统可能是真实有形的整体或者只是个概念，由以某种方式组合的单元构成。系统可以被设想为由组分构成，这些组分自身具有系统的特性，系统中组分之间相互作用和相互适应以做到"共生"。在任何情况下，这些理论上可以分离的组分是不能孤立存在的，它们相互依存，并且必须是在系统整体的前提背景下合理地进行定义和理解，同时系统与其他系统的相互作用也是如此。例如，一个公司可能由生产部门、研发部门、行政管理部门、销售部门和市场部门等构成。与系统包含相关的概念表明，系统整体可以"包含"大量的相互补充、相互合作、相互协调、相互作用的组分，它们也是系统，即子系统。

从系统工程的角度而言，系统的范围或规模是根据研究问题的需要而决定的。系统具有特定的结构，表现为一定的功能和行为。系统整体的功能和行为是由构成系统的要素和系统的结构决定的，而这些功能和行为又是系统的任何一部分都不具备的。在科学和工程领域中，对系统进行研究的最低要求是其具有可观察性，即系统能够生成可测量的输出量。

各种系统的具体结构是大不一样的，许多系统的结构是很复杂的。系统的结构可以用下式表示：

$$S = \{E, R\} \quad 或者 \quad S = \{E \mid R\} \tag{2-1}$$

其中，S 表示系统（system），E 表示各种要素（elements）的集合（set，通常称为第一集合），R 表示建立在集合 E 上的各种关系（relations）的集合（通常称为第二集合）。

在系统要素给定的情况下，调整这些关系，就可以提高系统的功能。这就是组织管理工作的作用，是系统工程的着眼点。如果说集合 E 代表了系统的躯体，那么，系统的灵魂就存在于集合 R 之中。系统工程的工作重点在于集合 R，即塑造或改造系统的灵魂。

各种系统的具体功能是大不一样的。系统的功能包括接收外界的输入，在系统内部进行处理和转换，向外界输出。系统的输入是作为原材料的物质、能量与信息。系统的输出是经过处理和转换的物质、能量与信息。系统在本质上可看成数学函数，这意味着，如果要了解真实系统的输入-输出关系，要做的就是将内部流程转换为数学运算，用数学方式建立真实系统的简化描述。可以用下式表示：

$$Y = F(X) \tag{2-2}$$

其中，自变量 X 是输入的原材料，因变量 Y 是产品和服务，当然也包括废弃物。

系统工程的任务旨在提高系统的功能，特别是提高系统的处理和转换的效率。概括起来为"多、快、好、省"。即在一定的输入条件下，使得输出"多""快""好"；或者，在一定的输出要求下，使得输入少且"省"。

系统的目标就是追求总体效果最优。系统的功能或总体效果最优，并不要求系统的所有组成要素都孤立地达到最优。另外，系统的所有组成要素都孤立地达到最优，并不意味着一定有系统功能或总体效果的最优。为了实现系统总体效果最优,有时还要遏制甚至牺牲某些局部的效果(利益)。这里有一个协调的问题,即整个系统的合理组织与管理,各种资源的合理配置与使用。这正是系统工程所要做的工作。

2006 年,Low 和 Kelton 对系统研究方法进行了分类,如图 2-1 所示。

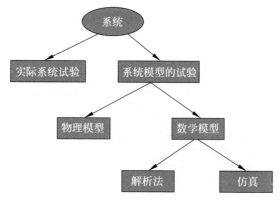

图 2-1　研究一个系统的方法

2.2.2　模型

1. 模型的概念内涵

模型是思考的工具,是重要的科学研究手段之一。尤其是在大规模工程技术应用项目中,模型更是必不可少的。随着科学技术的发展和计算机的应用,各种各样的模型被广泛应用于自然科学和社会科学研究的各个领域,取得了显著的成果。模型(model)和建模(modeling)是人类认识世界和改造世界的必由之路。模型方法是使研究方法形式化、定量化、科学化的一种重要工具。在科学研究和工程实践中,我们能够构建一个模型,利用它进行试验,并根据特定的应用目标,对它进行相应的修改完善。由于客观世界的复杂性和无限性,人们在某一个具体阶段,对于客观世界的认识总是简化了的,只能从有限的某个部分或某个方面描述和反映客观世界,即总是从客观事物的无限的属性中,选择出主要的、当前关注的若干属性,形成对于某事物(或复杂系统)的一个简化的"版本",这就是所谓"模型",建立模型的方法和过程则称为建模。

1965 年,Minsky 给出了模型的一般定义[21]:"如果研究者 B 可以使用对象 A^* 来解决对象 A 的某个问题,则称 A^* 为 A 的模型"。王精业等编著的《仿真科学与技术原理》给出的模型定义为:"模型是对研究对象的实体、现象、过程和工作环境等的数学、物理、逻辑或语义等的抽象描述,是该研究对象的规范的知识集,是该研究对象的仿真系统的核心。"美国国防部将模型定义为:"以物理的、数学的或其他合理的逻辑方法对系统、实体、现象或进程的再现",是对一个系统、实体、现象或过程的物理的、数学的或者逻辑的描述。中国仿真学会编写的《建模与仿真技术词典》中给出的模型定义为："模型是所研究的系统、过程、事物或概念的一般表达形式，是对现实世界的事物、现象、过程或系统的简化描述，或其部分属性的抽象。"按照系统论的观点，模型是将真实系统（原型）的本质属性，用适当的表现形式（如文字、符号、图表、实物、数学公式等）描述出来的结果，一般不是真实系统本身，而是对真实系统的描述、模仿或抽象。

笔者认为，模型可以定义为：模型是一个系统的物理的、数学的或其他方式的逻辑表述，它以某种确定的形式（如文字、符号、图表、实物、数学公式等）提供关于系统的知识。模型示意图见图 2-2。

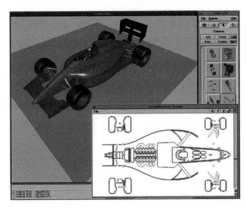

图 2-2　模型示意图

模型可更形象、直观地揭示事物的本质特征，使人们能对事物有一个更加全面、深入的认识，从而可以帮助人们更好地解决问题。开发模型的目的是用模型作为替代来帮助人们对原物进行假设、定义、探究、理解、预测、设计，或者与原物一部分进行通信。因此，模型不是"原型的重复"，而是根据不同的使用目的，选取原型的若干侧面进行抽象和简化，在这些侧面，模型具有与原型相似的、数学的逻辑关系或物理形态。换句话说，模型是对相应的真实对象和真实系统及其关联中的那些有用的、令人感兴趣的特性的抽象，是对真实系统某些本质方面的描述，它以各种可用的形式提供所研究系统的信息。

模型可使我们明晰思路，透过复杂系统看到事物的本质。构造模型是为了研究、认识原型的性质和演变规律，客观性和有效性是对模型的首要要求。所谓客观性，是指模型应以真实世界的对象、系统或行为为基础，在应用目标的框架内，与研究对象充分相似。模型的有效性是指模型应能够有效地支持建模目的，否则利用无效的模型会得出错误的认识或结论。另外，模型具有抽象性和简明性。所谓抽象性，是指模型要舍弃原型中与应用目标无关紧要的因素，突出本质因素。模型的简明性是指模型有清晰的边界，要作出必要的假设，使模型更为直观，便于研究者理解和把握，当然不能简化到使人无法理解的程度。

模型的本质通常表现为一种二重性：一方面它舍去了某些东西，对实体系统的结构、功能和联系等进行简化,因此一定程度上"不像"实体原型;另一方面它又从本质上极力与现实实体系统的体系结构、功能和联系保持一致,因此从模型出发不会引申出与原型不一致的结论。一种具有认识价值的模型必然能将这两个对立面有机统一起来。而没有认识价值的模型,通常会破坏这两方面的统一:过分简化,歪曲了原型,使模型不具有认识价值;或过分强调与原型的一致性,导致模型过分复杂而不能发挥认识作用。例如,阿根廷著名作家豪尔斯·路易斯·博尔赫斯在他所作的只有一段话构成的短篇故事《关于科学的精确性》(*On Exactitude in Science*)中写道:"帝国的制图者如此偏执,以至于绘制了一幅与帝国面积同等大小的地图。这幅地图毫无使用价值,帝国的后人们最终将其丢弃,任其腐烂。"

模型的作用不在于、也不可能表达系统的一切特征,而是表达它的主要特征,特别是我们最需要知道的那些特征。建立系统模型是一种创造性的劳动,不仅是一种技术,而且是一种艺术。仿真工程师面临着如下挑战:一方面,必须提供所需的一切支持,以支持完成任务;另一方面,只提供需要的,以支持任务,避免过多的和不必要的复杂性。我们只能仿真和分析我们建模的对象,但是每一条增加的额外细节都会增加复杂性。

在建模领域,特别是初学者往往认为,好的模型要尽可能地逼近真实。通过模型的定义,大家了解了建模的目的是简化,而不是复杂现实的无意义模仿。因此,情况恰恰相反。最佳模型是符合目的的最简单模型,但仍然复杂到足以帮助我们了解系统和解决问题。

模型一般可以分为物理模型、数学模型和概念模型。物理模型是广义的,具有物质的、具体的、形象的含义。物理模型又可分为实体模型、比例模型和模拟模型,常用于水利工程、土木工程、船舶工程、汽车制造、飞机制造等方面。数学模型和概念模型后续有专门的章节介绍(详见 2.3 节和 2.4 节),此处不再赘述。对各种模型都要一分为二。虽然概念模型看起来不如数学模型或物理模型好,在工程技术中也很难直接使用,但是在系统工程之初,问题尚不明晰,物理模型和数学模型都难以建立,则不得不采用概念模型。虽然物理模型形象、生动,但是不易改变参数。尽管数学模型容易改变参数,便于计算、求最优解,但却特别抽象,有时不易说明其物理意义。系统工程力求采用数学模型,开展定量研究,实现从定性到定量的综合集成。

2. 建模

建模是设计模型的一种活动。建模是研究系统的重要手段和前提,是指为了解决利益相关者的难题或回答一个研究问题,对实际或构想系统的有目的的抽象和简化,其结果表现为对事物的一种无歧义的形式描述。建模既需要理论方法又需要经验知识,还需要统计数据和有关信息资料。对于结构化强的系统,如工程系统,可以根据自然科学提供的各种定理、规律建立模型。但对于非结构化的复杂系统,并不像工程系统那样有明确的定理、规律可遵循,只能从对于系统的理解和经验知识出发，再借助于实际统计数据，来提炼系统内部某些内在的定量联系，借助数学或计算机手段来建立能描述系统特性的数学模型。在这个过程中必然要引入人工智能技术，走人、机结合的技术路线。

建模是仿真中的基础性活动，也可能是其中最困难的活动，因为这决定了仿真的有效性和结果的可信性。理想的情况是，建模应当由领域专家和精通仿真的计算机专家共同完成。模型输入数据的有效性也很重要，而且还有对结果分析与解释的方法。使用无效模型的仿真怎么都不会给出正确结果。建模是一个复杂的过程，如果不下足功夫就很难完成。要记住，没有一个模型能够对所有用途都是"最好的"。建模时还必须考虑以下因素：

（1）目标。这决定模型所要求的精度。

（2）可用的资源。如果没有所要求的计算资源，规划一个需要大量计算能力的模型就会是徒劳的。同样，如果不能确信可以获得模型中的参数数据就开始建模，也会无功而返。

（3）可重用组件的可用性。如果存在有效的、正在使用的模型，就可以鼓励建模人员去重新定位他们的模型，以最大的限度重用这些事先已有的模型。

建立一个实际系统模型一般包括两方面的内容：第一是建立模型结构，包括确定系统边界，鉴别系统的实体、属性和活动，基于对其内部规律的理解给出描述形式。第二是根据研究目标提供数据，即提供所研究的活动中产生的有效数据。对模型一般有如下要求：

（1）真实性。即反映系统的物理本质。

（2）简明性。模型应该反映系统的主要特征，简单明了，容易求解。

（3）完整性。系统模型应该包括目标和约束两个方面。

（4）规范化。尽量采用现有的标准形式，或对标准形式的模型加以某些修改，使之适合新的系统。因为标准形式的模型一般有成熟的算法，往往有标准的计算机程序可以调用。规范化的要求并不排斥创新的模型，相反，应积极创造新的模型，使之规范化，从而可以解决同一类若干问题。

系统与模型不是一对一的关系。对于同一个系统，从不同的角度，或用不同的方法，可以建立各种模型。同一模型，特别是数学模型，对它的参数和变量赋予具体各异的物理意义，可以用来描述不同的系统。而且，模型是有粗细之分的。一般来说，在研究一个新系统时，为了寻找最佳模型，需要从最简单的模型入手，以便于对系统的解能有一个粗略的了解，找到前进的方向，然后逐步增加模型的复杂程度，直到求得较为精确的解。大家都知道，任何模型都有自己的优点与不足。多种模型互相取长补短，组成模型体系，才能解决复杂系统的综合性问题。

2.2.3 仿真

仿真方法也称为模型研究方法，是人类最古老的工程方法之一。基于物理模型的仿真应用可以追溯到公元 1600 年,例如用于建筑和造船的比例模型,它是一种静态的几何相似模型。近年来,仿真试验与分析越来越普遍地被采用,其原因在于:

(1) 在真实系统上进行试验会破坏系统的正常运行。

(2) 由于实际系统各种客观条件的限制,难以按预期的要求改变参数,或者得不到所需的试验条件。

(3) 在实际系统上进行试验时,很难保证每一次操作条件都相同,因而难以对试验结果优劣做出正确的判断与评价。

(4) 无法复原。

(5) 试验时间太长、费用太大或者有危险等。

仿真一词来自拉丁语"simulare",意思是"假装"。在仿真过程中,模型假装成真实的系统。仿真对应的英文单词是 simulation,也可译为模拟,为了与模拟计算机"analog computer"中的"analog"加以区别,1979 年我国专家和学者们建议将"simulation"译为"仿真",并一直沿用至今。仿真方法是采用仿真手段研究现实和虚拟系统的一系列思路、途径、方式和过程的总称。

按照《牛津英语词典》的定义,仿真是用相似的模型、环境和设备模仿某个环境或系统(经济的、机械的等)的行为的技术,或者是为更方便地获取信息,或者是为培训人。仿真是一组广泛的方法,用于研究和分析实际的或理论的系统的行为和性能。Fritzson[25] 将仿真定义为"基于模型开展的试验"。该定义是以目的论的形式给出(目的导向)的,它强调仿真通常用于实现某个目的的事实。2007 年,美国国防部对仿真的概念进行总结,将仿真定义为"以模型(即系统、实体、现象或过程的物理、数学或其他逻辑表示)为基础,模拟真实世界过程或系统随时间的运行,以进行管理或技术决策"[26]。2018 年,由中国仿真学会编写的《建模与仿真技术词典》中将仿真定义为:"仿真,又称模拟,指基于模型的活动,包括建立、校验、运行实际系统或未来系统的模型以获得其行为特性,从而达到分析、研究该实际系统或未来系统之目的的过程、方法和技术。"这里的模型包括物理和数学、静态和动态、连续和离散、定量和定性等各种模型。这里的系统是广义的,包括工程系统,如电气系统、热力系统、计算机系统等;也包括非工程系统,如交通管理系统、生态系统、经济系统等。笔者建议采用文献[27]给出的定义:"仿真是一个模型应用的过程,以获得解决问题的策略。"随着科学技术的进步,特别是信息技术的迅猛发展,"仿真"的技术含义必然不断地得以发展和完善。无论如何定义,仿真是基于模型的这一基本观点是共同的,也是永远不会改变的。

仿真是对现实系统的某一层次抽象属性的模仿。人们利用这样的模型进行试验,从中得到所需的信息,然后帮助人们对现实世界的某一层次的问题做出决策。仿真是一个相对概念,任何逼近的仿真都只能是对真实系统某些属性的逼近。仿真是有层次的,既要针对所要处理的客观系统的问题,又要针对提出处理者的需求层次,否则很难评价一个仿真系统的优劣。

仿真包含 3 项基本活动:建立研究对象的模型;构造与运行仿真系统;分析与评估仿真结果。仿真系统包含 3 个部分:依照相似理论而建立的模型;采用各种技术构建模型的运行环境;在环境中运行模型,进行有目的的试验,并对结果进行评估,以便达到需求者的目的。

仿真并非直接模仿真实世界,它模仿真实世界的抽象,即概念模型。真实世界的概念模型与真实世界的仿真——实现概念模型的计算机程序,是有本质区别的。

当开发仿真系统时,如果一门心思地去关注概念建模和模型编码,就会出现错误,因为仿真的有效性不仅取决于建立的抽象模型,而且还有数据。对一项仿真而言,搜集足够数量和质量的数据在建模与仿真过程中,是最艰巨的任务之一。在某些情况下,数据搜集甚至是不可能的(如对于地球上无法复现的物理现象),或者是不提倡的(过于危险,过于昂贵,或者涉及工业与军事秘密)。当系统不存在时(典型的情况如对未来的系统进行仿真,这在系统工程中很常见),则同样类型的已有系统可以作为一个基础(先前的模型、由竞争者开发的系统,或具有类似功能的简单系统),加之还有科学理论、对真实模型的试验,还有更为详细的仿真。虽然这是一个易出错的方法,但是运用高层的经验和努力,可以构造出系统的有效模型,即使其并非真实物理存在。与模型一样,用于仿真的数据也必须经过校核与验证的过程。如果输入数据有错误,那么世界上最好的仿真也不会给出正确的结果。

2.3　概念模型

在由真实世界向仿真世界转换的过程中,一般要经历 3 个基本建模阶段——概念建模、数学建模、仿真建模。这 3 个阶段所采用的表达形式,其抽象程度是依次递增的,也就是说,从表现形式上,模型离我们所认知的真实世界越来越远(在这里,不涉及仿真可视化所达成的直观性)。

概念模型(conceptual model)是对真实世界的第一次抽象,是构建后续模型的基本参照物。可以肯定的是,在任何模型或仿真开发活动中,概念建模阶段是必然发生的,无法回避。过去,由于缺乏有效的管理机制,缺乏相应方法论的指导以及操作性强的建模理论方法,概念建模往往很容易被开发团队忽视,实施的形式往往很随意,很不规范,所采用的描述形式多种多样,获得的成果只能描述使命空间的局部或片段,无法获取完备、系统、规范的格式化文档。一套成熟完善的概念模型理论和方法,以及辅助的知识获取工具,可以有效地支持概念建模人员将存在于领域主题专家头脑中以及分散知识源内的领域知识,变成集中的知识集合;将自发的、随意性较强的概念建模活动,变成自觉的、有目的的组织行为;将零散的、非结构化的、格式各异的、可读性较差的领域知识,转换为系统的、结构化的、格式统一的、可读性较强的概念模型文档。从而,为后续仿真开发活动奠定良好的知识基础。

2.3.1　问题的提出

仿真系统的核心功能是对真实或构想的世界的某些事物及其某些行为进行表达,这是仿真系统与其他计算机软件系统相区别的最重要的方面。仿真系统在何种程度上逼真地表达了真实或想象的世界中的原型,是衡量其质量好坏的根本标尺。为了表达"真实"系统这一特有功能,在仿真系统的需求中,不仅要包括如显示与控制、性能、安全考虑等共性信息,还有一个是仿真系统所独有的方面,即仿真"关注对象"的描述信息。此类信息是否足够完备、详尽,对于仿真系统是否逼真,能否产生可信的仿真结果,有着至关重要的影响。作为仿真开发者,有必要准确地了解待开发的仿真系统需要"做什么""表达什么""怎样表达"等重要信息,并建立能够清晰陈述各项需求的文档。需求文档应该具备良好的结构性和可追溯性,清晰地标识和定义每一项需求,以便指导和约束后续的开发活动。作为仿真系统用户及其代理人,必须以某种方式,向仿真开发者传递上述一整套需求信息。作为校核、验证和确认(VV&A)机构,同样不仅要了解系统能提供哪些操作和服务功能,即"能做什么",还要了解仿真系统"能表达什么""怎样表达"以及软件是否准确实现了需求。

在仿真开发过程中,这些"做什么""表达什么""怎样表达"等信息就是大家常说的概念模型信息。要准确地开发系统,就要建立所研究系统的详细的概念模型。需要注意的是,在建立概念模型的过程中会遇到这样或那样的问题。主要表现为以下几方面:

(1) 要建立被仿真对象的概念模型,必须要对被仿真对象有正确、全面的认识,但是在现实生活中往往是"隔行如隔山",信息难以获取,尤其是军事领域,因其特殊性更是如此。即便是同一领域内不同的专业,境况也是如此。例如,军事人员只懂军事,仿真开发人员只懂仿真技术这种现象往往很普遍。在仿真系统开发过程中,军事人员只为仿真技术人员提供基本的想定文本和相关的技术经验数据,而无法将自身的知识和经验表达为用户认可的军事知识,而仿真开发人员又不能对军事知识进行准确的描述,因而在多数情况下,最终建立的仿真系统是不可信的,也难以满足军事人员的意图和要求。

(2) 无论是软件开发还是新的系统开发计划,都需要进行一次资料收集与概念分析,但是以可观的费用获取的信息却难以重用。进行系统开发,资料的收集相当困难,而且也是一项开销相当大的基础工作。在过去,系统开发工作人员所进行的资料准备工作都是围绕着特定的目的而展开,随着系统前期分析工作的结束而结束。由于缺乏可用的信息管理和维护工具,这些资料和结果无法转化成以统一格式存储起来的信息,因此无法为未来的系统开发所重用,造成重复开发,浪费严重。

(3) 概念分析的结果往往是隐式的,多存在于个人的头脑中,或隐含在程序中,重用非常困难,也难以进行核验和维护。

(4) 即使获取的信息是完整的、明确的,但对真实世界事物行动的描述也很难达成一致。不同单位、不同系统的开发者,通常依赖不同的资源获取同类信息,对领域使命空间进行不同的划分,对事物行动进行不同的抽象,从而产生对真实世界不一致的描述。这些不一致的描述会导致各自的仿真系统给予不同的知识框架,从而无法进行模型的交互、连接、聚合与解聚,各系统中的模型也无法在其他系统中重用。

2.3.2 概念模型的定义

概念模型的定义目前在学术界还没有形成权威的定论,各种不同的学术观点也很难达成共识。有的学者认为,所谓概念模型是对事物的一种书面描述,它不一定是必须用某种数学公式表示,可以是图形,甚至可以是文字叙述。有的学者认为,概念模型是对那些存在于人们头脑中的未来事物在现实世界中的形象化映射,也就是关于概念的模型,如概念武器系统。还有观点是把关于软件系统的功能需求、结构设想和设计方案的描述,即我们通常所说的设计说明,也看作概念模型。概念模型定义的不统一,已经在作战仿真领域造成了很大的混乱。

概念模型一般是说明目标系统的,是设计和实现系统的参照物。这里的系统不仅包括传统意义上的工程、经济、军事等仿真系统,也包括人工智能系统,因为后者本质上是对人类思维(表象、概念、推理、判断、决策)的仿真,这其中既包含复杂的思维发生机理,也包含比较简单、机械的思维规则。谈概念模型一定要指出它的目的和范畴,否则就太泛化,给人以模糊性。

2008 年,Robinson 强调,概念模型是将要、正在或已经研发的计算机仿真模型的一种与软件无关的描述,它描述了模型的目标、输入、输出、内容、假设条件和简化。他认为,概念模型建立了对开发总体模型至关重要的公共视角。概念模型特别关注问题的理解、建模与项目目的以及模型内容的确定、假设条件和简化的识别。2008 年,Tolk 等学者强调为了便于专家和客户之间的交流,提供建模产品的必要性。这种建模产品不仅独立于实现,而且是机器可读的,这就意味着概念模型应该是概念化的一种形式化规范,代表着建模阶段的成果。

笔者推荐的概念模型定义为:概念模型是为了某一应用目的,运用语言、符号和图形等形式,对真实世界系统信息进行的抽象和描述。构建概念模型的过程,通常分为交替实施的概念分析、概念描述和概念验证 3 个阶段。在概念分析阶段,研究者从所研究的问题中提取出关于结构特征、功能特征、行为特征等的关键要素;在概念描述阶段,根据要素之间的相互关系,采取一定的形式将其精确地描述出来,组成一个集中的概念知识体,来说明研究的问题。这种集中的概念知识体就称为概念模型。

概念模型是对真实世界(或想象的真实世界)的第一次抽象,是对真实世界存在的实体、发生的行动和交互等进行概念描述的与仿真实现无关的视图。它作为仿真系统开发的参照物,抽取出与真实世界的运行有关的重要实体及其主要行动和交互的基本信息。从仿真应用的角度,概念模型不是模型的最终形态,而一般是作为由真实世界向仿真世界转换的桥梁和过渡。它陈述仿真系统需要表达的内容及有关各方对表达方法的约定,是用户与开发者对目标仿真系统的共同见解。它包括对使命空间要素进行描述的概念、符号、格式、陈述、逻辑和算法,并明确地标识出模型所采用的假设和约束。概念模型不能直接在仿真系统上运行,需要将它转换为数学模型,并进一步转换为仿真模型。概念模型只用于抽象和常规设计,它只是系统信息定义的规范描述,而不是具体和专门地执行设计。

概念模型是一种形式化的领域知识,它改变的只是领域知识的表现形式,而不是领域知识的内容。因此,概念模型必须衍生于权威的领域知识。权威的领域知识源包括官方颁布的条令条例、理论文献、经过认可的专业教材以及领域主题专家的经验。权威领域知识源中的知识必须是已经有定论的、公认的知识,不能包括那些尚处于学术争论中的知识,否则在此基础上构建的概念模型将很难具备足够的公信度。

不同的领域对应不同的概念模型。概念模型一方面由领域主题专家和系统开发人员共同构建,其主要作用在于为领域主题专家(有时也包括用户)和仿真开发人员提供沟通的桥梁。借助概念模型,仿真开发人员可获取所仿真的真实世界系统的细节信息,以便于进行仿真系统的基于实体分析和设计。另一方面,由领域主题专家、模型专家和软件专家组成的第三方权威认证机构,在确认概念模型的合理性之后,可对照概念模型检验数学模型和软件模型的准确性及合理性,从而便于对整个系统进行检验、验证和确认。借助概念模型,领域主题专家/用户和仿真开发人员更容易在简化和逼真之间达成妥协,在系统需求的确认上达成共识。概念模型可以视为描述领域专家问题求解过程的本体论,它用基本术语和术语合成法则去描述问题求解中所涉及的实体、属性和关系。为此概念模型是描述问题求解的抽象框架,也是设计建模语言的基础。

概念模型详细陈述了仿真系统或仿真组元所表达的内容、所采用的实体粒度、分辨率和抽象方法、输入数据和输出数据等关键的建模信息,是仿真开发者判断仿真资源可重用潜力的基础。另外,概念模型本身也是可重用的领域知识产品,可以用来支持包括同样表达需求的仿真应用目标。仿真系统的开发,离不开概念模型。完善的概念模型理论体系,是仿真系统开发过程中全面贯彻软件工程原则提升仿真系统质量的理论基础之一。

2.3.3　概念建模

概念建模就是构建概念模型的过程,它是仿真开发过程的有机组成部分,是无法回避的一个开发步骤。概念建模一般包括以下 3 个步骤:

第一步：收集权威的信息以及非正式需求（文档形式），用自然语言对需求进行说明和解释。这一阶段主要是进行需求的分析与相关信息的收集。

第二步：把自然语言说明和解释转化为形式说明（如结构形式化语言）。在这一阶段要对所收集到的信息进行分析，可采用语义分析和语法分析，找出所关心的内容，加以划分，如有哪些实体、有哪些任务、各实体的交互活动等，并建立部分相关词典。

第三步：概念模型的最终描述和归档。在这一阶段，可以采用多种方法相结合，对概念模型进行形式化描述，建立文档，并进行可视化，这里可融合面向对象的设计方法，如 UML 语言进行描述。

好的表达需求是保证仿真应用的系统具有真实性的重要前提。在实践中，人们已经深刻认识到了这一点。为了获取全面、准确的表达需求，并便于权威机构对仿真系统的表达需求进行检验、验证和确认，必须以系统工程的观点来考察拟开发的仿真系统的概念分析与概念建模过程，建立一种有效的过程控制机制，确保其成为仿真系统开发的有机步骤。同时，为了顺利有效地执行这一过程，提供方法论的指导与工具支持。只有这样，才可能为后续的仿真开发工作打下良好的基础，尽可能"防患于未然"，从而有效提高最终仿真系统的质量。

要建立正确的模型，就必须确定在相应的使命空间内，哪些要素需要建立模型，采用什么方法建立这些要素的模型。为此，必须识别出这些使命空间要素，对其需要用模型表达的方面，以及建模所采用的假设和算法进行明确的描述，这就是进行概念分析、建立概念模型的过程。一个仿真系统的概念分析与概念建模过程必须结合特定的仿真应用目标，从各种权威知识源收集对仿真内容进行描述的足够全面和详细的信息，并在预先定义的通用语义环境下，采用规范的表示法（通常使用统一建模语言或系统建模语言图来进行描述），形成完备而详尽的格式化文档。

2.3.4　概念模型的描述形式

把与概念模型相关的数据、信息抽取出来之后，经过适当的整理，最后形成知识，这个过程叫做概念模型的描述。概念模型使用的目的不同，也就是需求不同，对概念模型所采取的描述形式也不尽相同。这些描述形式主要有自然语言、结构化、半结构化、层次化、形式化、半形式化和格式化等。可以把它们分为 3 类：自然语言描述、半形式化描述和形式化语言描述。

自然语言是指人类日常使用的语言，它包括口语、书面语等。自然语言是人类最基本的交流思想、传递信息的工具。如果只是把概念模型作为一种说明、参考，不作深入使用，或者是由纯专业人员对专业问题进行描述，一般就采用自然语言描述，这样既省时又省力，优点比较明显。采用自然语言描述，必须要用书面语言。目前概念建模在许多情况下采用这种语言进行描述。虽然自然语言描述比较方

便,但是它有如下缺点:

(1) 自然语言存在二义性。

(2) 自然语言不具有严格的一致性结构。

(3) 采用自然语言描述,各类知识和信息分散在概念模型文档的行文之间,不方便查找,不利于捕获模型的语义。

如果对概念模型有深入的利用,比如要从中获取大量的数据,进行推理,从而进一步建立知识库系统,就不是自然语言描述方式所能满足的了。在这种情况下,就需要对信息、知识进行半形式化或形式化描述。

半形式化语言是介于自然语言和形式化语言之间的语言。这种语言运用一定的结构,采用自然语言,并采用图、文、表等形式对概念、知识进行描述。我们又把这种描述叫做格式化描述。概念建模在许多情况下主要采用这种形式进行说明。半形式化表示可以捕获结构和一定的语义,也可以实施一定的推理和一致性检查。这种描述方式是当前采用的最多的形式。

形式化语言是为了特定应用而人为设计的语言。要利用抽取的信息、知识建立知识库,必须要把这些已抽取的元素以某种一致化的结构存储和组织起来,以实现计算机自动知识处理和问题求解,这就是所谓的形式化描述。常见的描述方法有:①基于逻辑的表示方法;②基于关系的表示方法;③面向对象的表示方法;④基于框架的知识表示;⑤基于规则的表示方法;⑥语义网络表示;⑦基于 XML (extensible markup language,可扩展标记语言)的表示方法;⑧基于本体的知识表示;⑨综合表示法。

自然语言形式具有表达能力强的特点,但它不利于捕获模型的语义,一般只用于需求抽取或标记模型。半形式化表示可以捕获结构和一定的语义,也可以实施一定的推理和一致性检查。形式化表示具有精确的语义和推理能力,但是要构造一个完整的形式化模型,需要较长时间和对问题领域的深层次理解。因此,选择何种形式描述概念模型需要慎重考虑。究竟采用哪种形式来描述,与概念模型的用途分不开。

2.3.5　基于实体还是基于过程

概念建模方法包括对使命空间进行概念分析的方法和将分析所得信息加以描述的方法。概念分析方法侧重于思维方式,概念描述方法侧重于表现形式。建模方法侧重于思维方式,但又离不开建模语言。建模语言是一种描述性语言,利用它所期望解决的核心问题就是沟通障碍问题。领域专家与开发人员在沟通上的最大障碍就是领域术语,而解决这个问题,最有效的方式就是寻找一种公共语言(common language)来进行交流,这是建模语言所起到的最为重要的作用。同时,建模语言必须支持的是一种思考复杂问题所必须采用的思维方式(抽象、分解、求精),并且提供特定问题的特定描述方式,利用不同的形式(如图形、符号、文字等)

从各个方面对系统的全部或部分进行描述。

基于过程的建模技术始于结构化分析与设计技术（structured analysis and design technique，SADT）。美国空军在20世纪70年代的集成化计算机辅助制造（integrated computer aided manfacturing，ICAM）系统项目中，为了解决制造业人员与IT人员无法准确、顺利沟通的问题，在项目的早期定义了IDEF（ICAM DEFinition）系列的图形化建模语言，这套建模语言很快得到了广泛的认可，并由IEEE进行维护与发布。如今，IDEF（其中的IDEF3）已成为基于过程的建模技术的代表。基于实体的建模技术起源于20世纪60年代的面向对象分析（object-oriented analysis，OOA）和面向对象设计（object-oriented design，OOD），在多年的发展历程中一直处于百家争鸣的状态，直到20世纪90年代初UML的诞生，使基于实体技术得到了越来越广泛的应用。适合基于过程的建模语言有IDEF3（过程建模）、XML、流程图等，适合基于实体建模的语言有UML、IDEF0（功能建模）、IDEF1x（信息建模）、IDEF4（面向对象设计方法）等。

就建模方法而言，包括思维方式（基于过程）和模型表述语言（基于实体）两个重要的部分。基于实体也好，基于过程也好，都有其特定的适用范围，不能武断地讲哪个好、哪个不好。任何思维方式和表述性语言，如果超越了它所适应的范围来使用，都无法取得好的效果。

在概念抽象阶段，领域主题专家（业务专家）需要将需求及规格进行完整、准确的描述，需求就是业务过程，而规格就是业务过程中涉及的信息的结构。要描述这些内容，应当采用什么样的方法自然一目了然，描述过程的东西自然使用基于过程的方法更为直接，便于理解。

在概念分析（分解、求精）阶段，开发人员需要对需求进行专业化的理解，并且需要将自己的理解展现给业务人员来验证，自然在表述方法上要采取业务人员易于理解的形式。在这两个环节，都需要业务人员紧密协作，而且围绕的问题都是业务过程，因此，基于过程应当更为方便与直接。

如果在这些环节采用了基于实体的方法，就必须要求业务人员具备与开发人员相同的与自己的业务过程相应对象化的能力，这无疑增加了难度。在需求交流上的障碍是致命的，它将引起以下连锁反应：需求理解产生偏差，但没有被及时发现；开发人员基于错误的理解完成了设计和编码环节，并顺利地通过了系统测试，但在项目验收的时候却很难通过，最终会引起大规模的返工，既增加了团队的开发成本，又延迟了用户的系统上线时间，使双方都受到损失。更为严重的是，客户的延迟往往是有限度的，而当项目的结束期限逼近的时候，被牺牲的一定是产品的质量，而质量问题会导致在产品的维护上需要开销大量的资源，开发人员被绑定在缺陷产品上，而开发团队也因此陷入一个可怕的恶性循环。

我们因此有理由认为，在概念建模过程中，在概念分析环节最为有效的方法是基于过程的方法。不过这并不代表在概念建模中不需要基于实体的方法。在概念描述阶段采用基于实体的技术,是十分必要的。其一,对象化的应用体系结构设计模型,可以将复杂逻辑进行可视化的展现,从方便应用系统的维护和质量管理的角度来看是有帮助的;其二,便于概念模型的重用;其三,使模型在应用上具有稳定性,即如果需求发生小规模的变更时,采用基于实体的方法不至于引发对模型的大量修改。

在概念建模过程中,要抓住主要矛盾,并采用适当的方法解决所面临的问题。在以"实现驱动"为主流的仿真开发模式中,要特别纠正那种认为"基于实体是先进的,基于过程是过时的、落后的"错误认识,充分重视基于过程技术在仿真开发中所能够起到的重要作用,将基于过程与基于实体在项目中进行有机结合,寻求解决概念分析和概念描述问题的最佳途径。

2.4　数学模型

数学模型的历史可以追溯到人类开始使用数字的时代。随着人类使用数字,就不断地建立各种数学模型,力图解决各种各样的系统问题。建立数学模型是沟通摆在大家面前的实际问题与数据工具之间关联必不可少的桥梁。数学建模的综合作用、桥梁地位和创新理念已被越来越多的人所接受。数学模型的应用是模型研究方法的一大进步,也是计算机仿真的基础。对于系统描述的形式化和数学抽象,使之可以精确定义和定量研究一个系统。

2.4.1　数学模型的定义

数学模型是针对参照某种事物系统的特征或数量依存关系,采用数学语言,概括或近似地表述出的一种数学结构,这种数学结构是借助于数学符号刻画出来的某种系统的纯关系结构。从广义理解,数学模型包括数学中的各种概念、各种公式和各种理论,因为它们都是由现实世界的原型抽象出来的。从这个意义上讲,整个数学也可以说是一门关于数学模型的科学。从狭义理解,数学模型只指那些反映了特定问题或特定的具体事物系统的数学关系结构。从这个意义上讲,也可以将数学模型理解成联系一个系统中各变量间的关系的数学表达。数学模型所表达的内容可以是定量的,也可以是定性的,但必须以定量的方式体现出来。

数学模型可以是一个或一组代数方程、微分方程、差分方程、积分方程或统计方程,也可以是它们的某种适当的组合,通过这些方程定量或定性地描述系统各变量之间的相互关系和因果关系。除了用方程描述的数学模型外,还有用其他数学工具,如代数、几何、拓扑、数理逻辑等描述的模型。需要指出的是,数学模型描述的是系统的行为和特征而不是系统的实际结构。

百度百科给出的定义:数学模型是运用数理逻辑方法和数学语言构建的科学或工程模型。

文献[27]给出的定义：数学模型是可用于计算物理系统时空关系演化规律的系列方程。这个定义具有一定的局限性，它明显排除了大量无法只在时空框架内解决问题的数学模型。

如果想涵盖科学与工程中的所有数学模型，需要给出一个更具普遍意义的定义。笔者认为文献[28]给出的定义清晰明了，易于掌握。数学模型的定义具体如下：

数学模型是三要素(S,Q,M)的集合体。其中，S是系统，Q是与系统 S 相关的问题，M是用来回答问题 Q 的一组数学表达式，即 $M=\{\Sigma_1,\Sigma_2,\cdots,\Sigma_n\}$。

上述定义中的(S,Q,M)强调了建立数学模型时的先后顺序。通常情况下，首先给定系统，然后提出与系统相关的问题，最后建立数学表达式。(S,Q,M)集合体中的 3 个要素是不可或缺的组成部分。没有系统 S，就无法提出问题 Q，没有问题 Q，就无法建立数学模型 M。问题 Q 是决定数学模型(S,Q,M)正确与否的重要因素。没有 S 和 Q，则 M 只是无意义的符号。只有定义了系统 S 及问题 Q 时，它才能称为数学模型。数学模型处于真实世界和数学世界之间，是控制两者沟通渠道的咽喉。

2.4.2　数学建模的原则与一般步骤

建立数学模型的基本原则如下：

(1) 简化原则。现实世界的原型都是具有多因素、多变量、多层次的比较复杂的系统，对原型进行一定的简化即抓住主要矛盾，数学模型应比原型简化，数学模型自身也应是"最简单"的。

(2) 可推导原则。由数学模型的研究可以推导出一些确定的结果，如果建立的数学模型在数学上是不可推导的，得不到确定的可以应用于原型的结果，这个数学模型就是无意义的。

(3) 反映性原则。数学模型实际上是人对现实世界的一种反映形式，因此数学模型和现实世界的原型应有一定的相似性，抓住与原型相似的数学表达式或数学理论就是建立数学模型的关键技巧。

数学建模的一般步骤如下：

(1) 了解问题的实际背景，明确建模的目的，搜集必需的各种信息，尽量弄清对象的特征。

(2) 根据对象的特征和建模目的，对问题进行必要、合理的简化，用精确的语言做出假设。这是建模过程中至关重要的一步。如果对问题的所有因素一概考虑，无疑是一种有勇气但方法欠佳的行为，所以高超的建模者能充分发挥想象力、洞察力和判断力，善于辨别主次，而且为了使处理方法简单，应尽量使问题线性化、均匀化。

(3) 根据所作的假设分析对象的因果关系，利用对象的内在规律和适当的数学工具,构造各个量之间的等式关系或其他数学结构。建立数学模型是为了让更多的人明了并加以应用,因此工具越简单越有价值。

(4)数学模型进行求解。可以采用解方程、画图形、证明定理、逻辑运算、数值运算等各种传统的和近代的数学方法,特别是计算机技术。

(5)对模型的解答进行数学上的分析。能否对模型结果进行细致精当的分析,决定了模型能否达到更高的档次。不论哪种情况都需要进行误差分析和数据稳定性分析。

(6)把数学上分析的结果回代到实际问题,并用实际的现象、数据与之比较,检验模型的合理性和适用性。

解决科学与工程中的问题,必须注意方法的有效性,既可以是数学模型方法,也可以是真实系统试验方法。当然,通过简单试验就可以得到结果的场合,无需使用数学模型。然而在很多情况下,试验方法往往比较复杂,难以实施,生成数据的成本比较昂贵,因此采用试验手段就不可行。或者,研究人员可能面对多个输入输出参数相互影响的复杂情况(多方案),此时,采用数学模型解决问题会更省时省力,尽管有可能精确性差一点。

对任何问题,"没有唯一正确的模型"。因为数学模型是对现实问题的一种抽象描述,所以必然会忽略一些因素。而这些被忽略的、看似无关或不重要的因素,可能会引起重大的变化,例如人们熟知的"蝴蝶效应"。对于复杂问题的建模,很难做到一步到位,通常需要采取逐步演化的方式来进行。

2.4.3　数学模型的分类

由数学模型的定义可知,数学模型包含系统 S、问题 Q 和一系列数学表达式 M,这 3 个要素构成了数学模型空间。基于该定义,可在 SQM 空间内对数学模型进行分类,目的是让大家知道所使用的模型处于数学模型空间的哪个位置,以及原有模型不适用时可以选择哪些模型,如图 2-3 所示。

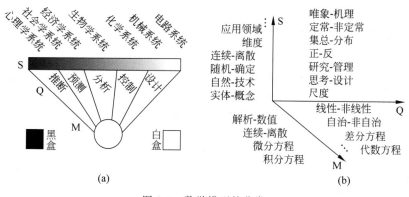

图 2-3　数学模型的分类

(a)黑盒和白盒之间的数学模型分类;(b)SQM 空间的数学模型分类[28]

心理学、社会学系统占据了黑盒的最左端，这类问题复杂性极高，包括很多子过程，比较难理解，只能通过构建唯象模型去解决。机械系统、电路系统等占据了白盒的最右端，通过机理模型，很容易掌握这些系统的特性。

随着模型逐渐由黑盒变为白盒，数学模型可以解决的问题越来越具有挑战性。在黑盒端，模型可依据数据进行基本可靠的预测。在白盒端，在实体实现之前，可以在计算机上采用数学模型对系统和过程进行设计、测试和优化。例如，利用各学科领域的先验信息和计算机辅助设计工具（CAX）、面向学科领域的性能的设计工具（DFX），以及面向多学科的复杂产品（系统）建模与仿真平台/工具集，构建不同问题的模型，进行产品（系统）设计、仿真与确认，以便获得产品最优设计。

由于数学模型的特性取决于 S、Q、M 的"值"，可以认为，每个模型都处于 SQM 空间的某个位置。数学模型可以在 S、Q、M 轴上分类。详细具体的说明见文献[28]。以下仅简单给出几种模型的概念。

（1）定常-非定常模型：定常模型指系统参数和因变量均与时间无关；非定常模型指至少一个系统参数或因变量与时间相关。

（2）集总-分布模型：集总模型指系统参数和因变量都与空间变量无关；分布模型指至少一个系统参数或因变量与空间变量相关。

（3）正-反模型：如果问题 Q 是通过给定输入量和系统参数来确定输出量，则模型解决的是正问题；反之，如果问题 Q 是确定输入量和系统参数，则模型解决的是反问题。如果问题 Q 只是确定系统参数，则称为参数识别问题；如果问题 Q 只是确定输入参数，则称为控制问题。

（4）解析-数值模型：在解析模型中，可通过包含系统参数的数学公式对系统进行行为描述。基于这些模型，不用给定明确的参数值，便可在理论上研究参数的定性影响和整个系统特性。数学模型主要适用于研究给定参数值情况下的系统特性。

数学模型中的唯象模型和机理模型是非常重要的，下面给出详细介绍。

2.5 唯象模型与机理模型

2.5.1 科学研究的目的

人们总是从直接经验，经过思想加工而得到对世界的认识，这是认识的第一阶段，在物理学界称之为唯象方法（phenomenological method），由它构成的理论称为唯象理论（phenomenological theories）。我们可以给唯象方法作如下定义：在解释物理现象时，不去追究微观原因，而是由经验总结和概括实验事实得到自然界的基本规律做出演绎的推论。如果从系统科学的观点看，唯象方法是一种对简单巨系统最常用的建模方法。它根据系统的宏观性质，不考虑系统的内部机制，直接利用系统宏观层次上功能的特点建立演化方程。因此,用这种方法建立演化方程不必研究子系统之间的相互作用。从方法论的角度看,唯象方法是通过客体宏观现象的实验观察,分析与归纳找出规律,通过思维的创造,运用抽象与概括建立宏观的物理模型,利用数学工具构成符合演绎逻辑的理论体系。这样形成的理论可称作唯象理论,运用到微观层次上形成的理论则是半唯象的。

　　唯象理论是在不明事物内在原因的情况下,用统计数学方法从大量实验数据拟合得到的物理、化学规律。在实验数据范围内,唯象理论对自然现象有描述或"预言"的能力,但没有解释、理解的能力。钱学森院士说唯象理论就是知其然不知其所以然。最典型的例子如开普勒三定律,就是对天文观测到的行星运动现象的总结。实际上支配开普勒三定律的内在机制是牛顿的万有引力定律。中医也是一种唯象理论,它经被几千年的实践所证明,但是却无法从物理、化学等现代科学的角度进行解释。杨振宁先生把物理学分为实验、唯象理论和理论架构 3 个途径,唯象理论是实验现象更概括的总结和提炼,但是无法用已有的科学理论体系做出解释。唯象理论被称作前科学,因为它们也能被实践所证实。而理论架构是比唯象理论更基础的,它可以用数学和已有的科学体系进行解释。

　　唯象理论是真正科学的起点,是通向真理的中间站。现在的问题是,不能夸大唯象理论的意义,如果不依靠演绎法,即使补充新的实验数据,将唯象理论改进 1000 次也无法逼近真理。历史上没有一个成功的先例。也就是说,单凭实验数据拟合本质上是统计意义上的"改进",它与在物理意义上的改进绝不是一回事,不能相提并论。在这点上,统计数学的鼻祖、剑桥大学的罗纳德·费希尔教授(Ronald A. Fisher, 1890—1962)有一句极为精辟的话:"统计本质上是一种归纳推理。"[29]。Fisher 教授的话十分清楚地表明,统计数学本身是严格、无懈可击的,但应用过程中有陷阱、风险,使用者应该自己明白。

　　英国数学家、数理逻辑学奠基人伯特兰·罗素(Bertrand Russell, 1872—1970)给出了类似的论断——"罗素鸡"(拟人化的小鸡,代表试图理解宇宙规律的人)的单纯归纳推理。故事梗概为:农夫养了一只鸡,每天清晨都按时给它喂食。日子久了,这只鸡从中总结出规律——凡清晨听到农夫熟悉的脚步声,就总能从那农夫手中得到食物。可是,有一天清晨农夫走来,不但没有给它食物,还抓住了鸡脖子要宰它。可怜的"罗素鸡"在临死之前才终于弄明白,它总结规律的方法竟是那样不靠谱,但为时已晚。罗素无非是想让大家明白,那只鸡认识规律的方法其实就是人类认知事物时常常采用的归纳法(induction),提醒我们不能把实验科学建立在仅靠归纳法的基础上。归纳法不能证明任何结论! 认识世界必须依靠归纳法和演绎法(deduction),二者缺一不可。也许最早认识到单凭实验数据拟合不能逼近真理的人就是罗素。罗素不但是数学家,还是思想家,他因《西方哲学史》而荣获 1950 年诺贝尔文学奖。

　　尽管罗素等著名专家、学者早已明确指出了唯象理论存在的问题,然而,长期以来持有单靠实验数据拟合就能逼近真理观点的大有人在。在今天的大数据时代，大数据的拥趸变本加厉。他们坚信只要安排足够多的"实验测量＋统计数学方法"的科研项目，就可以解决不同领域的所有复杂问题。这显然是荒谬的！仔细思考一番 Fisher 的话，自然就会明白，统计意义的正确与物理意义的正确完全是两码事。事实上，归纳推理是不正确的，除非对观测数据已经有了一个解释框架，否则不可能对它们进行外推。

问题来了，科学真正的目的到底是预言世界还是解释世界呢？Deutsch 教授的一段话回答了这个问题："理解并不取决于知道许多事实，而是依赖于正确的概念、正确的解释和正确的理论。一个相对简单而又一般性的理论可以覆盖无穷多的难以理解的事实。……预言事物或描述事物，不论多么准确，也和理解不是一回事。"Deutsch 批评说："……有些哲学家，甚至有些科学家，蔑视科学的解释作用。对他们来说，科学理论的基本目的，不是解释任何事情，而是预言实验结果，即科学理论的全部内容是它的预言公式。他们认为理论只要与预言结果一致，任何解释都是一样的，没什么好坏之分，甚至有没有解释无所谓，只要预言是正确的。"[30]

科学并不是从观察中得到预言的过程，而是寻求解释的过程。科学活动的目的并不是要寻找一个(几乎)永远正确的理论，而是要寻找一个目前可能得到的最好的理论，而且如果可能的话，要改进所有现有理论。科学论证是要说服人们，这个解释是目前可能得到的最好解释。每当我们遇到一个和现有解释相冲突的问题时，我们就寻求解释，然后我们就开始问题求解过程。人们解决问题的方法是寻找新理论或修正旧理论，使它的解释摒弃旧解释的缺点而保留其优点。这样通过解决问题和寻求更好的解释，我们获得了越来越多关于现实世界的知识。

归根结底，科学研究的目的是认识和改造客观世界，探索世界的规律性，对观察到的事实做出合理的解释，通过科学理论对客观世界做出精确和深刻的描述，在理论的指导下设计出改造方案并付诸实施。在实现这一目的的过程中，就要遵循可行的途径，采取合理的策略，运用科学的方法。

2.5.2　唯象模型和机理模型的定义

除了掌握唯象方法和唯象理论之外，还需要进一步理解唯象模型和机理模型的概念，这一点非常重要。因为在科学研究和工程实践中，任何人都无法回避这两种模型或其一，尤其是在当今这个大数据时代。文献[28]中给出的唯象模型和机理模型的定义如下。

数学模型(S,Q,M)可称为唯象模型：如果只基于实验数据构建，不使用系统 S 的先验信息。

机理模型：如果 M 中的一些表达式是基于系统 S 的先验信息构建。

唯象模型也被称为经验模型、统计模型、数据驱动模型或黑盒模型。可提供关于系统 S 的所有必要信息的机理模型，也称白盒模型。大多数机理模型介于黑盒和白盒之间,也就是说,模型是基于 S 的部分先验信息构建的,而其他一些重要信息难以获取。这种模型有时也称为灰盒模型或半经验模型。这种"灰箱理论"是我国学者首创的。

与唯象模型相比,机理模型具有以下几个优点:

(1) 机理模型可以更加精确地预测系统行为。唯象模型是基于试验数据建立的,系统的输入量是有取值范围的。只有系统新的输入量不超过此范围内,模型才有效。而机理模型不受此限制,即使超出试验数据范围,它仍然有效。当然,不能跨越宏观、微观世界(例如,牛顿三定律适用于宏观世界,而微观世界的粒子运动则需要量子力学来解释)。

(2) 机理模型允许修改系统,以对其进行更好的预测。如果系统发生了变化(例如,系统从一根弹簧变成两根相同的弹簧并联),在原系统上建立的唯象模型就不再适用,因为不知道这两个系统的相似性,必须针对新系统重新开展试验,以便获取新数据,然后根据新数据建立另外一个唯象模型。在机理方法中,根据机理很容易建立新系统的机理模型。例如,由一根弹簧变成两根同样的弹簧并联,机理模型从 $F(x)=kx$ 变为 $F(x)=2kx$。

(3) 机理模型通常涉及具有实际意义的参数,这些参数可真实反映实际系统特性。唯象模型中的数值系数(例如,线性回归方程 $f(x)=ax+b$ 中的系数 a)只是与实际系统无关联的数字,而机理模型中的参数则与系统特性密切相关(例如,胡克定律 $F(x)=kx$,其中 k 为弹性系数)。在进行系统优化时,这一点尤为重要。唯象模型方法需要对一系列的系统进行多次测试,直到找到所需要的结果。就是说,需要使用试错法。而机理模型方法告诉我们,只要改变系统的相关参数即可(例如,改变弹簧的弹性系数)。如果模型参数易于调整,那么所得的模型具有很强的适应性。机理模型往往需要大量的参数,这些参数如果不能很好地获取,也会影响到模型的模拟效果。

系统建模方法主要有两大类,即机理建模方法和辨识建模方法。或采取两者相结合的方法,也有人称其为混合建模方法。机理建模方法就是根据实际系统工作的物理过程的机理,在某种假定条件下,按照相应的理论(如质量守恒、能量守恒定律,运动学、动力学、热力学、流体力学的基本原理等),写出代表其物理过程的方程,结合其边界条件与初始条件,再采用适当的数学处理方法,来得到能够正确反映对象动静态特性的数学模型。其模型形式有代数方程、微分方程、差分方程、偏微分方程等;系统可以是线性系统、非线性系统、离散系统、分布参数系统等。辨识建模方法就是采用系统辨识技术,根据系统实际运行或试验过程中所取得的输入/输出数据,利用各种辨识算法来建立系统的动静态数学模型。近年来,随着模糊集合理论和神经网络理论的发展,模糊建模方法、基于神经网络的建模方法和基于模糊神经网络的建模方法等发展十分迅速,并在具有不确定性、非线性等特性的系统建模方面得到了广泛应用。

在某种程度上,可以说大多数建模和仿真工作都以数据集为基础。基础统计学提供的唯象建模方法可以用于进行数据集的初步分析。对于给定的数据集,首先要进行描述统计,即应用各类方法对数据进行统计和描述。如果在任何情况下都很容易建立系统的机理模型,就没必要建立唯象模型了。可是,在很多情况下,根本无法建立系统的机理模型。因为建立机理模型有个重要前提,即需要知道系统的先验信息。如果对系统一无所知,处于"黑盒"状态,就不得不使用唯象模型。对系统信息知之甚少的情况并不少见,特别是在科学研究或产品开发的早期阶段。还有一种情况,虽然已经掌握了足够的系统信息,但系统极为复杂,建立机理模型需花费大量的时间和资源。唯象模型的一个重要优点是解决这类处于黑盒状态的问题时,只需要花费较少的时间和资源。唯象模型更通用,更容易建立,但使用范围受限。机理模型通常具有明确物理意义的参数,可更好地了解和预测系统性能,但获得系统先验信息需要花费更多时间和资源。尽管我们都知道应该尽量采用机理模型,但在工程实际中,还是要慎重考虑采用哪种模型。

2.6 小结

今天,我们可以看到虚拟世界已经存在于我们的生活当中,成为人们生活中不可缺少的一部分,极大地改变了人类生活世界的面貌,给人类对于自身生活的本性和全貌的认知和确认带来了巨大的挑战。虚拟世界不仅与现实世界交相辉映,还可以帮助我们从另一个角度认识我们生活的现实世界。虚拟世界是由数学模型构成的,这些反映现实事物的模型、它们所处的环境模型和建模与仿真运行平台/工具一起,构建解决复杂问题的仿真系统。通过对仿真过程的监控和对仿真结果的评估,来评判虚拟与现实两个世界是否达到优化状态,这个过程往往需要多次迭代,而且能使虚拟和现实两个平行世界达到协调一致。

唯象模型是仅由实验数据构建的数学模型,它不使用问题系统的任何先验信息,仅在实验数据范围内对自然现象有描述或"预言"的能力,没有解释、理解的能力。超出现有数据范围的预测是靠不住的,即仅凭归纳法无法得出科学的结论。机理模型的优点是参数具有非常明确的物理意义。缺点是对于某些现象,人们还难以写出它的数学表达式,或者表达式中的某些系数还难以确定时,就不适用。无论使用哪类模型,有一点十分清楚:科学的真正目的不是预测未来,而是解释世界!

第 3 章

解决复杂系统问题的方法论

随着计算机通信、智能物联、分布控制、云计算等信息领域高技术的蓬勃发展和普及应用,原本各自独立、毫不相关的系统(个体)可以通过"信息"搭建的"纽带",将彼此联结为一个由"独立系统"作为组分而构成的大系统,形成一个关于"系统的系统"的存在形态。信息技术在"系统的系统"中的应用提升了内在组分系统间信息传递的速度、共享信息的程度,增强了独立系统对环境的感知和响应能力,使得多个系统间完全可以通过自主协调,以自同步的方式相互配合,来完成个体、单一平台难以完成的任务。可以说,信息技术结束了系统孤立存在的形态和独立工作的方式,使分散的系统(组分)可以实现相互配合、协同工作,使个体聚合成为整体,产生更高效能的体系能力,在这个被压缩的时空维度下,整体功能的形成使得它更像一个具有强大功能的有机整体。

21 世纪制造业的竞争已经不再是企业和企业个体之间的竞争,已经转变为生态圈之间的竞争。如果企业是一个复杂系统,生态圈则是一个体系。生态圈内的企业作为生态圈内的组分相互依存、协同工作,共同创造价值。生态圈之间的竞争则是体系与体系之间的抗争。当然,生态圈并不是固定不变的,它会随着环境的变化而发生演化,并且随时都可能有新的企业加入生态圈,也会有企业被淘汰出生态圈。

3.1 复杂系统概述

复杂系统(complex system)是相对于牛顿时代构成科学事业焦点的简单系统而言的,两者具有根本性的不同。简单系统通常具有少量个体对象,它们之间的相互作用比较弱,或者具有大量相近行为的个体,以至于我们能够应用简单的统计平均方法来研究它们的行为。而复杂不一定与系统的规模成正比,复杂系统要有一定的规模,但也不是越大越复杂。

复杂系统是指单元数目很多但有限,单元之间的关系存在较强规律性和耦合作用的系统。复杂系统的例子无处不在,全球气候、有机体、人脑、电网、交通、通信系统等基础设施网络、城市社会和经济组织网络、生态系统、细胞甚至整个宇宙,都可以看作是复杂系统。系统的复杂性可以分为无序复杂性和有组织复杂性。从本质上说,无序复杂性系统包含很大数目的组分;而有组织复杂系统是一主体系统(很可能只有有限数目的组分)。虽说人类研究复杂系统已有数千年,但现代科学研究复杂系统则比研究简单系统的普通科学较迟。

国际系统工程协会(INCOSE)给出的复杂系统的定义:系统的因果关系之间存在非平凡关系,即每种效应可能是由多种原因引起的;每种原因都可能导致多重影响;原因与影响可能与反馈循环有关,包括正面和负面;因果链是循环的和高度纠缠的,而不是线性的和可分离的。复杂系统中关系的非平凡性使得整个系统是不确定的、模糊的或混沌的。这一定义侧重于强调复杂系统动力多样性与非线性规律。

从组成来说,成员组成单元越多,系统一般都会越复杂,但这不是必要条件。整齐划一的系统成员再多,在结构和关系上也简单,构不成复杂系统。从关系来说,即INCOSE的定义中强调的原因与结果之间是一种多对多的关系,而且有正反馈、负反馈及反馈循环链的存在,从而使得系统成为一个非线性系统。从环境来说,复杂的环境作为系统外部的输入和输出的承受者,可以并入系统动力学考察的范畴。而从系统的目的来说,系统都是有目的导向的,目的既是系统之所以成为系统的根据,同时也是牵引系统进行适应性变化的方向,目的本身无所谓复杂,但却是系统产生复杂性的源泉。

复杂系统用来描述模式的产生。现实生活中模式无处不在。例如,同类型的商店往往比邻而居;分久必合,合久必分;生命过程的演进。这些现象本质上就是自然界中通过模式涌现的过程。这些模式往往可以归结为组成系统的个体,通过简单相互作用达到某种复杂群体的现象。

复杂系统多用于描述一个系统随时间的变化过程,比如市场价格的波动、神经网络随时间的活动等。研究这个时间变化过程,往往要考虑此刻的结果对下一时刻系统输出的影响,例如股市就是一种典型的反馈系统。在所有复杂系统中,都有正反馈和负反馈两种状态。

复杂系统的单个组分如同计算机网络中的节点、大脑中的神经元、市场中的买家和卖家。当许多部件对相互之间的行动做出响应时,并没有十拿九稳的方法预测系统的整体行为。了解一个复杂系统的行为,有必要观察这个系统每一步是如何展开的。

复杂系统的具体特征包括非线性、混沌、涌现性、自组织、自适应、不确定性、开放性、演化等。

(1) 非线性是复杂性产生的根本原因之一。复杂系统中的非线性关系往往是难以用解析式来描述的。复杂系统的状态就像是一个层峦叠嶂、连绵起伏的山峰群,存在多个局部的峰值,难以找到真正的最优状态。

(2) 混沌来源于非线性,是指非线性不确定系统中存在的初值敏感性,初始条件的细微改变,导致结果变化非常大,使得系统无法预测,因此也称作复杂系统的非预测性。

（3）涌现性是指仅通过系统的各个组成部分的认识而无法预知的系统整体行为，是一种非预期的，甚至令人惊讶的结果。涌现的思想反映了宏观和微观的有机联系，是微观行为展现的宏观效应。涌现性有积极的、消极的和中性的之分，我们利用积极的涌现性来提升复杂系统的能力，也要尽量避免或减缓消极涌现性带来的后果。

（4）自组织与他组织对应，是指在系统内在机制的驱动下，自行从简单向复杂、从粗糙向精细的方向发展，不断提高自身的复杂度和精细度的过程。自组织可以理解为一种宏观的通用意义上的认识，自然界系统的发展与演化，都遵循自组织的原则。从无机世界的变迁，到无机向有机生命的转化，再到有机生命的不断进化，直至高度智慧的具有思想的人类的出现，都是自组织的结果，只是目前大部分的规律还没有被人们认识到而已。

（5）自适应是指系统对外界环境干扰或内部变化的自我适应过程。自然系统的自适应广义上来说，仍是一种系统的自组织行为。自适应含有主动性的意味，因此自适应仅限于自然系统中的有机生命系统，它是一种有机生命系统所特有的自组织性。

（6）不确定性与随机性相关，而复杂系统中的随机因素不仅影响状态，而且影响组织结构和行为方式。复杂系统的自适应性使得组分可以自学习，能记住这些经历，并将其"固化"在自己以后的行为方式中。

（7）开放系统与环境相互作用，接收物质、能量、信息流入并排放物质、能量、信息流出。它能够适应自身环境，还可以保持稳定的状态。开放系统的稳态是一种动态平衡。开放系统通常接收负反馈，使得开放系统能够修正相对于某个预定进程的偏差。

（8）复杂系统不断演化。复杂系统对于外界环境和状态的预期-适应-自组织过程导致系统从功能到结构的不断演化。这种演化运动在物理系统中是不存在的。物理系统一般由多个已有的元素组成，其功能和结构都不会改变。而复杂系统一般是由简单的元素组合，经过不断的演化而发展成为功能和结构更为复杂的系统。从低级到高级、从简单到复杂不断地演化，是复杂系统的本质特性。

复杂系统中的个体一般来讲具有一定的智能性，这些个体都可以根据自身所处的部分环境通过自己的规则进行智能的判断或决策。这意味着系统内的元素或主体的行为遵循一定的规律，根据"环境"和接收信息来调整自身的状态和行为，并且主体通常有能力根据各种信息调整规则，产生以前从未有过的新规则。通过系统主体的相对低等的智能行为，系统在整体上显现出更高层次、更加复杂、更加协调智能的有序性。在复杂系统中，没有哪个主体能够知道其他所有主体的状态和行为，每个主体只可以从个体集合的一个相对较小的集合中获取信息，处理"局部信息"，做出相应的决策。系统的整体行为是通过个体之间的相互竞争、协作等局部相互作用而涌现出来的。例如,在一个蚂蚁王国中,每一只蚂蚁并不是根据"国王"的命令来统一行动的,而是根据同伴的行为以及环境调整自身行为,而实现有机的群体行为。复杂性在有互动主体参与的系统中产生。把一些行为简单的主体通过特定的方式联结在一起,就会变成影响全局意义的行为。改变联结方式,又会有新的全局行为产生。

复杂系统的组分本身可以是复杂系统。由于复杂系统内组分间的强烈耦合作用,一组或多组故障能导致级联故障,这可能造成系统功能灾难性的后果。

3.2　方法与方法论

方法(method)和方法论(methodology)在认识论上属于两个不同的范畴。人们在探索未知的自然规律时,总要运用一定的研究方法。一些哲学家和自然科学家为了寻求更有效的研究方法,往往对方法本身进行研究,例如亚里士多德(Aristotle)对演绎法的研究、弗朗西斯·培根(Francis Bacon)对归纳法的研究、大卫·希尔伯特(David Hilbert)对公理化方法的研究、诺伯特·维纳(Norbert Wiener)对控制论方法的研究。以科学方法为研究对象的学科被称为科学方法论。

方法论是关于研究问题所遵循的途径和路线,在方法论指导下是解决问题的具体方法。方法也不止一种,可能有多种。如果方法论不对,具体方法再好,也解决不了根本问题。

3.2.1　方法

在英文中,"方法"一词的表述为"method"。这个词来自希腊语,其字面意思是沿着正确的道路进行。《高级汉语词典》中将"方法"的概念定义为"为达到某种目的而采取的途径、步骤、手段等"。百度百科的解释为：方法的含义较广泛,一般是指未获得某种东西或达到某种目的而采取的手段与行为方式。方法虽然也被人们称为手段,但它不是物化了的手段,是人类认识客观世界和改造客观世界应遵循的某种方式、途径和程序的总和。黑格尔说："方法也就是工具,是主观方面的某个手段,主观方面通过这个手段和客体发生关系……"

本书采用如下定义：方法指的是人们为达到某种目的而采取的某种思路、途径、方式和过程。从这个定义可以看出它既包括认识方法、表达方法,也包括实践方法；还可以看出它是为实现目标服务的一个有层次的系统。这个系统包括思路(train of thought)、途径(channel)、方式(way)和过程(procedure)4 个层次,这 4 个层次形成了有序的、相互联系、相互影响、相互补充的方法内部结构系统。

方法不等同于理论,但方法的基本内容首先是经过检验的科学理论。两者的区别在于：科学理论是过去研究活动的最终成果,是对已知事物的认识；方法则是进行未来研究活动的手段,它所面对的是未知的事物和领域。但是,理论一经证明是正确的、有效的、科学的,那么它便可以在同一知识领域(甚至不同领域)里建立其他新理论的过程中,作为出发点和条件,在实质上起着方法的作用。而且往往是抽象程度较高的知识对较为具体的知识发挥方法的功能。所以,从这个意义上来讲,一切知识都可以通过应用转化为方法。例如,系统工程在构建工程系统时就起着方法的作用。

科学研究的目的是认识和改造客观世界、探索世界的规律性,对观察到的事实做出理论解释,通过理论对客观世界做出精确和深刻的描述,在理论的指导下设计出改造方案并付诸实施。在实现这一目的的过程中,就要遵循可行的途径,采取合理的策略,运用科学的方法。

方法有如下 3 个特点:

(1) 方法是与任务联系在一起的。不同任务、不同目标,就有不同的完成任务、解决问题、实现目标的方法。任务的多样性决定了方法的多样性。

(2) 方法是与理论联系在一起的。方法是在理论的指导下产生的,提出完成任务的方法、解决问题的途径、实现目标的手段,必须遵循客观事物发展的规律,即方法要与解决任务的各种具体对象的理论有关,同与之有直接或间接联系的各种理论和知识有关,还同人们的世界观、哲学观有关。一定意义上说,方法就是人们已有的理论、思想的一种特殊的具体化。

(3) 方法是与实践联系在一起的。方法可以看作是在一定理论指导下的一种特殊的实践活动,而且是极富创造性的实践活动。因此,对于一个确定的任务来说,方法是联结理论与实践必不可少的环节。科学理论通过在方法中的体现也显示出理论对实践的指导作用,而人们在实践中不断创造出来的种种新方法,又是丰富和发展理论的一种重要源泉。

3.2.2　方法论

方法论是关于人们认识世界、改造世界的方法的理论。方法论一词的创始人是英国哲学家培根,他首先提出以方法论体系武装科学的思想,并在《新工具》一书中付诸实践。培根对科学认识的归纳法及经验法所作的论证,对后来的方法论的发展起了重大作用,同时使方法论问题成为哲学的中心问题之一。

方法论是从人类认识过程中总结出来的规律,它把各种方法系统作为研究对象,它是具有普遍意义的方法系统的综合集成。方法论是一种以解决问题为目标的理论体系或系统,通常涉及对问题阶段、任务、工具、方法技巧的论述。方法论会对一系列具体方法进行分析研究、系统总结并最终提出较为一般性的原则。方法论是普遍适用于各门具体社会科学并起指导作用的范畴、原则、理论、方法和手段的总和。本书采用的定义为:方法论是由方法组成的系统,是各学科所用方法、规则和假设的载体。

方法论是描述和研究方法本质的理论,是指导方法的原则,是方法的方法,可称源方法。方法论不是一个方法,也不是一种方法,而是一类方法的本质,是一种具有哲学原理的思想原则。方法论知识既可以是某种规定和标准的形式,用以确定某些特定活动类型的内容和顺序(标准方法论),也可以是实际已经完成的某一活动的描述形式(描述方法论)。方法论决定了下属方法的科学性,也会带来其局限性。有效的方法论可以促进新的科学发现与理论发展,可以使科学研究程序更加规范、更加优化,也可以扩充科学成果运用的深度和广度。错误的方法论会制约研究成果,导致给出错误的结论。正确的方法论中的局限性也会导致科学研究产生错误。

方法论的研究对象最初是自然科学的一般研究方法,后来扩展到社会科学、人文科学等众多科学领域的方法。因此,方法论的研究也形成了 3 个层次:具体科学方法论、一般科学方法论、哲学方法论。这三者大体上呈现个别、特殊、普遍的联系。研究某具体学科,涉及某一具体领域的方法理论是具体科学方法论;概括自然科学的一般方法的自然科学方法论、概括社会科学研究方法的社会科学方法论和概括人文科学研究方法的人文科学方法论等,即研究各门具体学科,带有一定普遍意义,适用于许多有关领域的方法理论是一般科学方法论;关于认识世界、改造世界、探索实现主观世界与客观世界相一致的最一般的方法理论是哲学方法论。三者之间的关系是相互依存、相互影响、相互补充的对立统一关系。哲学方法论在一定意义上带有决定性作用,它是各门科学方法论的概括和总结,是最一般的方法论,对一般科学方法论、具体科学方法论有指导意义。方法论作为关于研究方法一般规律性的理论,既研究个别特殊的研究方法的规律性以及人类认识客观事实的基本程序,也研究这些个别研究方法在整体上的相互联系。事实上,各种研究方法并不是彼此独立的,而是相互之间通过某种形式在某种程度上关联。成功的科学家往往能够把所需的各种方法巧妙地结合起来综合运用。

方法论也是一种哲学概念。一定的世界观原则在认识过程和实践过程中的运用表现为方法,方法论则是有关这些方法的理论。人们关于世界是什么、怎么样的根本观点是世界观,用这种观点作指导去认识世界和改造世界,就成为方法论。世界观主要解决世界"是什么"的问题,方法论主要解决"怎么办"的问题。没有和世界观相脱离、相分裂的孤立的方法论,也没有不具备方法论意义的纯粹的世界观。有什么样的世界观就有什么样的哲学方法论。唯物主义世界观要求人们在认识和实践中从实际出发,实事求是。唯心主义世界观则从某种精神的东西出发。客观唯心主义世界观要求人们在行动中遵从某种客观的精神原则或宗教教义、神灵的启示等。主观唯心主义世界观则认为人们可以按照自我的感觉经验、愿望、主观意志等行事。辩证法的世界观要求从事物的普遍联系和永恒运动中把握事物,分析事物自身的矛盾和解决这些矛盾。形而上学世界观则促使人们孤立地、静止地、呆板地考察事物。哲学方法以一定的世界观为根据,世界观以自身对人们的认识方法和实践方法的指导意义而取得存在的价值。哲学方法论离不开世界观,自然科学方法论也必须以自然观和科学观为前提。各门具体科学的研究方法归根结底也受一定世界观约束。这种制约以不同层次的方法论为中介。各层次的方法论不直接统一，它们之间存在着某种差别。世界观与方法论的一致性不是简单的同一，懂得世界观并不等于掌握方法论。方法论是运用世界观的理论，但运用世界观、掌握方法论均需要作专门研究。

方法论是科学认识必不可少的手段，在科学研究中具有引导、促进和规范的作用。科学研究是一个艰苦的探索过程，没有行之有效的方法，就无法达到研究的目的。而方法论对方法的创造具有启发功能。方法论通过对哲学方法、一般科学方法和各门学科专门方法的形成与发展机制和规律的研究，能够抽象出各类方法建立的一般原则，从而指导具体方法的建立与发展。方法论作为科学理论体系的有机组成部分，为科学研究提供了正确的思维方式，促进了科学理论研究的深入与理论体系的完善。方法论通过制定具体研究中方法选择的一般原则及方法使用的规则，为遵循规范化的研究程序、选择和使用最优化的研究方法提供依据和指导；通过把握科学研究的发展规律，对于科学研究的未来具有预见功能。

方法论的决定作用是相对的而不是绝对的，它会伴随知识理论的发展、变化而相应地调整、变化；方法论又是灵活的、务实的，没有永恒不变的方法论。例如，观察手段从古代的感官观察发展到近代的仪器观察，又发展到现代采用信息化手段进行的观察。手段和工具的发展，使观察的深度、广度、细度均发生了巨大的变化。要适应这些变化，就需要深入研究方法论，促进科学研究水平的提高。

方法论也不是一成不变的，而是随着科学技术的发展不断创新和完善。要适应这些变化，就需要深入研究方法论，促进科学研究水平的提高。随着人类社会实践以及科学理论的发展，方法论已形成了多层次的许多学科和分支，例如数、理、化、天、地、生等学科的方法论及其分支学科的方法论，逻辑思维、形象思维、直觉思维等学科的方法论及其分支学科方法论，计算机科学、人工智能、知识工程等学科的方法论及其分支学科方法论，系统论、信息论、控制论、协同论、耗散结构论、突变论等学科方法论。在这些学科方法论的基础上，还分别形成了以各种学科及其分支学科的方法论为前提的生产物质产品和精神产品的各种工程技术方法，如电子、能源、超导、激光等工程技术方法，小说、诗歌、音乐等创作工程技术方法等，并在所有方法论基础上又形成了总括一切方法论的方法论原理系统。方法论科学已经形成了一个庞大的学科群体。

3.3　系统科学方法论

系统科学方法论的产生和发展是人类长期实践的结晶，它随着人类对客观世界认识和实践的不断深化而充实、丰富和提高。朴素的系统观念可以追溯到很早的一些哲学家和科学家那里，如亚里士多德关于整体和部分的分析等。但是把系统作为科学认识的一种基本方法,形成协调科学的方法论,则是最近几十年各边缘学科和综合学科发展的结果。20世纪,系统论、控制论、信息论等横向科学的迅猛发展,为发展综合思维方式提供了有力的手段,使科学研究的方法不断地完善。以系统论方法、控制论方法和信息论方法为代表的系统科学方法,又为人类的科学认识提供了强有力的主观手段。它不仅突破了传统方法的局限性,而且深刻地改变了科学方法论的体系。系统科学方法把研究对象视为整体和复杂系统,将定量分析方法引入各个学科,使科学研究方法产生了质的飞跃。

系统科学是研究系统的结构与功能关系、演化和调控规律的科学,是一门新兴的综合性、交叉性学科。系统科学以不同领域的复杂系统为研究对象,从系统和整体的角度,探讨复杂系统的性质和演化规律,目的是揭示各种系统的共性以及演化过程中所遵循的共同规律,发展优化和调控系统的方法,并进而为系统科学在社会、经济、资源、环境、军事、生物等领域的应用提供理论依据。对复杂系统的研究主要集中在系统复杂性、涌现性、演化性及隐秩序等方面。

系统科学方法是指用系统科学的理论和观点,把研究对象放在系统的形式中,从整体和全局出发,从系统与要素、要素与要素、结构与功能以及系统与环境的对立统一关系中,对研究对象进行考察、分析和研究,以得到最优化的处理与解决问题的一种科学研究方法。

系统科学方法论是解决复杂问题的、具有普遍性的综合性方法体系。近代科学技术的发展出现了高密度综合和高层次分化的趋势,为系统论方法的应用和发展提供了更为广阔的空间。系统科学方法论在工程技术上得到了广泛的卓有成效的应用,并逐步被普遍应用于一切领域,特别是在大型的技术工程和经济工程以及社会工程、军事工程等领域。系统论方法的发展也经历了从还原论(reductionism)、整体论(holism)方法到还原论与整体论相结合的系统论方法的过程。还原论和整体论是有着根本区别的,在科学发展的过程中,都有着十分辉煌的成果,成为科学研究的重要的方法论。这两种方法论中有的观点是对立的、不相容的,虽然都有各自的优点,但也暴露出一些弱点。

3.3.1　还原论

古代科学的方法论本质上是整体论,强调整体地把握对象。但是那时的科学知识很有限,对自然界观察的科学和思辨的哲学浑然一体,对许多自然现象不能合理解释。古代的整体论是朴素的、直观的,没有对整体的把握,建立在对部分的精细了解之上。随着以还原论作为方法论基础的现代科学的兴起,这种整体论不可避免地被淘汰了。近400年来,科学发展所遵从的方法论是还原论,主张把整体分解为部分去研究。"还原论"一词最早由著名哲学家蒯因于1951年在《经验论的两个教条》一文中正式提出,但还原论的思想却源远流长。中国古代的思想家和古希腊的哲学家在探讨物质的构成和世界的本源时所提出的一系列思想便可以看成是还原论思想的萌芽,但这些萌芽与现代意义上的还原论思想相差很大。

所谓还原,是一种把复杂的系统层层分解为其组成部分的过程,是一种由整体到部分,由连续到离散的操作,是对研究对象不断进行分析,恢复其原始状态,化复杂为简单的过程。人类思维正是在这种连续与离散的矛盾中行进的。

还原论是一种哲学思想,其认为复杂的系统、事物、现象可以通过将其化解为各部分组合的方法,加以理解和描述。还原论最深刻的影响在自然科学方面,比如化学是以物理学为基础,生物学是以化学和物理学为基础。还原论是否能用于社会科学如今争议还很大,比如心理学能否归结为生物学,社会学能否归结为心理学,政治学能否归结为社会学等。总之,信仰还原论的人认为,只要知道了一个体系中的每一个部分,并且知道了这些部分之间如何相互作用,那么就知道了整个体系的全部信息。

还原论是把物质的高级运动形式(如生命的运动)归结为低级运动形式(如机械运动),用低级运动形式的规律代替高级运动形式的规律的方法。还原论认为,各种现象都可以被还原成一组基本的要素,各基本要素彼此独立,不因外在因素而改变其本质,通过对这些基本要素进行研究,可推知整体现象的本质。从科学和哲学思想史上来看,笛卡儿是还原论思想的奠基者,他所提出的指导人们思维活动的著名的"四条原则",完整表达了还原论的基本内涵,笛卡儿方法论思想经过牛顿到爱因斯坦历代科学家的补充和发展,经过 400 年科学实践的检验不断完善,形成了还原论在现代科学体系中的支配地位。这 4 条原则是:

(1) 除了清楚明白的观念外,绝不接受其他任何东西。

(2) 必须将每个问题分解成若干个简单的部分来处理。

(3) 思想必须从简单到复杂。

(4) 我们应该时常彻底地检查,确保没有遗漏任何东西。

还原论的特点与优势如下:

(1) 它使人类的认识深入到事物的内部,从构成成分、因素及其结构、功能等不同角度揭示事物的内在本质与规律。

(2) 它把事物从环境的复杂联系中剥离出来,减少干扰,使之以比较纯净、理想的状态表现出来,以便分清真相与假象、本质与现象。它为人类对事物本质与规律的认识提供了有利的条件。

(3) 逻辑学是还原论的基本理性工具或手段。科学实验所获得的资料,只有运用逻辑的手段进行理性分析,才能实现对事物本质与规律的认识,建立科学理论。逻辑的严密推演,使科学实验所得数据、资料的真实性过渡到结论的真实性得到保证。

(4) 数学的运用使分析思维定量化、精确化,这是近代以来还原论取得成功的主要原因之一。

还原论并非完全不考虑对象的整体性。还原论方法的奠基者之一,法国哲学家、科学家笛卡儿（1596—1650）主要是从如何研究整体才算是科学方法的角度论证了还原论的必要性。他认为：凡是在理性看来清楚明白的就是真的，复杂的事情看不明白，应当尽可能把它分成简单的部分，直到理性可以看清楚其真伪的程度。还原论并非不考虑对象的整体性，而是强调为了认识整体必须认识部分，用部分说明整体、用低层次说明高层次，即认为经过分解、还原，再把它们累加、整合，整体的面貌就清楚了。还原论主张"分析-重构方法"。在还原论方法中居主导地位的是分析、分解、还原：首先把系统从环境中分离出来，孤立起来进行研究；然后把系统分解为部分，把高层次还原到低层次；最后用低层次说明高层次，用部分说明整体。在这种方法论指导下，400年来的科学研究创造了一整套可操作的方法，取得了巨大的成功。可以说，没有还原论，就没有今天的自然科学。还原论还会继续长期存在并且发挥积极作用。

还原论信念的核心理念在于"世界由个体（部分）构成"。牛顿力学观盛行的18—19世纪是还原论的高峰。古代有机的、生命的和精神的宇宙观被将世界看作"钟表机器"的观念所取代。还原论信念的持有者相信客观世界是既定的，世界是由基本粒子等"宇宙之砖"以无限精巧的方式构成的，宇宙之砖的性质与相互作用从根本上决定了世界的性质，最复杂的对象也是由最低层次（同时也是最根本）的"基本构件"组装而成的，只要把研究对象还原到那个层次，搞清楚最小组分即"宇宙之砖"的性质，一切高层次的问题就迎刃而解了。从德谟克利特的原子论构想、卢克来修的原子和无限虚空说，到近代牛顿的具有一定质量和运动的物体，又经过道尔顿的原子论，并最终发展到当代还原论者的对原子内部的基本粒子和能量的确认。既然宇宙由不同层次的基本单元构成，那么那个最终无法还原的最小实体就是宇宙的本质与本原。

在还原论方法的解析下，世界图景展现为前所未有的简单性。早在19世纪，德国物理学家亥姆霍兹（Hermann von Helmholtz）就曾认为："一旦把一切自然现象都化成简单的力，而且证明自然现象只能这样来简化，那么科学的任务就算完成了。"现代物理学家借助"还原"，把世界的存在归于基本粒子及其相互作用；生物学家开始相信分子水平的研究将揭开生命复杂性的全部奥秘。复杂的世界经由还原被清晰地分割为可以重组的简单粒子、部分，关于世界的知识也被分解为种种不同、分类庞杂的学科与部门。卡普拉（Fritjof Capra）对此指出："过分强调笛卡儿的割裂成碎片的方法成为我们一般思维和专业学科的特征，并且导致了科学中广泛的还原论态度——一种相信复杂现象的所有方面都可以通过将其还原为各个组成部分来理解的信念。"即我们由还原论方法嬗变为本体论意义上的还原论信念。由此，根源于还原论方法理念的还原论信念反过来强化了还原论方法，并对科学方法论产生了一个普遍影响：各种复杂现象被认为总可以通过把它们分解为基本建筑砌块及其相互作用的关系来加以认识；不同科学分支描述的是实在的不同层次，但最终都可建立在关于实在的最基本的科学——物理学之上。

把整体当成部分的相加,整体不会大于部分的总和。这实质上是把部分之间的关系以及层次之间的关系简化为可知、可分的,或成比例发生变化的线性关系,把产生的复杂现象简化,除去非线性部分,在分析、分解的基础上,把部分、低层次累加、整合为整体的方法。但是这个观点目前来说有一个最难以克服的困难,即意识的产生(或者精神、灵魂等,无论采用什么称谓)。还原论的局限性表现在:用量说明质,把质还原成量;用低层次的结构、运动说明高层次的结构、运动,把高层次的结构、运动还原为低层次的结构、运动;用部分和要素说明整体,把整体还原为部分和要素;用必然性说明偶然性,把偶然性还原成必然性;用简单性说明复杂性,把复杂性还原为简单性。其结果是不能正确说明整体的复杂性。

实践证明,还原论用分析、分解、还原的方法是揭示不了生命的本质的。还原论对认识复杂系统是无能为力的。系统科学并不是简单否定还原论,但是必须指出:仅仅持有还原论是远远不够的。

3.3.2　整体论

整体论是指用系统、整体的观点来考察有机界的理论。20 世纪 30—50 年代,贝塔朗菲总结了生命科学的新成就,在批判机械论和活力论的基础上,系统地提出了有机体论即整体论。如同还原论一样,整体论的思想萌芽也早已有之。我国古代医学经典《黄帝内经》最大的特点便是从调理人的整体机能入手看待和医治疾病。古希腊哲学家亚里士多德关于"离开人的手就不算人的手"的论断,更是对整体论思想的强调。实际上,整体论思想应该比还原论思想诞生得还要早,只不过后来随着西方近代科学的兴起,整体论在科学研究中起到的作用逐渐衰微。

整体论认为系统的分解将永远丢失很多系统的全局性质,认为还原论破坏了系统的整体性。现代整体论有了先进的观察手段和工具,拓展了人体自身的观察极限,能在更广阔的空间和时间上观察系统的整体,比古代的整体论更加科学。这种方法论认为对整体的认识来源于整体的涌现性,而这种涌现性在整体被分解为部分时已经不复存在。对部分的认识累加起来的方法,本质上不适宜描写整体的涌现性。

整体论揭示了简单因果还原的局限性。传统科学最核心的方法论原则之一是简单的线性因果决定论原则。但因果关系是极其复杂的,通常人们将产生某些现象的各种原因分解为直接原因与间接原因、主要原因与次要原因、内部原因与外部原因等。多种因果关系是共存的,人们很早就注意到一因多果、一果多因、多因多果等复杂局面的存在。从因果关系的复杂多样性来看,由结果不可能必然推出原因的存在,这意味着准确的但可以还原的风险。当代系统科学在对复杂系统进行分析时,进一步具体、丰富和深化了人们对因果关系复杂性的认识,有力地揭示了简单因果还原的局限性。

整体论揭示了客观世界的层级关系。过去人们所强调的还原,一般来说就是认为一个现象领域可以归结到另一个更低层或更深层的现象领域来加以理解。但是，当代复杂系统科学的研究已经充分表明，世界的层级结构是客观的。这有两个方面的含义：一是每一个层次的事物都有自己独特的性质，从而使自己作为一个独立的层次而存在。所以，物质的高级运动形式是由低级运动形式发展而来的，但它并不能完全归结为低级形式，而是具有自己独特的形式。二是不同的层次特别是相邻层次之间必然存在某种关系。复杂系统科学家们为此提出了上行因果和下行因果的概念：从部分到整体的因果关系是上行因果关系，从整体到部分的因果关系是下行因果关系。高层次的整体对低层次的部分的这种控制能力、协调能力、选择能力等，是被传统科学完全忽略了的。它的发现，是复杂系统科学在理论上的重大突破之一。

整体论揭示了不确定性对于世界的建设性作用。除了统计力学和量子力学外，复杂系统科学中混沌现象等的发现，进一步揭示出复杂系统的突变行为的不可预测性。它使我们真正意识到，不确定性并非人类主观知识的不足，不确定性在我们身边的世界里发挥着非常重要的建设性作用：传统科学中那些微不足道的涨落，借助于复杂系统所能提供的"初值敏感"的机制，以四两之力而拨千斤之重，使我们这个世界步入了一个不断创造的不可逆的发展道路，而整个宇宙从简单到复杂、从低级到高级的演化，就是最有力的证据。

整体论强调生命系统的组织化、目的特征，反对机械论把世界图景归结为无机系统微观粒子无序的、盲目的运动，但是整体论却忽略了偶然性、随机性在生命发展中的作用。复杂性科学的兴起，首先举起了反对还原论方法的大旗，因为复杂性科学的研究对象是复杂系统，而复杂系统本身的多样性、相关性、一体性必然是与其自身的整体性紧密联系在一起的。由此可见，复杂性科学与整体论的渊源关系很深。虽然整体论思想批判了还原论思想的局限性，揭示了事物间的相互依赖性和联系性，但是整体论思想仍不可避免地带有机械构成论的局限。这说明整体论思想并不等同于复杂性科学的方法论。

人们已经意识到，系统论虽然强调整体性是系统的主要特点，但它在解决具体问题的过程中，一般着眼于对模型系统各种关系的分析，即从大体上讲，它仍以分析方法为主。虽然人们考虑的因素在量上有明显的增多，但实际上还未能真正将各种因素的地位从质上区分开来。

由于人们过分依赖数学处理方法，而这些数学处理方法最终大多又归结为线性方法，这样就使系统的整体性在不知不觉中被庸俗化甚至被忽略了。所以有人认为，仅仅通过分解成部分以了解整体是不充分的。一旦整体被不当分解，各部分间的相互作用和联系就丧失了。

法国思想家埃德加·莫兰曾说："整体主义与它反对的还原主义同属于简化的原则（前者是关于整体的简化思想和把一切都规划为整体）"。整体主义只包含对整体的局部的、单方面的、简化的看法，它把整体的概念变成一个汇总的概念，因此整体主义属于简化范式。法国哲学家帕斯卡同样旗帜鲜明地指出："我认为不认识整体就不可能认识各个部分，同样不特别地认识各个部分也不可能认识整体。"由此可以得出，从部分解释整体和从整体解释部分，既不消除它们彼此之间的对立性，又通过它们连接起来的运动彼此变成互补。正如埃德加·莫兰所言："我们的系统观是对还原论和整体论的超越，它通过统合两派各自所有的部分真理来寻找一个理解原则：它不应该为了部分而牺牲整体，也不可能为了整体而牺牲部分。重要的是阐明整体与部分之间的关系，他们相互凭借。"

3.3.3　系统论

科学方法从宏观上可以分为整体论和还原论两大体系。整体论习惯把研究对象当作一个黑箱来看待，在不影响系统完整性的情况下，通过外界物质能量和信息的输入输出来判断、猜测系统内部的结构和机制。还原论则是与整体论相对立的一种研究思路，主张首先把研究对象分解到某个逻辑基点，然后分析其系统的构成要素、组织结构和内在机制，以把握系统的行为特征和功能表现。

还原论和整体论这两种方法各有优势，要充分认识还原论与整体论优势互补、辩证统一。400 年以来，因为还原论的成功而冷落了整体论，但这两种方法论不是互为敌对的，不是有了这种方法论就不能存在另一种方法论。它们相互之间有矛盾、有区别，但又相互依存和相互补充，这是将辩证法用到系统研究的方法论上的结果。还原论无法把握整体所涌现出来的新属性，整体论不能深入事物的内部把握深层次的本质；还原论忽视经验，整体论缺乏实验；还原论否认形象思维，整体论缺乏逻辑性；还原论强调定量分析与精确性，对于难以量化与精确化的事物无能为力，整体论缺乏定量分析。只有还原论，认识是零散的、局部的、片面的，无法从整体上把握事物，解决问题；只有整体论，不能还原到元素的层次，没有局部的精细结构，对整体的认识只能是直观的、猜测性和笼统的，甚至停留在感性而无法上升到理性，缺乏科学性。

还原论的优势正是整体论的劣势，整体论的优势也正是还原论的劣势，在充分发挥各自优势的同时，要自觉地警惕各自的劣势和局限性；只有切身地体会到自己的劣势和局限性，才能想办法克服、弥补，才能看到对方的长处，取长补短，实现互补。所以在认识清楚两种方法论的优点和缺点之后，在辩证法的指导下，研究系统的方法论，应当是整体论和还原论的辩证统一的方法，不以偏概全，在研究方法上力求科学、有效。这种新的方法论被钱学森院士称为"系统论"。系统论既是系统科学的理论，也是系统科学研究方法的名称。

整体论与还原论，各自都有继续存在的理由。一万年以后还需要还原论，因为对于复杂事物的确需要层层分解进行研究。但是光有层层分解是不够的，还需要居高临下的研究，总揽全局的研究。所以，需要宏观与微观研究相结合，整体论与还原论相结合，这才是系统论。

系统论的创始人是贝塔朗菲,标志系统论诞生的论文是《一般方法论》,发表于20 世纪 50 年代。贝塔朗菲强调,任何系统都是一个有机的整体,它不是各个部分的机械组合或简单相加,系统的整体功能是各要素在孤立状态下所没有的性质。系统中各要素不是孤立地存在着,每个要素在系统中都处于一定的位置,起着特定的作用。要素之间相互关联,构成了一个不可分割的整体。要素是整体中的要素,如果将要素从系统整体中割离出来,它将失去要素的作用。系统论反映了现代科学发展的趋势,反映了现代社会化大生产的特点,反映了现代社会生活的复杂性,所以它的理论和方法能够得到广泛应用。

系统论是研究系统的结构、特点、行为、动态、原则、规律以及系统间的联系,并对其功能进行数学描述的新兴科学。系统论的基本思想是把研究和处理的对象看作一个整体来对待。系统论认为：开放性、自组织性、复杂性、整体性、关联性、等级结构性、动态平衡性、时序性等,是所有系统的共同基本特征。系统论的核心思想是系统的整体观念。系统论的任务,不仅在于认识系统的特点和规律,更重要的还在于利用这些特点和规律去控制、管理、改造或创造一个系统,使它的存在与发展合乎人的目的需要。研究系统的目的是调整系统结构,协调各要素关系,使系统达到优化目标。

3.3.4 复杂性科学

复杂性科学(the science of complexity)诞生于 20 世纪 80 年代,是系统科学发展的新阶段,也是当代科学发展的前沿领域之一。复杂性科学的发展,不仅引发了自然科学的变革,而且也日益渗透到哲学、人文社会科学领域。它的研究重点是探索宏观领域的复杂性及其演化问题。它涉及数学、物理学、化学、生物学、计算机科学、经济学、社会学、历史学、政治学、文化学、人类学和管理科学等众多学科。

复杂性科学是一门专门研究自然界、社会经济以及组织、管理、思维、认知等各种复杂现象的共性,以及能够帮助我们对各种复杂现象取得更好理解以便加以控制的理论和方法的科学。它以具有自组织、自适应、自驱动能力的复杂系统为研究对象,运用计算机模拟、形式逻辑、后现代主义分析等研究工具,采用定性判断与定量计算、还原论与整体论、科学推理与哲学思辨相结合等研究方法,着重于揭示复杂系统的构成原因、演化历程和未来发展。

复杂性科学研究的一个共同特点,便是在方法论层面对还原论的批判和超越。"超越"是西方哲学中经常用到的一个术语,超越不是彻底否定和抛弃原来。如果我们从方法论层面上来理解还原论,就会发现近代科学的产生、发展与所取得的成就都离不开还原论的作用。诺贝尔奖获得者所取得的成就大部分就是在还原论思想的指导下取得的。由此可见,在科学研究领域,想彻底否定还原论既是不现实的,也是不正确的。我们所做的是要"超越还原论",而非"否定还原论"。

最早明确提出探索复杂性方法论的是我国著名科学家钱学森院士,他在 20 世纪 80 年代,复杂性研究刚刚兴起的时候,就敏锐地提出要探索复杂性科学的方法论。他认为研究开放的复杂巨系统必须采用新的方法,即他提出的从定性到定量的综合集成方法,后来发展成为综合集成方法的研讨厅体系。成思危教授在《复杂性科学与管理》一文中指出:"研究复杂系统的基本方法应当是在唯物辩证法指导下的系统科学方法。"并提出了应包括 4 个方面的结合,即定性判断与定量计算、微观分析与宏观分析、还原论与整体论、科学推理与哲学思辨相结合。

复杂性科学不但在物理、化学、生物等传统自然科学中成就斐然,而且在经济、社会、管理等研究领域也已蓬勃兴起。复杂性科学同样逐渐被公共管理研究所接受。社会科学领域中的复杂性研究的理论和应用主要集中在经济管理领域,在公共管理等领域的研究还相对比较滞后,许多研究还主要停留在概念和定性的层面,定量分析和模型并不多见;而且,已有的研究成果多数只涉及公共管理的某一方面,分析方法也比较单一(多集中在以混沌为代表的系统非线性研究),将公共事务统筹管理作为整体评价研究目标,进而在相关复杂性研究中综合考虑经济、社会、管理等问题的研究成果还少见报道。

3.4　系统工程方法论

系统工程方法是一种跨学科的方法,它从需求出发,综合多种专业技术,通过分析、综合、试验和评价的反复迭代过程,开发出一个整体性能优化的系统。系统论方法以系统论为基础,以系统工程方法论为指导。

有一定的思想才能形成一定的认识,进而研究一定的方法论。系统工程方法论的建立是在系统思想的指导下进行的,因此,系统工程方法论的发展过程与系统思想的发展过程在规律性上是一致的。"系统"这个概念含义十分丰富,它与要素相对应,意味着总体与全局;它与孤立相对应,意味着各种关系和联系;它与混乱相对应,意味着秩序与规律。研究系统,意味着从事物的总体与全局上,从要素的联系与结合上,去研究事物的运动与发展,找出其固有的规律,建立正常的秩序,实现整个系统的优化。这正是系统工程的要旨。系统工程方法论既可以是哲学层次上的思维方式、思维规律,也可以是操作层次上开展系统工程项目的一般过程或程序,它反映系统工程研究和解决问题的一般规律或模式。

系统工程方法论的研究对象包括各种系统工程方法的形成和发展、基本特征、应用范围、方法间的相互关系,以及如何构建、选择和应用系统方法。

系统工程方法论的基础是系统科学。系统工程方法论强调还原论与整体论方法结合,全生命周期统筹控制,分析—设计—验证反复进行,定性描述与定量描述结合,最终实现系统整体性能优化的目标。

系统科学关于还原论和整体论辩证统一,在精细了解局部的基础上,把握整体特性的核心思想,是系统工程分解-集成方法的基础。还原论强调对事物微观结构和机制的深入认识和理解，作为一种方法论，还原论几百年来在科学研究中取得了巨大的成功，但是微观层次上的原理不可能完全解释事物的宏观规律。整体论强调对事物整体特性的把握，却容易忽略微观分析的作用。系统工程方法论是自下而上的还原论方法与自上而下的整体论方法的结合。它既强调对系统内部各组分微观机制的认识，更强调对系统组分、层次之间相互联系的分析，特别是整体目标的实现。

在对系统定性认识的基础上，对系统进行科学的定量描述，也是系统工程的基本方法论。定性描述是定量描述的基础，定量描述为进一步深入的定性分析服务。计算机仿真是系统分析与设计不可或缺的手段。计算机仿真首先利用已知的基本科学定律，结合设计工作的经验，经过分析和演绎建立系统的数学模型，然后把系统的数学模型转化为仿真模型。计算机仿真使设计人员可以用数学模型在计算机上对设想的或者真实的系统进行数学仿真、半实物仿真或实物仿真试验，定量地预测系统可能发生的行为，从而对选定的方案给出总体评价，优化和确定参数，避免设计失误。在早期阶段，数学模型可能相对简化，以便初步确定和分析系统的结构以及性能指标。随着研制进展和认识的深入，系统的数学模型应不断完善。

系统工程方法论中出现较早、影响最大的是美国学者霍尔(A. D. Hall，1924—2006)提出的系统工程方法论。它采用三维结构图表示，又称为霍尔系统工程三维结构。英国学者切克兰德(P. B. Checkland)把霍尔的系统工程方法论称为"硬系统思想"或"硬系统方法论"(hard system thinking/hard system methodology，HST/HSM)，他自己则提出一种"软系统思想"或称"软系统方法论"(soft system thinking/soft system methodology，SST/SSM)。切克兰德将系统工程要解决的问题叫"问题"，而将社会系统工程要解决的问题叫"议题"，即有争议的问题，认为前者是利用数学模型寻求最优解，后者是寻求满意解。把霍尔的硬系统工程方法论与切克兰德的软系统方法论组合，可以形成一种新的方法论——Hall-Checkland方法论。

综合集成法是区别于还原论的科学研究方法论，是以钱学森院士为代表的中国学者的创造与贡献。综合集成法是指把专家体系、数据和信息体系以及计算机体系结合起来，构成一个高度智能化的人机结合系统。综合集成研讨厅体系是综合集成法的具体运用。中国科学院系统科学研究所顾基发研究员和英国赫尔大学的华裔学者朱志昌博士提出了物理-事理-人理系统方法论，简称 WSR 系统方法论。该方法论认为，在处理复杂问题时，既要考虑对象系统的物的方面(物理)，又要考虑如何更好地使用这些物的方面，即事的方面(事理)，还要考虑由于认识问题、处理问题、实施管理与决策都离不开的人的方面(人理)。

系统工程方法论在不断发展、不断完善；同时，在重大工程实践及科技事业发展的推动下，系统工程的理论与方法也在不断发展、不断完善。这样，系统工程就可以用来有效地解决越来越多样和复杂的问题，不只是工程问题，而且包括社会问题。

3.5　仿真方法论

　　计算机的产生和广泛应用,使数学从手工时代进入机器时代,从而使各类学科的数字化加快了步伐,"数字化生存"改变着人类的逻辑判断与思维推理。随着计算机硬件和软件技术的突破,系统科学研究的深入,拉开了仿真技术产生、发展的序幕。

　　仿真方法也称模型研究方法,是人类最古老的工程方法之一。仿真方法是采用仿真手段研究现实和虚拟系统的一系列思路、途径、方法和过程的总称。首先,仿真方法是一种人类认识世界和改造世界的方法,是人类最有效的工程方法之一。其次,仿真方法把研究对象视为一个系统。基于客观世界中系统之间的相似性或同构性,建立系统模型并通过研究模型去研究系统。实际上,模型也是一个系统,它与原型系统之间具有相似性或同构性。再次,仿真方法以仿真技术为手段,是一种基于相似原理的模型研究方法。

　　人类利用仿真方法认识世界和改造世界,经历了一个漫长的过程,这个过程大致可以分为 3 个阶段:直观模仿阶段、模拟试验阶段、功能模拟阶段。在直观模仿阶段,人类对客观世界的认识停留在表面和浅层次上,人类对客观世界的模仿也只是对自然物的直观的模仿。其特点是"只模仿自然物的外部几何形状以及由外部几何形状所产生的某些功能"。模仿的目的只是为了研究模仿对象(原型),把被模仿对象的某些优点移植到某些工具和仪器上。在模拟试验阶段,人类开始把模拟的方法应用于科学试验,用模型模拟原型,研究原型,以便制造出比原型更高级的系统。此时,常采用两种手段进行模拟试验:一是物理模拟,即以几何相似为基础的模拟;二是数字模拟,即以数学方程式相似为基础的模拟。最后,将模拟结果放在实践中加以检验。在模拟试验基础上,人类进一步加深了对客观世界的认识,并开始以不同的系统功能和行为相似为基础进行系统模拟,用不同的系统结构实现相同的系统功能。在这一阶段,计算机成为主要的系统模拟工具,而在计算机上实现的系统模拟,又被称为系统仿真。

　　仿真方法具有显著的系统学、数学、计算机科学背景。正如约翰·L.卡斯蒂(John L. Casti)所指出的,"仿真涉及三个世界:真实世界、数学世界和计算机世界"。其中,"真实世界对象由时间、位置等直接可观察量,或者由它们导出的能量之类的量组成,如行星的可观测位置或蛋白质的可观测结构……在数学世界中,人们用符号表示真实世界的可观察属性,而符号通常被假定为时空中的连续性,并赋予某一数集(如整数、实数、复数)的数字值。第三个世界就是计算机生成虚拟现实的计算机世界:它的一只脚在物理器件和光影流转的真实世界,另一只脚则在抽象的数学世界之中。"

　　系统论的研究路线是基于模型对系统及其运行行为进行定量描述,研究系统的动态特性。仿真应该遵循系统论确定各种方法。仿真方法可以是数学的，即计算机仿真，也可以在其他载体上实现仿真活动，即半实物仿真，还可以有其他方法，但都必须是基于模型的活动，即基于系统论的原则进行。

仿真方法论是关于仿真方法的学说与理论，以仿真科学与技术领域中认识和实践过程的一般方法为研究对象，探讨仿真研究活动本身所需要的方法和基本程序，研究仿真方法的结构、功能与特点以及各种方法之间的相互关系。仿真研究是一种高度复杂的实践和思维过程。随着仿真方法广泛渗入到各个科学领域，仿真科学与技术也形成了许多分支，并随之产生了许多特殊的研究方法。因此，系统全面地总结各个领域采用的仿真研究方法将是一项十分艰巨困难的系统工程项目。与人们的认识论相一致，并为仿真科学与技术奠定基础的一般仿真方法，则具有普遍的方法论意义。仿真科学与技术是一门以模型为基础的实验科学。因此，仿真建模是仿真研究的基础，运用仿真语言、仿真环境和仿真设备进行仿真实验是主要应用形式，而科学的理论思维则贯穿于仿真研究的始终。

仿真方法源于仿真方法论，仿真方法论是对仿真方法的总结与抽象，但是仿真方法不等同于仿真方法论。仿真方法是基于相似原理进行模型实验研究的具体手段、资源、技术和程序，是采用仿真手段研究现实或虚拟系统的一系列思路、途径、方式和过程。仿真方法把研究对象视为一个系统，基于客观世界中系统之间的相似性或同构性，建立系统模型并通过研究模型去研究系统。实际上，模型也是一个系统，它与原型系统之间具有相似性或同构性。仿真方法以仿真技术为手段，是一种基于相似原理的模型研究方法。仿真技术经历了从直观的物理模型模拟到抽象的形式化模型的发展过程。随着仿真研究领域、对象、条件的不同，采用的仿真方法各不相同，而且新的仿真方法也层出不穷，例如以计算机作为系统模型载体的现代仿真技术。值得一提的是，不同的仿真方法适用于不同的仿真问题。仿真方法论是对已有仿真方法共同的、抽象的、普适的特征的总结，既可以是对仿真活动的内容和顺序的描述，也可以是对众多仿真方法的分类组织。

仿真方法论研究的根本目的在于提高仿真研究方法使用的合理性、有效性，并为仿真专有方法的建立、完善和使用提供指导。仿真方法论以仿真科学与技术领域中认识和实践过程的一般方法为研究对象，既包括与仿真相关的哲学、社会科学、自然科学以及人文科学中共有的、通用的具有指导意义和辅助意义的一般方法，又包括各个领域仿真活动中涉及的具体或专有的特殊方法。仿真方法论的内容决定着它的功能是多方面的，具体包括：

（1）仿真方法论将已有的仿真方法进行分类组织，抽象出仿真活动共性的思维方式、行为方式和工作方式。

（2）仿真方法论为研究者规范化选择、使用仿真方法提供依据和指导，从而使仿真研究趋于严谨和科学。

（3）仿真方法论通过对仿真专门方法形成与发展的机制和规律的研究，建立专门方法的一般原则,从而启发和指导仿真专门方法的建立与发展。

　　(4) 仿真方法论本身是仿真理论体系的有机组成部分,它的发展将促进仿真体系的完善。另一方面,仿真方法论能够从整体上认识仿真理论体系及其运动规律,从而为仿真研究提供正确的思维方式,促进仿真理论研究的深入与理论体系的完善。

　　仿真研究活动应遵循"仿真对象建模—仿真系统构建—仿真实验与分析"3 个基本过程。相应地,仿真一般方法论包含仿真建模方法论、仿真系统方法论和仿真应用方法论 3 个方面的内容。

　　(1) 仿真建模的本质是抽象与映射,即抽象仿真对象并最终映射成仿真模型。因此仿真建模方法论主要研究抽象与映射的基本原理与过程。仿真建模中的抽象包含对仿真对象的感性认识和以概念模型为目标的理性抽象两个基本过程。映射是将抽象结果转换为计算机模型的过程,包含以数学模型为目标的形式化描述、以计算机仿真模型为目标的程序化实现和对模型的检验 3 个基本过程。形式化描述是将不易理解、不易使用的概念模型转换为规范化、符号化的数学模型的过程,可以是形式化语言、逻辑规则、图元、数学符号等多种描述方式。程序化实现是将概念模型、数学模型转换为能够被计算机执行的仿真模型的过程。模型检验包含仿真模型的校核、验证和确认(VV&A)等过程。

　　(2) 仿真系统是模型试验的平台,根据仿真模型特征和仿真目标,采用仿真共性技术或应用领域支撑技术,建立可运行的人工试验系统,实现基于模型的试验研究活动。因此,仿真系统方法论主要研究模型试验环境的构建原理,核心是仿真系统的设计方法论与仿真系统的实现方法论。仿真系统设计就是针对一定的仿真需求,以时间推进机制、时间流程或因果关系为准则,合理组合仿真模型体系结构、确定模型调度关系、规划仿真系统运行的过程。仿真系统实现是根据仿真系统设计方案,选用仿真语言编制仿真系统软件(或程序),实现仿真模型试验的计算机运行的活动。

　　(3) 仿真应用是系统分析人员利用计算机仿真方法,对复杂系统问题进行设计、规划、推演、评估的动态反馈分析实验过程。它把分析人员对系统问题的认知过程、科学实验的基本方法与计算机仿真手段结合起来,形成了利用计算机仿真来完成实验的分析方法,成为一种独特的系统分析方式。任何仿真应用都是围绕预定的目标展开的,目标牵引是仿真应用的重要前提。仿真应用方法论是各专业仿真应用方法论与仿真共性应用方法论的综合集成。仿真应用的一般过程分为仿真前的准备、仿真实施和仿真后的分析 3 个阶段,对应于仿真试验设计、仿真试验实施和仿真结果分析与评估 3 个阶段。

　　现代系统仿真方法论的发展可以分为两个阶段:从 20 世纪 40 年代到 70 年代,是传统系统仿真方法论的发展阶段;从 20 世纪 80 年代到今天,是复杂系统仿真方法论的发展阶段。传统的系统仿真方法论主要是面向工程系统如航空、航天、电力、化工等。一般来说,这类系统具有良好定义和良好结构,具有充分可用的理论知识,可以采用演绎推理的方法建模。建模过程是应用先验理论,补充某些假设和推理,然后通过数学和逻辑,其侧重点是形成对形式化模型的演绎推理、实验、分析。复杂系统仿真主要面向社会、经济、生态、生物等十分复杂的工程系统。复杂系统仿真建模过程是从观测系统的行为出发,补充某些假设和专家的经验,然后把所有可用的信息源集成起来,进行归纳推理。从系统描述的最低一级开始,目的是获得更高一级的系统描述。归纳推理的结果往往不是唯一解,这就使得归纳推理建模的可信度研究变得十分重要。复杂系统仿真的侧重点是解决如何建立系统的形式化模型,建立一种抽象的表示方法以获得对客观世界和自然现象的深刻认识。

仿真过程就是建立和运行计算机仿真模型,来模拟实际系统的运行状态及其随时间变化的规律,以及实现在计算机上试验的全过程。通过对仿真运行过程的观察和统计得到被仿真系统的仿真输出参数和基本特性,以此来估计和推断系统的实际参数和性能。系统的仿真过程也是仿真方法论的重要组成部分,是指导仿真活动的思维逻辑。有关仿真过程的介绍详见 5.6.2 节,此处不再赘述。

3.6　小结

从科学研究的道路方向上来看,自上而下的分解、分析方法长期居主导地位,并在许多认识领域取得了巨大成功。然而对于生成、演化等复杂系统的主要问题,"分析-重构"的传统方法则无法胜任,因为复杂系统具有不可预测性、连通性、非集中控制性、不可分解性、奇异性、不稳定性、不可计算性、涌现性等特征。

系统科学是通过揭露和克服还原论的片面性和局限性发展起来的。古代的朴素整体论没有也不可能产生现代科学方法,但是它包含着还原论所欠缺的从整体上认识和处理问题的方法论思想。理论研究表明,随着科学越来越深入到更小尺度的微观层次,人们对物质系统的认识越来越精细,但对整体的认识反而越来越模糊,越来越渺茫。现代科学表明,许多宇宙奥秘来源于整体的涌现性。还原论无法解释这类宇宙奥秘,因为整体涌现性在整体被分解为部分时已不复存在。而社会实践越来越大型化、复杂化,特别是一系列全球问题的形成,也突出强调要从整体上认识和处理问题。复杂系统整体行动结果生成的内在原因,在于关注个体行为和以个体为出发点的"自下而上"规则。复杂性科学比较多地采用一种相反方向的计算机模拟(仿真)方法。

系统论的研究路线是基于模型对系统及其运行行为进行定量描述,研究系统的动态特性。仿真就是构造反映实际系统运行行为的特性的数学模型和物理模型,在仿真载体(可以是计算机或其他形式的仿真设备)上,复现真实系统运行的复杂活动。仿真系统必有一个原型系统与之对应。仿真系统一开始就应该说是整体论的产物,因为它必须从整体特性、运行行为上与原型系统相同或近似相同。

第 4 章

系统工程基础

理论来源于实践,先有实践,后有理论。某一个方面的理论不断积累、完善与深化,到了一定时候才会产生某个学科。系统工程(SE)也是如此。事实上,基于系统工程思想完成的工程项目在数千年之前就存在,例如古埃及的金字塔、中国的万里长城和都江堰等。系统工程作为一个学科则公认起源于第二次世界大战期间。1957 年,美国密歇根大学的学者古德(A. H. Goode)与麦克尔(R. E. Machol)出版了《系统工程学》一书,标志着系统工程作为一门学科正式形成。1965 年,美国出版了 *Handbook of Systems Engineering*,它包括系统工程的方法论、系统环境、系统元件(主要叙述了军事工程及卫星的各个主要部件)、系统理论、系统技术、系统数学等,初步形成了较为完整的理论体系。1969 年 7 月,美国阿波罗飞船首次登月成功,被公认为是系统工程获得成功的典范,引起了人们对系统工程的广泛重视。

自 20 世纪中叶系统工程作为一门学科正式诞生以来,研究人员对该领域的理解已经越来越深入。公众将系统工程学科理解为对系统生命周期的"控制",而"控制"则包括系统的界定、开发、部署以及退役等。系统工程可以为特定系统提供可靠、易维护、高效益的解决方案。

4.1　系统工程的概念内涵

4.1.1　系统工程的定义

系统工程最初的发展是用来处理大型的、令人瞩目的、前所未有的系统。例如"曼哈顿"计划、"阿波罗"登月计划和采用原子能的全国能源发电系统等。开发完成使命任务之前,这些系统都是前所未有的。美国国家航空航天局(NASA)"阿波罗"登月计划的成功是人类第一次踏上地球以外的土地。在此之前,没有与之相似的、能够用来借鉴的系统,也没有积累类似系统的开发经验。NASA 系统设计师面临的问题是十分令人生畏的。当该计划被提出时,并没有明确的策略说明如何到达月球,如何在月球表面着陆,月球上是否有适合于着陆的坚固基础,在月球表面上如何移动,如何安全返回地球并着陆等。甚至应该去几个人也没有明确想法:

他们最终开发出了经受住时间考验的系统工程的基本原理和实践经验。借鉴火箭和卫星发射成功的经验，利用掌握的物理、化学等原理、机理，在需求分析、运行使用构想的基础上，自上而下逐层分解，设计了多个整体解决方案，通过大量的建模与仿真，反复进行各分系统、各种环境下的仿真试验，直至确定整个系统的"最佳"解决方案，并自下而上开发出各个零件、分系统，最终生产、集成测试了满足需求的登月系统。"阿波罗"登月计划的使命任务不断进展完成，源于早期每一个使命任务都比前一个使命任务更进一步，尽管其中没有一个能够单独完成把人类送上月球再返回地球的使命。这样，每一个接续的使命任务逐个在"樱桃上咬一口"，直到最终确定求得问题的解。可以说，"阿波罗"登月工程在技术、管理上的复杂性，以及工程成败对政治、经济、社会影响的深远性，也阐明了系统工程产生的必然性。随着美国"阿波罗"登月计划的实施，NASA 提出了最初的系统工程理念和理论方法体系。

系统工程作为成功实现系统的有效方法，它有明确的定义和内涵。然而，迄今为止，系统工程的定义尚未统一。以下仅给出系统工程的部分定义，供大家参考。

(1) 1969 年，美国质量管理学会系统工程委员会定义的系统工程是：应用科学知识设计和制造系统的一门特殊工程学。

(2) 1974 年，美军标准 MIL-STD-499A 定义的系统工程是：一系列逻辑相关的活动和决策，把使用要求转换为一组系统性能参数和一个系统配置。

(3) 1975 年，《美国科学技术辞典》定义的系统工程是：研究许多密切联系的要素组成的复杂系统的设计科学。

(4) 1978 年，钱学森院士定义的系统工程是：组织管理系统的规划、计划、试验和使用的科学方法，是一种对所有系统都有普遍意义的科学方法。

(5) 2012 年，《NASA 系统工程手册》中定义的系统工程是：用于系统设计、实现、技术管理、运行使用和退役的专业学科方法论。系统工程是技术决策时查看系统"全貌"的途径，是在确定的使用环境下和规划的系统生命周期中达到利益相关者性能需求的途径。换句话说，系统工程是一种逻辑思维的方法。

(6) 2013 年，国际系统工程学会(INCOSE)定义的系统工程是：用于成功地实现一个系统的多学科交叉的方法和手段。它关注于在开发周期的早期阶段确定客户的需求和所需的系统功能属性，据此形成需求文档，随后在考虑系统相关问题的前提下进行设计综合和系统验证。系统工程将所需学科知识和专业组织集成在一起，并通过团队的共同努力形成从系统概念到产品生产、再到运行使用的结构化开发流程。系统工程同时考虑所有客户的商业需求和技术需求，目标是能够提供满足用户需求的高品质产品。

(7) 2015 年，系统工程的国际标准《系统和软件工程 系统生命周期过程》(ISO 15288：2015)最新定义的系统工程是：管控整个技术和管理活动的跨学科的方法，这些活动将一组客户的需求、期望和约束转化为一个解决方案，并在全生命周期中对该方案进行支持。

（8）百度百科定义的系统工程是：为了最好地实现系统的目的，对系统的组成要素、组织结构、信息流、控制机构等进行分析研究的科学方法。它运用各种组织管理技术，使系统的整体与局部之间的关系协调和相互配合，实现总体的最优运行。系统工程不同于一般的传统工程，它所研究的对象不限于特定的工程物质对象，而是任何一种系统。它是在现代科学技术基础之上发展起来的一门跨学科的边缘科学。

这些定义的内涵大体上一致，即认为系统工程是设计、建造工程系统的一整套方法和技术。此处的"技术"并不是具体工程项目中应用的机械技术、电子技术、计算机技术等，而是组织管理的技术。

为了便于记忆和使用，笔者建议采用文献[43]中给出的简洁定义：系统工程是构造复杂系统问题整体解决方案的艺术和科学。这种从总体的角度给出的系统工程定义将艺术和科学结合起来，艺术在创新、创造阶段，即形成问题解决方案构思方面的作用明显；而科学、逻辑和推理则在寻求系统构想、问题求解与规划、系统详细设计和验证等方法上作用明显。

系统工程是以研究大规模复杂系统为对象的新兴边缘科学，是处理系统的一门工程技术。对新系统的建立或对已建立系统的经营管理，采用定量分析法（包括模型方法、仿真实验方法或优化方法）或定量分析和定性分析相结合的方法，进行系统分析和系统设计，实现整个系统的预定目标。INCOSE 的《系统工程手册》指出，系统工程研究的目标和范围是人造系统（man-made systems）。系统工程的研究范围已由传统的工程领域扩大到社会、技术和经济领域，如工程系统工程、科学系统工程、企业系统工程、军事系统工程、经济系统工程、社会系统工程、农业系统工程、行政系统工程、法制系统工程等。各门系统工程除特有的专业学科基础外，作为系统工程共同的基础技术科学，有运筹学、控制论、信息论、计算科学和计算技术。任何一种社会活动都会形成一个系统，这个系统的组织建立、有效运转需要运用系统工程的方法、过程和手段。因此，系统工程可以解决的问题涉及改造自然、提高社会生产力、增强国防力量，直至改造整个社会活动。

4.1.2　系统工程的内涵

从本体论来说，系统工程的运用对象是工程系统；从指导工程系统建造的方法论来说，系统工程强调的是一种方法和手段；从过程角度来看，将使用系统工程处理问题的流程划分为建模、仿真、控制与预测 4 个阶段；从工程实践活动看，系统工程重在运行。从生命周期看，系统工程的运行是指从工程系统的论证开始，到工程系统的设计、建造、完成并交付，以及工程系统的运营、维护，一直到其生命期结束。从内容上讲，系统工程运行则指工程系统任务书的形成（论证、立项结束）、工程系统的技术设计、工程系统的建造及验证、工程系统的最终验收和交付，以及工程系统生命期(合同确定的运营期)的服务和保证。

系统工程的实质是选择正确的组分,将它们放在一起,精心组织它们以正确的方式进行交互,并因此产生所需要的整体在性能、能力和行为方面的涌现。如果按照系统工程实质去做,则系统整体和组成部分在相应的环境中是开放的和自适应的,并在此环境中动态运行,同时与其他系统相互作用。

系统工程的目的是在充分考虑性能、费用、进度和风险等因素的基础上设计、建造和运行使用系统,使系统以最具效益的方法安全实现其目标。

系统工程的两个最优是实现系统的总体效果最优,与此同时,实现这一目标的方法或途径也要求达到最优。

一个经济有效和安全的系统必须在效能和费用之间取得特定的平衡:当消耗的资源相同时,系统必须能够获得最大效能;同样当获得的效能相同时,系统必须消耗最少的资源。这是一个弱约束条件,因为通常有多种设计方案符合该条件。如果将每个可能的设计都看作效能和费用权衡空间中的一个点,则可画出在当前技术条件下设计所能达到的最大性能与费用关系的函数曲线。该曲线描述出在当前技术条件下能够实现的设计方案的费用效能包络线。包络线上的点所代表的设计被称为经济有效的解决方案。设计权衡研究是系统工程流程的重要部分,往往试图在不同费用和效能组合的设计中寻找更好的设计。当设计方案权衡研究中需要在效能和费用之间权衡,或权衡相同费用下的效能时,做出决定会更加困难。

系统工程从需求出发,综合多种专业技术,通过分析、综合、试验和评价的反复迭代过程,开发出一个整体性能优化的系统。系统工程所使用的方法和工具来自不同的学科,需要把它们综合起来加以运用。系统工程是实现各学科沟通的桥梁。需求是系统工程的基础,因为需求首先定义系统的目标,确定正确的方向,让我们做正确的事。采用系统工程,能够把每个产品作为整体来理解——更好地构造产品规划、开发、制造和维护的过程。企业利用系统工程来对一个产品的需求、子系统、约束和部件之间的交互作用进行建模/分析,并进行优化和权衡——在整个产品生命周期做出重要决策。在整个生命周期,系统工程师利用各种模型和工具来捕捉、组织、优先分级、交付并管理信息系统。例如,通过 QFD(quality function deployment,质量功能展开)、质量屋(house of quality)、六西格玛设计(design for six sigma,DFSS)、TRIZ(theory of inventive problem solving,发明问题解决理论)以及其他技术,系统工程能够在前端就捕捉并对客户要求进行优先分级;然后,用功能建模、面向对象方法、状态图表等进行上至替代评估,下至功能和物理划分。

系统开发是认识不断深化,系统逐步满足使用要求的递归逼近过程。人们不可能一开始就对系统所涉及的各种专业技术,各部分之间的信息、能量、物质交换关系,以及使用环境中的行为特点有清晰的认识,必须遵循认识论的"分析—实践—再分析—再实践"反复的认识过程。这里的实践包括对分析、设计结论的验证试验。开发过程中的思维和活动可以概括为需求分析、功能分析与分配、设计综合和设计验证,常称为系统工程过程(systems engineering process)。

系统工程方法面对不同利益和多样化甚至冲突的约束,寻找安全平衡的设计方案。系统工程关注的是需求分析和分配,涉及性能、成本、进度和保障性的权衡研究,风险管理,设计分析,集成及测试,配置管理,安保性,安全性以及实现优化的和运行上令人满意的解决方案,从而满足客户需求的各个方面。系统工程师通常被认为是系统开发工作的中央协调者,负责分析需求、执行权衡研究、将需求分配给专门的硬件和软件团队,以及协调诸如系统集成和测试等活动。系统工程师必须提高技能,确定并关注优化系统整体而非单一子系统涉及的评估工作。充分地处理硬件、软件、数据、接口和其他细节,传统上一直是设计师关注的重点,并且永远是十分重要的。

系统工程是一种跨学科的方法,支持多专业团队并行、协同工作,实现系统综合优化。利用并行工程方法,系统工程保证了科学合理地集成各种必需的工程专业技术,特别是诸如可靠性、安全性、可维护性、可生产性、人因工程、电磁兼容性、后勤保障等特殊工程专业技术。这些工程专业通常是跨学科的,它们应用特殊的专业知识和方法支持被开发的系统在未来真实、复杂的环境下能正确地发挥使用效能。

模型方法是系统工程的基本方法。研究系统一般都要通过它的模型来研究,甚至有些系统只能通过模型来研究。系统工程作为一门定量技术,可以概括为系统建模、系统仿真、系统分析和系统优化 4 个方面。系统建模将一个实际系统的结构、输入输出关系和功能用数学模型加以描述。系统仿真是在计算机上对系统模型进行试验和研究。系统仿真便于修改模型参数以获得各种方案,以便选择最优方案和设计最合理的系统。随着系统工程的应用领域的扩展,首先需要发展系统建模和系统仿真,这项工作需要融合多学科的知识和不同领域的专家通力合作。

计算机技术、特别是软件技术的发展促进了系统工程的发展。人工智能的发展,特别是专家系统和决策支持系统的出现为系统工程的定性和定量研究方法提供了有力的工具。现在已出现许多高效率的系统工程算法和软件,如线性规划、非线性规划、动态规划、排队排序、库存管理、计划协调技术/关键线路法、计划协调控制、系统建模、实时仿真、作战模拟、决策支持系统,以及大数据和机器学习等成套的软件和完整的系统作为商品出售。

4.1.3　对系统工程的误解

根据系统工程的定义,我们知道系统工程是构造复杂系统问题整体解决方案的艺术和科学,而不是它服务的工程项目本身。可是在现实生活中,系统工程这个专有名词却经常被人们误用。在大量的书籍、文献、新闻报道中经常看到或听到"某个航空航天重大工程是复杂的系统工程""精准扶贫项目是复杂的系统工程"和"企业实施智能制造是一项复杂的系统工程"等。究竟是什么原因造成这样的误解呢？

由于大家熟知"系统"和"工程"的含义，所以想当然地就将"系统工程"这个专有名词拆分开来理解，并且简单地以为系统工程的含义就是"系统"和"工程"字面意义的叠加。在中文语境下，系统工程就轻易地被理解为"系统性的工程""复杂的工程""牵涉面比较广的工程"这类描述性的概念。许多工程都被错误地冠以"系统工程"的称号，其本意是强调该工程的复杂性，说明工程由多层次、多环节构成，并且受到许多因素的影响和制约，是"系统性的工程"（此处工程的含义是 project，是工程项目），需要采用系统工程方法来解决复杂系统问题的工程项目，目的是引起各方面对这些工程项目的重视，促使相关部门开展协调和配合。这种将"系统工程"作为描述性词汇的做法，误解了系统工程作为方法的本意（见前述系统工程的定义），实际上这种误解仍然源自于把系统工程当作"工程"，而不是方法、过程和手段。其实不仅是中文，英文"systems engineering"也是不能拆开来解释和理解的。

实际上，"systems engineering"中的 engineering 是动词 engineer 的动名词，engineer 作为动词的含义是"策划、设计、建造、运行等"，此处的 engineering 不是名词，不是电子工程、铁道工程、水利工程中的工程。"systems engineering"这个短语是动名词后置，其含义是 how to engineer a system，即如何策划、设计、建造、运行一个系统，强调的是方法，以及相应的步骤、流程、程序，强调把系统设计、建造出来的过程，因为方法的运用必然要通过一系列活动、经历一系列的步骤和过程，持续不断地运行。[44]

4.2　系统工程引擎与项目阶段划分

每个人造系统都有一个生命周期，即使未被正式定义亦是如此。系统工程师的角色涵盖其所关注系统的全生命周期。通过确保领域专家适当参与，确保追求一切有利机遇以及确保识别并减轻所有重大风险，系统工程师们从需求确定、运行直到系统退役，精心策划解决方案的开发。定义系统生命周期的目的就是以有序且高效的方式建立一个满足利益攸关者需求的框架。系统工程的任务通常集中在生命周期的初期，但商业和政府组织都已经认识到贯穿系统生命周期跨度对系统工程的需求，因为往往系统（产品）或服务进入生产阶段或运行使用阶段后还经常被修改或改进。进而，系统工程成为所有生命周期阶段的重要组成部分。

《NASA 系统工程手册》是 NASA 对多年的系统工程实践经验的总结，是为全体人员提供系统工程方面有用的总体指导而编制的，目的是提升整个 NASA 对系统工程认知的一致性，并促进系统工程实践。NASA 的系统工程是一个有条不紊的过程，该过程在 NASA 计划和项目全生命周期中循环往复，用于系统的设计、研发、运行、维护和退役。《NASA 系统工程手册》可以作为工业领域产品开发和系统工程组织管理实践的有益借鉴，特别是对转型中的传统制造业有重要的指导意义。

4.2.1　系统工程引擎

在 NPR 7123.1《NASA 系统工程流程和需求》中引入了系统工程引擎的概念,用于产品的开发和实现。系统工程引擎包括 3 类技术流程:系统设计、产品实现及技术管理。在这 3 类技术流程中,包含了 17 个通用的技术流程,如图 4-1 所示。

(1) 系统设计流程:主要用于定义利益相关者期望并确定控制基线、生成技术需求并确定控制基线、将技术需求转变为设计方案使之满足控制基线确定的利益相关者期望。这些流程应用于系统结构中每个分支上的产品;系统结构自顶向下分解到可制造、购买或重用的底层产品。系统结构中的其他产品通过底层产品的集成而获得。设计师不仅需要开发完成系统特定功能的产品设计方案,还需要建立产品和服务需求以保证能够获得系统结构中的所有运行使用产品/使命任务产品。

(2) 产品实现流程:主要用于系统结构中每一个运行使用产品/使命任务产品,从最底层的产品到高层的集成产品。这些流程用于生成每个产品的设计方案(如产品实施执行或产品集成),同时用于验证和确认产品,并将相应产品作为生命周期阶段的一项功能产品交付到更高的产品层次中,从而满足该层次设计方案,同时满足利益相关者的期望。

(3) 技术管理流程:用于建立和变更项目的技术规划,管理系统跨界面的交流,根据计划和需求对系统产品和服务的进展进行评估,控制项目的技术实施,以及辅助决策过程直到项目的完成。

系统工程引擎中的流程以迭代递归的方式应用。根据 NPR 7123.1 中的定义,"迭代"是指"应用于同一个(系列)产品,纠正发现的差异或其他需求偏差的过程",而"递归"是指"流程反复应用于系统结构中较低层次产品的设计或较高层次目标产品的实现"以增加系统的价值。"递归也可以反复应用于生命周期下一个阶段系统结构的同一流程,以完善系统定义并满足阶段成功准则。"在将系统初始概念分解到足够具体详细层次的过程中,通用技术流程反复迭代应用,技术团队据此信息可研制产品。随后通过技术流程反复迭代应用于将最小的产品集成到更大的产品中,直到完成系统整体组装、验证、确认和交付。

系统设计由 4 个相互依赖、反复迭代和递归的流程构成,最终产生一个满足利益相关者的经过确认的设计实现方案。系统设计的 4 个流程包括明确利益相关者期望、确定技术需求、需求逻辑分解和设计方案实现。这些流程的起点是由一个研究团队采集并明确利益相关者的期望,包括使命任务目标、约束条件、设计导向、运行使用目标和使命任务成功准则。这组利益相关者的期望与顶层需求用于驱动设计的循环迭代过程,以开发一个粗略的系统架构/设计方案、运行使用构想及派生的需求。这 3 种产品之间必须保持一致,而为了达到这种一致性需要进行迭代和

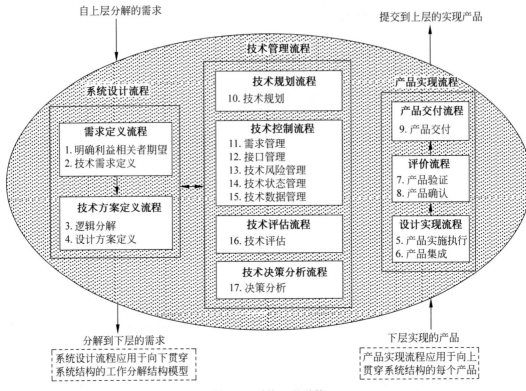

图 4-1　系统工程引擎

设计决策。一旦达到一致,项目团队可以通过分析来确认设计是否达到了利益相关者的期望。设计工作的深度必须足以对设计是否满足需求进行分析验证。

　　系统工程引擎右半部分给出了产品最终实现流程。在引擎的该部分,5 个相互依赖的流程使得系统能够满足设计规范与利益相关者期望。产品通过生产、购买、重用或编码,在较高层次组装集成,根据设计规范验证,经过利益相关方期望确认,最终提交到系统最高层次。产品可以是模型与仿真、纸质研究报告或建议(含电子文档),或是硬件与软件。无论什么产品,必须有效地使用这些流程,以确保满足既定的运行使用构想。这是一个迭代递归流程,纸质产品、模型和仿真贯穿 5 个实现流程之中。随着系统在生命周期中的成熟与发展,硬件和软件产品也贯穿于这些流程。重要的是应在产品集成的最低层次上和生命周期早期发现失误与不足,如此可以在设计流程中做出对项目影响最小的变更。

　　技术管理流程是项目管理和技术开发团队之间的纽带。在引擎的技术管理部分,8 个相互关联的流程提供了相关功能的集成,从而能够实现设计方案。尽管不是每个技术团队成员都直接参与这 8 个流程,但他们却间接受这些关键功能的影响。技术团队的每个成员都依赖于技术规划、需求管理、接口管理、技术风险管理、技术状态管理、技术数据管理、技术评估、解决分析来满足项目目标。没有这些相互关联流程,单个成员和任务就不能集成到在费用和进度约束范围之内满足运行使用构想的功能系统中。工程管理团队在分配的任务中使用相互关联功能来实施项目控制。通过这些工作,开发并确立系统工程管理计划。这是一个递归迭代的过程。在生命周期早期,建立计划并与设计和实现流程同步。随着系统在生命周期中的成熟与进展,这些计划必须更新以反映当时的环境和资源,并控制项目性能、费用和进度。如果项目有显著的变更,如利益相关者期望更新、资源调整或其他约束,就必须针对所有计划变更对标定目标的影响进行分析。

4.2.2　项目生命周期阶段划分

所有系统都起源于对其必要性的认识或对其机遇的发现,并通过多个不同的开发阶段达成最终的成果。与系统工程相关的分析和优化活动,其最有决定性的影响产生于系统开发的早期阶段,这些影响数百万成本的决策活动将在系统开发过程中持续进行,直到系统生命周期的终结。系统的生命周期是指新研制的系统有一个清晰的生成、发展和终结的演化过程,包括概念研究、可行性论证、方案设计、初步设计、详细设计、生产、部署、使用、维护和弃置等活动。系统的研制程序是系统生命周期的主要组成部分。

NASA 在大型系统管理中的一个最基本概念是工程/项目生命周期,把工程或项目中需要实现的所有事项划分为若干明显的阶段,并由关键决策点区分。关键决策点是指决策机构确定工程/项目进入生命周期下一阶段(或者狭义关键决策点)是否准备就绪的时间点。工程或项目未通过关键决策点评审可能需要"归零重新开始"或者可能被终止。

进行生命周期的阶段划分,可以描述项目的不同产品从初始概念,到产品成型,再到最终退役的逐渐发展和成熟的过程。图 4-1 中所示的系统工程引擎覆盖了生命周期的所有阶段。NPR 7120.5《NASA 空间飞行工程和项目管理需求》中将 NASA 的生命周期定义为规划论证与实施执行两个阶段。对飞行和地面保障项目,NASA 生命周期的上述两个阶段又分为 7 个递进阶段:概念探索(A 前阶段),概念研究和技术开发(阶段 A),初步设计和技术完善(阶段 B),详细设计和制造(阶段 C),系统组装、集成、试验和投产(阶段 D),运行使用和维护(阶段 E),退役处置(阶段 F)。项目生命周期的阶段划分见表 4.1。

表 4.1　项目生命周期的阶段划分

阶　　段		目　　的	典型输出
规划论证阶段	A 前阶段:概念探索	广泛收集关于使命任务的建议和方案,从中选择新的工程和项目。确定所期望系统的可行性,开发使命任务概念,草拟系统级需求,辨识潜在的技术要求	以仿真、分析、研究报告、模型和样机形式表示的可行系统概念

续表

阶　　段		目　　的	典型输出
规划论证阶段	阶段 A：概念研究和技术开发	确定新的重大系统建议的可行性和迫切性，并建立 NASA 战略计划的初始控制基线兼容性。开发最终使命任务构想、系统级需求和确定需求开发的系统结构技术	以仿真、分析、工程模型和样机形式表示的系统概念，给出权衡研究定义
	阶段 B：初步设计和技术完善	足够详细地定义项目，建立能够达到使命任务需求的初始控制基线。提出系统结构目标产品（及辅助产品）的需求，生成每个系统结构目标产品的初步设计	以样机、权衡研究结果、规范和接口文档，以及原型形式表现的目标产品
实施执行阶段	阶段 C：详细设计和制造	完成系统（及其关联子系统，包括运行系统）的详细设计，进行硬件制造和软件编码。生成每个系统结构目标产品的详细设计	目标产品详细设计、目标产品组件制造和软件开发
	阶段 D：系统组装、集成、试验和投产	将产品组装和集成为系统，同时确信其能够满足系统需求。投入生产并准备运行使用。实施系统目标产品的研制、组装、集成和试验，并交付使用	在相关辅助产品支持下的可运行使用的系统目标产品
	阶段 E：运行使用和维护	执行系统使命任务，实现最初确定的需求并且维持对需求的保障。执行使命任务的运行使用计划	所期望的系统
	阶段 F：退役处置	执行阶段 E 中指定的系统退役/处置计划，对反馈的数据和样本进行分析	产品终止使用

在 A 前阶段，目的是谋划可行概念，由此选定新的工程/项目，通常由概念研究团队不间断地进行。这些研究通常集中在建立使命任务目标和构建顶层系统需求及运行使用构想。概念探索强调立项的可行性和迫切性而非最优化。系统工程引擎用于开发初始概念；制定初步/概要的关键顶层需求集；通过模型、样机、仿真或其他手段实现这些概念；验证确认这些概念和产品将能够满足关键顶层需求。注意：这不是在最终产品上执行的正式验证和确认程序，而是方法上的检查，并确保在 A 前阶段提出的概念能够满足利益相关者可能的要求和期望。概念开发应向下直达所需要的最底层，以确保概念是可行的并将风险降低到满足项目要求的水平。

在阶段 A，完整地开发控制基线明确的使命任务概念，并安排或确保所需技术开发的责任。开发团队的工作集中于分析使命任务需求并建立使命任务架构。支点从原先的可行性转向最优性，工作面更加深入并考虑众多的备选方案。系统工程引擎继续递归应用，在此应用中提取 A 前阶段开发和确认的概念和初步关键需求，将其充实为系统需求和运行使用构想（concept of operations，conops）的控制基线。在这一阶段，应当对高风险的关键领域建模仿真和建立原型，确保开发的设计和需求是良性的,并确定在随后阶段将使用验证和确认工具及技术。注意：在某些项目中,当给定成本和进度限制时,在阶段 A 中递归流程执行到最小组件可能并不现实。

在阶段 B,主要活动是建立初始的项目控制基线。技术需求应充分详细,已建立可靠的项目进度和费用估算。工作重点转移到建立功能完备的初步方案(即功能控制基线),以满足使命任务目标。系统工程引擎仍被递归应用,来进一步完善待开发产品树中所有产品的需求,开发运行使用构想的初步设计,并验证和确认方案的可行性分析,以确保设计尽可能地满足系统需求。阶段 B 在一系列的初步设计评审(包括系统层初步设计评审和适当时针对低层级目标产品的初步设计评审)后结束。

在阶段 C,主要活动是建立完整的设计方案(配定控制基线)、进行硬件产品制造或生产及软件编码,为产品集成做准备。完成更接近真实硬件的工程试验单元的制造和试验,以确定设计的系统在预期运行环境中功能正常。再次使用系统工程引擎的系统设计流程,最终更新确定所有的需求,确定运行使用构想,开展产品结构树最底层产品的详细设计并开始制造。该阶段由一系列关键设计评审组成,包括系统层的关键设计评审和对应系统结构不同层次的关键设计评审。每个目标产品的关键设计评审应该在开始制造/生产硬件之前和开始对可交付软件产品编码之前进行。阶段 C 在实施系统集成评审后结束。该阶段的最终产品是准备集成的产品。

在阶段 D,进行系统组装、集成、试验和投产活动。活动包括系统组装、集成、验证和确认。使用系统工程引擎的产品实现流程,递归实施目标产品的详细研制、集成、验证和确认,并将目标产品交付给用户。其他活动包括对使用人员的初步培训,以及后勤保障和备件计划的实施。阶段 D 最终形成能够实现其设计目标的系统。

在阶段 E,主要是执行使命任务,满足既定使命任务需求,按需求在使命任务中进行维护和保障。使用系统工程引擎的技术管理流程检测绩效、控制技术状态,进行系统运行、维护。该阶段的产品是使命任务执行结果。这一阶段包括系统的演变,且仅包括不涉及系统架构重大变更的演变。现有系统的任何新增能力或升级都将作为新项目重新使用系统工程引擎来进行开发。

在阶段 F,主要活动是实施退役处置计划并分析所有反馈的数据和样本。使用系统工程引擎的技术管理流程进行退役处置的相关决策。该阶段的产品是执行退役处置的结果。除了本阶段开始时的不确定性之外,系统安全退役处置的有关活动可能是长期而复杂的,可能影响系统设计。因此,不同的选择和策略,应在工程的早期阶段与相应的成本及风险综合进行考虑。

完整的系统工程引擎仅适用于新产品(系统)的开发。每个项目阶段的技术开发流程(步骤 1～步骤 9),系统工程引擎从 A 前阶段到阶段 D 循环 5 次。项目一旦进入运行使用阶段(阶段 E)并在退役处置阶段(阶段 F)终止,技术工作也就相应地转移到这最后两个项目阶段的活动中。每个项目的 8 个技术管理流程(步骤 10～步骤 17)从 A 前阶段到阶段 F 将循环 7 次。

INCOSE 的《系统工程手册》中将一般生命周期划分为探索性研究、概念、开发、生产、使用、保障、退役等阶段。《FAA 系统工程手册》将生命周期划分为服务分析与战略规划、概念和需求定义、投资分析、实施解决方案、服役管理等阶段。

大型工程项目和复杂系统的构思、设计、开发、制造、测试、验证、交付使用需要花费大量时间,有时需要数十年。在这段时间里,项目进行设计时所面对的最初问题可能已经改变,运行使用环境也可能已经变化,按照解决方案生产的系统在交付时极可能是过时的和陈旧的。

4.3 系统工程的技术过程和管理过程

技术过程就是从用户的需求变成实际产品的过程。如图 4-2 所示,左边是一个自上而下、从用户需求开始将系统逐层分解为分系统、单机、零部件、原材料的过程;右边是把最低层次的零部件自下而上逐级进行组装、集成、验证,形成系统,交付用户,满足用户需求的过程。技术过程的输入是用户的需求文档,供应商的原材料、零部件及其技术信息等;输出是系统的设计方案和物理样机,物理样机依据设计方案而制造出来。整个技术过程存在两条线的变化:一是信息线,把用户的需求文档和零部件信息变成最终的设计方案(也是一大堆信息、文档、符号);二是实物线,把各种原材料、零部件变成能够运行、基本满足用户需求的样机。技术过程的有序开展,可以使得参研人员、部门、单位之间的技术沟通更加顺畅、有效,为商务沟通奠定基础。

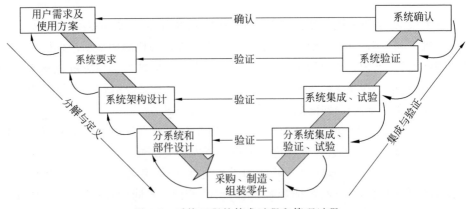

图 4-2　系统工程的技术过程和管理过程

管理过程包括技术管理过程和项目管理过程,它们是系统工程相互联系、不可分割的两个层次。因为技术过程的各个步骤、子过程,是由不同团队完成的,需要从技术的角度进行协调、管理,以确保设计方案的正确性、可行性。技术管理过程就是对这些活动从技术的角度进行计划、组织、协调、控制的过程,主要包括技术规划、技术控制、技术评估、技术决策等。技术管理过程的每一个环节,要覆盖到 V 形图中(见图 4-2)的所有步骤。项目管理过程在技术管理过程之上,把复杂工程系统研制当作一个项目来管理,为技术过程确定了技术、成本、进度三要素相平衡的目标、计划,向技术过程提出要求、提供资源、提供保障,并在实施过程进行控制。

4.4　项目管理与系统工程

4.4.1　项目管理概述

通常认为,现代项目管理与系统工程产生的时间相近,几乎都是 20 世纪 40 年代随着第二次世界大战后期实施的重大工程项目如"曼哈顿工程"(Manhattan Project)等逐渐建立起来的。有专家说,对于一个大型、复杂技术项目,项目管理和系统工程是"一个硬币的两个面"。

项目是为提供某项独特产品、服务或成果所做的临时性努力。临时性是指每一个项目都有特定的开始和结束,当项目的目的已经达到,或者已经清楚地看到该项目的目的不会或不可能达到时,或者该项目的必要性已不复存在并已终止时,该项目即达到了它的终点。临时性不一定意味着时间短,许多项目需要延续好几年。然而,在任何情况下,项目的期限都是有限的,项目不是持续不断的努力。另外,临时性不适用于项目所产生的产品、服务或成果。项目团队作为一个工作单位的存在时间很少超过项目本身,即大部分项目都由特意为其组建的专门团队负责实施,项目完成后,这个团队也就解散了,团队成员重新安排工作。独特是项目可交付成果的一种重要特征。逐步完善是项目伴随临时性和独特性两个概念的特点之一。逐步完善意味着分步、连续积累。例如,在项目的早期,项目范围的说明是粗略的,随着项目团队对目标和可交付成果的理解更完整和深入,项目的范围也就更具体和详细。

项目是在组织中的所有层次上进行的。项目可能仅需一人,也可能需要成千上万人的参与。完成项目可能需要几个星期,也可能需要多年。项目可能只涉及组织中的一个单位,也可能要跨若干个单位,如组成联合体和伙伴关系。

项目管理的定义为:在项目活动中运用专门的知识、技能、工具和方法,使项目能够在有限资源限定条件下,实现或超过设定的需求和期望的过程。项目管理是通过应用和综合诸如启动、规划、实施、监控和收尾等项目管理过程来进行的。依据 NPR 7120.5《NASA 空间飞行工程和项目管理》,项目管理是在一定的费用、品质及进度约束下,为达到客户和其他利益相关者的需求、目的和目标所进行的大量活动的规划、监督和指导。

项目管理的目标是在计划进度和预算范围内,按照性能指标要求完成工作任务。为了最终实现项目整体的经济效益目标,项目管理必须关注从项目启动到交付的全部工作内容。

管理项目所需要的许多知识和许多工具都是项目管理独有的,如工作分解结构、关键路径分析和实现价值管理。有效的项目管理要求项目管理团队理解和利用至少 5 个专业知识领域的知识和技能:

(1) 项目管理知识体系。

(2) 应用领域知识、标准与规章制度。

(3) 理解项目环境。

(4) 通用管理知识与技能。

(5) 处理人际关系技能。

项目经理或组织可以把每一个项目划分成若干个阶段,以便有效地进行管理控制,并与实施该项目的组织的日常运作联系起来。这些项目阶段合在一起成为项目生命期,项目生命期确定了将项目的开始和结束连接起来的阶段,每个项目阶段都以一个或数个可交付成果的完成为标志。任何具体的项目,由于规模、复杂程度、风险水平和现金流制约等方面的原因,阶段可以进一步划分为子阶段。阶段的正式完成不包括核准随后的阶段。

4.4.2　项目管理与系统工程的关系

作为两个不是相互独立的方法体系,系统工程与项目管理之间相互联系,而且有很多相似点。简单而言,系统思维在这两个方法体系中都体现得非常充分,都要求面对不同的利益和多样化甚至冲突的需求和约束,寻找全面平衡的方案。国际上的相关组织也在积极研究如何通过协调项目经理和系统工程师的角色,更好地确保项目的成功。

大型复杂工程项目涉及复杂系统的开发和研制。这些系统需要融合许多处于时代前沿的科学知识和专业技术,经历很长的周期,投入很多的经费,从而导致很高的风险。因此,项目中的技术开发成为最核心、最关键的工作内容。如果说项目管理是商务或经营管理,系统工程就是一个大型复杂工程项目中的技术管理或工程管理方法。大型复杂工程项目的管理者面对着两个重要的系统,即被研制的工程系统和大型项目所处的组织机构系统(其中包括项目团队)。鉴于复杂大型工程系统研制容易出现系统级性能不佳的问题,美国国防部规定所有的工程项目,都必须采用严格的系统工程方法。NASA 强调,应自觉将系统工程置于项目管理的背景下,在项目各制约因素下实践系统工程方法。与此同时,项目管理也应在"人、财、物"等方面为系统工程的实践提供有力支撑。

系统工程从需求出发,综合各种专业技术,通过系统工程过程的反复使用,开发出一个满足系统全生命周期使用要求的系统,例如飞机、卫星、轮船和手机等。这只是各类项目中的一类,而以提供服务、改进过程等为目标的项目就不需要系统工程。项目可以创造一个产品,也可以提供一种服务或提供某种服务的能力,例如支持生产或配送的业务;可以对现有产品线或服务线进行改进,例如实施 6σ 项目以降低缺陷率;项目还可以创造一种成果,例如某科研项目产出的科学成果等。项目管理为了实现最终的效益目标,必须在全过程中保持进度、成本和性能指标三要素的优化,必须凝聚团队力量,合理利用资源,保证研制进度,控制项目成本,降低研制风险,确保产品质量。项目管理的应用范围更广泛。可以说,所有项目都需要项目管理,而只有复杂技术研发项目才需要系统工程。

系统工程方法从需求出发,综合多种专业技术,通过全生命周期分析—综合—试验的反复迭代过程,开发出一个整体性能优化、满足使用要求的系统。项目管理致力于项目的全面成功。除了产品功能、性能技术指标外,项目的成功还需要考察投入成本、研制进度以及客户满意度等关键成功要素。在此基础上,甚至还要进一步关注与外部的竞争合作关系、对内部战略规划的支撑作用、组织治理和文化等其他绩效指标。

系统工程的生命周期,是以被研制的"系统"为关注点,因此系统生命周期是按照系统在不同阶段的不同形态划分的,而项目则更多的是以"工作"为视角,按照每个阶段不同的工作内容来划分阶段。

4.5 体系与体系工程概述

建立复杂系统并不是完全开发一个全新的系统,而最好是在已有系统上继承和发展,要能够根据新任务的需求,把现有系统与新开发的系统组合在一起。同时,由于外界环境的不断变化,新的任务不断出现,只能完成单一任务的静态系统组合也不能满足要求。例如,为了满足 C^4ISR 作战系统的发展以及三军联合作战系统管理的需要,美国国防部将这种由多个独立的武器系统平台组成的、以网络为中心、通过信息交互来实现协同作战的复杂大系统,从系统工程的管理中独立出来。将独立开发的系统联合起来,同时还不能对各系统原有设计做出重大改动,其技术挑战性体现在这些系统采用的接口和通信协议上。对于工程管理者来说,组织层面亟待解决的问题则更加严峻。

为解决此类复杂问题,美国军方提出了系统的系统(system of systems),即体系的概念。一些大型公司,如波音、洛克希德·马丁也投入了大量的人力物力来研究体系问题。体系具有代表性的例子是互联网、航空系统、智能交通系统、信息化组织体系等。可以说,现代复杂系统最具体的现实体现就是体系。

4.5.1 体系

1. 体系的概念

体系是系统尤其是复杂系统发展的必然产物,它来源于系统并体现出与系统不同的本质特征。在英文中没有一个确定的词语与体系对应,也没有一个被普遍接受的定义,目前广泛使用的词是 system of systems(SoS)。从 20 世纪 90 年代初开始,体系一词出现并广泛应用在信息系统、系统工程、智能决策等研究领域。体系一词在文献中出现最早可追溯至 1964 年,在有关纽约市的《城市系统中的城市系统》中提到了 "systems of systems"。美国系统工程科学体系工程协会(SoSECE)主席 Reckmeyer W. J. 认为,体系源于系统科学,是系统科学关于软系统和硬系统研究的综合,用于对大规模、超复杂系统的研究。进入 21 世纪后,出现了越来越多的大规模、超大规模相互关联的实体或组合,特别是在信息领域,超大规模系统正成为体系领域研究的另一个热点。

从字面上理解,体系是由系统的系统构成的,即有多个系统:可能是层次明确的多级 "系统-子系统" 模式;可能是紧密耦合的多个相关系统的组合;可能是一类松散联邦制,根据具体环境快速聚合的系统集合。体系具有以下两个特点:

(1) 应用系统的理念及其相关的思路,在面临复杂问题时往往具有强大的适应性,即在某个构成体系的系统出现问题或者损坏的时候,通过快速灵活地调整体系的局部构造,新 "体系" 依然胜任原有的任务。

(2) 具有宽扩展性,即随着时间和环境的变化,只需要调整(更新)某(几)个系统,增加或者改进这些部分,在保持体系总体结构的同时,使用最小的代价,大幅提升体系的能力。

自当初 Eisner 在研究多系统集成时提出 SoS 的概念到目前为止,体系的概念和定义已有数十种之多。在不同领域和应用背景下体系的定义并不完全相同,下面给出几个典型的定义,供大家参考。

定义 1 体系是系统的联接。在系统联接的体系中允许系统间进行相互协同与协作,如信息化战场 C4I(command, control, computer, communications and information)与 ISR(intelligence, surveillance and reconnaissance)系统。这一定义的应用背景是现代军事系统的集成以获取战场对抗的信息优势和决策优势。

定义 2 体系是大规模分布、并发的集成体,组成体系的系统本身就是复杂单元。这一定义的应用背景是企业信息系统。

定义 3 体系是系统的综合。系统综合以系统的演化发展、协同与优化为目的,最终达到提高整体效能的宗旨。体系不是单纯系统的集成,它具备以下 5 种特征:①组成系统独立运作;②组成系统独立维护管理;③组成系统的区域性分布;④具备 "涌现" 行为;⑤体系是不断演化发展的。这一定义的应用背景是未来战场环境信息系统的综合集成,军事领域复杂体系的发展规划。

定义 4　体系是分布环境中异构系统组成网络的集成,体系中这些异构系统表现出独立运作、独立管理和区域分布的特征。在系统与系统之间的交互被单独考虑的情况下,体系的"涌现"与演化行为不太明显。这一定义的应用背景是国家交通系统、军事体系和空间探索。

定义 5　体系的组成不同于一般系统的内部结构(紧耦合),它是一种系统间的交互,而不是重叠。它具备如下特点:①能够提供单一系统简单集成所不具备的更多或更强的功能能力;②其组成系统是能够独立运作的单元,能够在系统所生存的环境中发挥其自身的职能。这一定义的军事背景包括地面防空体系、战区导弹防御体系、作战群的编成体系等,其非军事背景如航天飞行器。

定义 6　体系是复杂的、有目的的整体,这一整体具备如下特征:①其组成成员是复杂的、独立的,并且具备较高的协同能力,这种协同使得体系组成不同的配置,进而形成不同的体系;②其复杂特征在很大程度上影响其行为,使得体系问题难于理解和解决;③边界模糊或者不确定;④具备涌现行为。

体系包含一系列系统,这些系统既可以单独发挥功效,也可以被集成为一个具有独特能力的更大系统。无论是独立的系统还是体系,都服从系统的定义,每个系统都由各个部分组成,各部分之间存在联系,总体大于部分之和,即 $1+1>2$。体系不是简单的系统叠加,而是能实现某种能力需求的有机组合,体系具有一般系统组合不具备的功能与能力。虽然体系是一个系统,但并不是所有的系统都是体系。体系是能够得到进一步涌现性质的关联或联结的独立系统的集合,它以追求涌现为目标,所以属于复杂系统范畴,也可被称为"复杂体系"。

体系是由一组分布在不同地方的系统连接而成的,这些系统具有自主和独立行为,但又相互作用、相互影响,从而实现一个特定目标。此外,随着新系统的加入和其他系统动态地离开,所涉及的系统通常会在体系生命期间发生变化。

2. 体系的特征与内涵

体系作为一个或数个系统的组合,其特征如下:

(1) 独立运行。一个体系是由相互独立并按自身因素发挥作用的系统组成的,如果将一个体系拆成许多组件系统,那么这些组件系统能够独立执行有效操作,并与其他组件系统相互独立。无论运行时作为体系的一部分,还是独立运行,系统都努力满足自己的目的和目标。这些目的和目标可能是互补的、正交的,或者甚至可能与体系的目的和目标是相反的。当能够支持自己的目标时,构成系统会选择在体系范围内运行。对于仿真专业来说,独立运行可能会带来额外的复杂性。

(2) 独立管理。各个组件系统不仅能够独立操作,也能够在独立完成自身任务的同时完成整体要求的任务。各个组件系统通常是分别获取并进行整合的,并且它们能够持续地保持独立于体系的运行存在。在实践中,这一点通常意味着构成系统有独立的资金、设计、升级和维护。其结果是,不同构成系统可能有从根本上就不同的时间线和基础技术。它们选择遵守的标准集可能是不同的,同时,对标准集遵守的程度也不同。一些构成系统可能有记述充分且可信任的又开放接口的模型。有一些系统可能有遗留模型,这类模型集合没有什么文档,但在其用户群体中得到广泛的接受。有一些系统可能存在反映之前版本(甚至是过时版本)系统的模型。有些构成系统可能根本就没有模型。当这些模型以及它们代表的系统处于不同组织的管理之下时,系统模型的组合性将变成一个重要的挑战。

(3) 地理分布。体系的地理分布可能是相当大的。有一些体系,各个组件系统之间的地理分布跨度通常很大。如全球对地观测体系,覆盖了整个地球,包括大气层和地球同步轨道卫星。通常情况下,这些系统之间可以很稳定地进行信息和知识交换,但是没有大量的物理物质或能量交换。仿真工程师在对体系进行建模时,必须精确地对构成系统之间(包括任何的限制)的通信能力进行建模。

(4) 涌现行为。涌现性质对体系来说是一个基本特征,以至于在许多情况下,体系本身就是从现有系统中涌现出来的。体系能够执行任何组件系统所没有的功能,也能够完成任何组件系统都无法完成的目标。涌现行为是整个体系的突变性质,而不是其中任何一个组件系统的行为。这些系统的工程化目标主要通过这些涌现行为来完成。涌现性质的发生贯穿于系统的运行过程中,并且在系统运行之前无法推导或预测出。涌现性质对体系来说是一个基本特征,以至于在许多情况下,体系本身就是从现有系统中涌现出来的。对于支持体系构成的建模与仿真界来说,涌现可能代表着他们面临的最大挑战。体系的涌现性质同样也代表着一个重要的机遇。在一个实际的体系完成构建之前,甚至在其设计最终确定之前,可以通过建模与仿真来运行该体系。这将为体系工程师提供一个机会,来减轻涌现性质的有害作用,同时促进其有利作用。

(5) 进化式发展。对于一个体系来说,它从来没有完全成型或彻底完成的情况。这些系统随着时间的推移而发展,也随着结构、功能和用途的增加、删除和修改而变化,这些增加、删除和修改是根据系统成长和发展中积累的经验来不断实施的。互联网是体系的一个经典的例子,直到现在还在进行着进化式发展。从建模与仿真角度来说,进化式发展的主要含义是,建模与仿真任务会随着体系不断演进。当新系统被添加进某个体系后,这些新系统的模型也必须被集成进已有的体系模型中。当系统通过增加新功能或吸收新技术而升级时,系统自身将发生进化,其结果往往是需要将同一个模型的多个版本集成到体系中,同时要求体系具备在仿真执行过程中,从可用版本中进行选择的能力。

体系的目标是形成涌现,产生体系增量。通过组分系统、组分系统与组分系统的关联结构,以及各种软因素的共同作用形成整体效果是体系追求的主要目标。涌现产生于体系动态演化中,而非体系的静止状态,是体系能力跃升的表现。体系组分具有自主适应性,是形成体系涌现的主要机制。霍兰提出的复杂适应系统理论指出"适应性造就复杂性",并认为系统是由主体(agent)构成的,主体自身的适应性是产生系统演化复杂性的机制之一,推动了体系的整体演化和体系能力的宏观涌现。

从体系的角度看,体系组分的适应性造就了体系的涌现性,是产生体系复杂性的根源。体系组分的适应性一方面来自硬件系统对周围环境的自主感知和智能处理,另一方面来自参与体系运行的"人"或"组织"的自适应性。在体系使命牵引下,体系内部大量的自适应性交互,促成组分间的相互协调与配合,推动了体系的整体演化和体系能力的宏观涌现。

体系渐进过程中的演化和体系应用过程中的演化,特别是对抗条件下的体系应用演化充满了不确定性。体系的渐进成型建设过程和在对抗环境中的应用,使得体系一直处于动态严谨的过程,在这个过程中,体系使命任务、应用环境(包括体系对抗对手)、技术条件,以及人和条令制度等软因素的变化,使得体系的演化过程具有较强的不确定性。不确定性的存在,影响着体系的涌现效果,既可能达成体系整体成型、综合效能的跃升,也可能导致体系建设的失败和坍塌失效。

体系的演化是对现有体系的改造或变革,使体系具备新的能力,适应新的环境,履行新的使命。体系在高层使命与任务的变更、能力的演化、底层组成体系成员的加入或退出,这些演化行为之间存在互动的联系,高层演化驱动底层演化,如体系使命或任务的调整,可能需要加入新的系统成员或淘汰原有系统的成员;底层演化导致高层要素的变更,如体系中系统成员的加入或退出都会导致体系能力、任务或使命的变更。

体系的演化无时无刻不在进行着,且存在多种演化方式。体系组分系统也能够进行独立演化,不过首先要保持组分系统之间的接口标准。组分系统的独立演化一般会导致体系的功能、性能发生变化,但不会产生结构上的变化。需求包括提升支撑某些业务活动的功能、性能等,一般通过使用新的设计或先进技术,另外,还包括通过面向未来的开发和一些系统的组合集成而带来体系结构的改进。更多的情况下,体系中的组分系统呈现联合演化和涌现演化的方式。联合演化方式是指体系中两个或两个以上的、协议关系的组分系统联合起来,同时增强各自系统的互用性和功能,从而实现体系的整体演化。需求包括系统、数据共享之间的交互操作,改进系统的功能或服务以及系统之间的工作流集成。涌现演化主要是指在原有组分系统的基础上,通过引入新系统来增加体系的能力或提供新能力。需求包括一个现有体系基础的新能力的开发,新体系支持涌现的业务需求。联合演化和涌现演化方式通常会导致体系在结构上的变化。

3. 体系建设

体系建设不仅要考虑体系层面的条件、约束和目标,而且还要考虑组成体系的系统层面的条件、约束和目标。体系建设具有规模大、周期长、耗资大等特点。组成体系的各个系统在功能上的独立性导致了构建的体系可能存在着冗余或差距,对体系需求的分析和体系结构优化已经成为当前体系建设所面临的一个重要问题。通过需求分析,全面获得利益相关者对体系的需求,尤其是那些长远的、规划型的需求；识别需求之间的冲突，并进行权衡分析，使体系的利益相关者对于体系的发展形成一致的需求；对体系需求进行管理，实现需求到后续开发过程和产品的跟踪，重视需求的变更。在确定需求的基础上，探索体系的实现方案，关键是体系的结构方案。在体系的结构设计中，要从使用性能、技术、经济、风险等多方面对备选结构方案进行综合分析。另外，良好的扩展性和适应性将会是体系结构设计必须考虑的目标，只有实现该目标，才能有效促进体系的演化。

体系的构建不可能采用自上而下的规范构架。因为各系统均拥有自己的架构，很少或不需要，甚至没有理由与顶层大系统的架构保持一致。构成体系的各系统之间在资金来源、测试要求和交付计划等各方面都不尽相同，甚至连组织文化和参考条目也不相同。要记住，各个系统有各自的存在理由和价值。自上而下的方法将增加这种综合大系统工程的费用和延迟，最终将侵蚀分系统的价值。随着复杂性的增加，费用和延迟也在增加，最终将降低体系的效费比。

体系通常以分布式组织结构（组织图、指挥链）为特征，该结构设定了角色、权限、责任等。此外，还可以定义规范、规则、策略和协议，来组织和协调体系实体。通常，这些规则是体系中最稳定的部分，只要实体遵守这些规则，就可以动态地进入和离开体系。在体系中，虽然很多实体的行为都是反应性的被动行为，但是大多数组件实体的特征是自主行为和目标导向行为。在某些情况下，通过学习或自适应，实体行为会随时间发生变化。体系实体具有更高程度的自治性，给体系实体行为的分析和设计带来了挑战。对于系统，甚至是如飞机那种复杂系统，通常可以清楚地识别出系统无法完成任务时的故障模式以及后果的影响，而对于体系则不然。体系作为一个整体并没有造成无法完成任务，它仍然能够履行其使命，只不过性能会受到影响。当然，在所描述的情况下，性能低于一定的阈值，意味着性能变得很差而不可接受，从而导致体系无法完成任务。

体系和系统最大的不同在于：系统的构成要素之间相互关联紧密，是紧耦合关系；体系的构成要素往往具有较强的独立目标，且独立工作能力相对较强，这些要素之间是松耦合关系，且根据不同的任务需求可以快速地重组或者分解，即体系的结构和配置是动态变化的（不断有新实体进入体系，其他实体离开体系）。虽然体系和系统的组成要素似乎没有什么区别，但是可以发现体系的视角更多的是从一个横向的角度、联合的角度去观察问题，而且当观察方位发生变化时，体系的组成系统就会有较大差别，也就是所谓的体系动态性——构成体系的要素是不确定的，但这种不确定并不一定会导致体系不稳定，因为不同要素构成的体系可以完全胜任同样的任务。相反，恰恰是体系构成要素的动态性为体系完成其使命带来了强大的鲁棒性。

4. 体系的建模与仿真

体系问题跨越了技术、人与社会、组织、管理、政策和政治等多个领域，其本质是一个涉及多学科的问题，需要运用多学科的思维方式和思考方法才能有效地加以解决。目前正在对体系分析的方法、模型和技术展开研究,其中建模与仿真起着核心作用,是研究体系演变、行为和表现的主要工具。通过在新系统的定义和设计中尽可能早地引入仿真,可以减少细节对体系的影响。实践证明:建模与仿真技术能够解决体系所涉及的多学科问题。

体系涉及大量系统,且系统间的作用也十分复杂,这时运用建模与仿真的方法具有极大的优势。一个体系几乎总是独一无二的,除了该体系本身外,没有其他任何的复制品,我们只有用建模与仿真作为工具来对体系进行描述、规范和推理。从组件数量上看,体系之大,使得自下而上进行建模通常是不可能的,对体系进行仿真必须处理抽象的组分,通常是组分系统的抽象化。体系的模型必须在一定程度上考虑到各组分的独立性质。对于体系来说,可能最强大和最合适的建模与仿真技术就是智能体的仿真。智能体可以通过规则、规范和组织结构来描述其规则的演变及其成员之间的关系,可以通过协定、协议或简单的交互模式对动态参与到体系中的智能体进行管理。

在大多数体系中,不同的系统都是基于不同公司的专有协议和解决方案建立起来的,通过虚拟框架将系统集成到一起是非常困难的。为了建模与仿真能够取得成功,主要承包商通常需要推动不同参与者共同努力。使用建模与仿真对体系进行测试以及对关键系统进行试运行,能够加快新系统的安装和升级进度,提高快速检测和解决问题的能力。建模与仿真在工程以及新体系的早期开发阶段也非常重要。通过仿真可以对许多替代方案进行建模与评估,可以对影响体系整体性能的关键因素进行预测。在开发新体系时,由于用户对配置和场景的了解有限,又因为这些系统通常面临新的挑战,所以建模与仿真可以创建一个共同的基准,用于替代方案的评估。事实上,体系工程的建模与仿真能在体系开发的早期阶段找出问题,大大降低了错误和变化导致的成本支出。由于体系存在升级换代,新的集成技术和功能需求需要对复杂场景进行特定的培训。考虑到人的因素,即人在回路(human in the loop,HIL),通常涉及精神运动、集体活动和操作训练。采用训练仿真的方法培训用户也得到了普遍的关注。

体系建模与仿真最重要的几个方面如下:

(1) 数据。获取仿真系统的数据和知识是建模与仿真的主要目标之一。体系的数据可由多个系统提供,困难在于与不同公司/组织分享相关的信息和数据。另外,体系所面临的任务环境一般都很复杂,而且很难获取覆盖多种情况的数据。通常,所提出的方案被细分为一套简单的基本案例,由体系来实现,这会给新系统的开发带来重大风险。因此,仿真是一个重要的辅助工具,通过引入智能体和随机因素来创建场景所带来的好处是显而易见的。

(2) 概念模型。概念模型为创建虚拟体系以及用于测试它的虚拟任务环境提供了机会。同时,考虑到复杂性,创建一个不同系统的模型是一个挑战。通常不同系统在不同领域内运行,其特定的控制和架构需要进行互操作以实现复杂的共同任务/目标。另外,考虑到不同的系统经常处理不同领域的问题,所以体系建模与仿真涉及多个学科知识。

（3）校核、验证和确认（VV&A）。建模与仿真的成功主要归功于校核、验证和确认。考虑到体系同时存在多样性和互操作性的要求,必须在模拟器生命周期的各个阶段开展校核、验证和确认。模拟器需要解决的另一个方面的问题是确保仿真模型与实际系统的配置完全一致,因为体系配置在开发阶段甚至在部署和服务期间通常会发生变化和进化。同样重要的是,在体系中应该强调对系统进行验证和确认是很有用的,应对整个体系进行校验、验证和确认。校核、验证和确认的成功与仿真领域、特定部门用户、参与的主题专家以及每个模型和系统都有很大的关系。

（4）实现。在这一步,经常涉及分布于不同团队的互操作仿真。所以即使这个问题在传统意义上被高估了,体系实现时相对于其他应用程序领域,仍需要分布式团队进行更多的工作。这个领域的另一个重要的方面是需要创建跨学科团队,能够处理体系所涵盖的不同方面,如已经提到的建模和校核、验证和确认。在实现时,关键是要确保不同系统的仿真开发人员能够进行沟通和协作,解决时间管理、专有约束、计算约束等关键问题。

4.5.2 体系工程

1. 体系工程的概念

体系工程（SoSE）源于系统工程,但高于系统工程,为的是解决系统工程解决不了的体系问题。体系工程是实现更高一层的系统最优化的科学,是一门高度综合性管理工程技术,涉及最优化方法、概率论、网络理论、可靠性理论以及系统模拟、通信等问题,还与经济学、管理学、社会学、心理学等各种学科有关。最初,体系问题并没有被认为是一个独立的新问题,大部分都使用系统工程方法来开展研究。但随着体系越来越多地出现在人们的生产和生活中,体系的许多独有特征是原有系统工程方法所达不到或解决不了的,主要表现如下：

（1）在需求分析过程中,体系工程研究的系统之间的可达性分析和信息数量规模呈指数级增长,远远超出了系统工程需求分析方法所能承受的规模。

（2）构成体的组分系统,特别是现有系统,都是根据独立的需求进行开发的,在体系工程领域中,彼此协作和相互依赖关系大大的增强,给集成和开发带来了新的挑战。

（3）在体系的应用环境和适应性上,部署和使用一个体系的工程解决方法要求也较系统工程更高。

（4）整体解决方案超出了对于技术或软硬件方面独立解决方案的要求。

体系工程是最近几年才提出的,不同领域的学者和工程实践人员有不同的理解和认识,还没有一个统一的定义,下面列举几种典型的定义。

定义 1　体系工程是确保体系内在其组成单元的独立自主运作条件下能够提供满足体系功能与需求的能力,或者说执行体系使命和任务的能力。

定义 2　体系工程是这样一个过程,它确定体系对能力的需求,把这些能力分配至一组松散耦合的系统,并协调其研发、生产、维护及其他整个生命周期的活动。

定义 3　体系工程是解决体系问题的方法、过程的总称。体系工程是国防技术领域的一个新概念,这一概念同时也被广泛应用于国家交管系统、医疗卫生、万维网及空间探索领域。体系工程不仅局限于复杂系统的系统工程,由于体系涵盖问题的广泛性,它还包括解决设计多层次、多领域的宏观交叉问题的方法和过程。

定义 4　体系工程是学科交叉、系统交叉的过程,这种过程确保其能力的发展演化满足多用户不同阶段不断变化的需求,这些需求是单一系统不能满足的,而且演化的周期可能超过单一系统的生命周期。体系工程提供体系的分析支持,包括交叉的某一段时间内在资源、性能和风险上达到最佳平衡,以及体系的灵活性与鲁棒性分析。

定义 5　体系工程源于系统工程,但它不同于常规系统工程,而是对不同领域问题的研究。系统工程旨在解决产品的开发和使用,而体系工程重在项目的规划与实施。换句话说,传统的系统工程是追求单一系统的最优化,而体系工程是追求不同系统网络集成的最优化,集成这些系统以满足某一问题的目标。体系工程方法与过程使得决策者能够理解选择不同方案的结果,并给决策者提供关于体系问题的有效体系结构框架。

体系工程是实现更高一层的系统最优化的科学,是一门高度综合性管理工程技术,涉及最优化分法、概率论、网络理论、可靠性理论以及系统模拟、通信等问题,还与经济学、管理学、心理学等各种学科有关。

体系工程是以系统科学为指导,为实现体系的设计论证、建设实施、管理控制、评估分析而建立的系统工程方法。其研究内容涉及:①体系需求分析,研究体系需求的获取、分析、说明、验证与管理等方面;②体系研究设计,利用复杂系统理论研究分析体系规划建设的模式规律和特点;③体系管理控制,研究体系决策控制、状态监控、异常处理等问题;④体系评估评价,研究体系状态、效果等内容的综合评估方法;⑤体系仿真试验,研究利用仿真手段支持体系工程的建模、仿真和试验的方法。

体系工程过程包括需求分析、体系设计、集成与构建、体系演化、评估与验证等,每个过程都可以形成小循环。除此之外,还包括对体系环境和边界分析。体系工程需求分析完成从体系使命需求到能力需求的转换;体系设计完成从体系能力需求到体系能力提供匹配与映射,通过两者的匹配建立体系的组成与结构;体系集成与构建是将组成体系的各个元素、成员综合形成满足使用需求的整体;体系演化是将体系需求变化反映实施到已构建的体系的过程;体系评估与验证是对体系综合设计方案进行检验,为需求分析与设计反馈信息;体系环境和边界分析是对现有系统成员和体系结构进行分析，获取现有体系能力的实现情况，并在体系工程过程的反复迭代中不断淘汰现有系统成员，加入新的系统成员，形成体系演化。

2. 体系工程的特点

体系工程不能进行"完美"的预先设计。体系的成型是一个涌现形成的实践过程，是一个渐进成型、边建设边应用的过程。因此并不能在开始阶段就给出长期的严格的建设计划，所以从某种程度来讲体系只能依赖"演化"，而不能建造。

体系工程目标不强调"最优"。体系的优化是组分系统与体系使命、体系环境相互适应协调的过程，是局部性能、全局性能以及软因素之间的动态平衡，只能达到相对"满意"，而没有最优的标准。

注重对体系演化可能空间的整体探索。由于各种不确定因素的存在，对体系的评价应该更注重对体系演化可能空间的整体探索，特别是针对不同使命任务、不同应用环境、不同开发阶段的体系综合能力的全面分析论证，充分考虑随机因素、偶然事件在体系空间尺度和时间尺度上的多重影响。

《DoD 指南》(*Office of the Under Secretary of Defense*,2008)指出，系统工程方法在体系方面有着不同的考虑因素。该指南概括了新出现的原则，这些原则强调组织机构问题、共享技术管理、开放式系统以及松耦合等因素的重要性。这一方法在管理类文献中被更正式地描绘成"联邦制"(federalism)。它也是复杂系统适应和演变的结果。总体上说，该方法有如下特征：

(1) 将集中化构架与控制降到最低。

(2) 共享对顶层体系功能的理解。

(3) 信任分系统工程师并赋予他们责任——他们是"双面人"，既要对分系统的能力负责，也要对体系的能力负责。

(4) 能力的增量式和迭代式交付。

(5) 鲁棒测试和试验。

(6) 设计能促进未来发展的方案。

体系工程的关注点是将异构独立的系统组合起来创造一个更大的系统，新的系统能够提供新颖的、我们所期望的扩展能力。组合的重要性则是将异构独立的仿真系统组合成为一个更大的仿真系统。通常情况下，组成体系的每一个系统都存在一个或若干个模型。就像仿真对系统工程来说就是一个基本工具一样，组合性允许创建仿真系统的集合，为体系工程提供一个基本工具。组合性，如果操作得当，允许体系将各构成系统的仿真组合成一个单一的或者仿真集合，能够代表该体系并允许体系工程对体系及其行为进行更深入的了解。

体系工程实践由5种不同的体系特征驱动：①单个系统运行独立；②系统管理独立；③地理位置分散；④涌现行为；⑤渐进开发。这些性质对应用于体系研究的仿真以及系统本身都有重要的影响。通过组合异构的模型来支持体系工程，每一个模型都代表一个构成系统或是该系统中的一部分，用以构成正在研究的更大的体系的模型。用这种方式组合模型,可以获得对体系性能有价值的深刻理解,并允许操作人员或设计师提升该体系,揭示出体系的新应用的机遇,并为训练操作人员提供强有力的工具。

与其他建模与仿真领域一样,体系工程可以通过建模与仿真方法得到多种方式的支持。2008 年,Mittal 及其同事首次系统地研究了利用建模与仿真方法,通过离散事件系统规范(discrete-event system specification,DEVS)更好地支持体系工程。这些模型最初直接来源于系统工程理念,并将它们应用于创建更好的模拟系统。Mittal 的贡献表明:在解决体系工程问题时,建模与仿真和系统工程需要紧密配合。

4.6　系统工程和建模与仿真的融合

工程是人类的一项创造性实践活动,是人类为了改善自身生存、生活条件,根据当时对自然规律的认识而进行的一项物化劳动过程。工程系统是为了实现集成创新和建构等功能,由各种“技术要素”和诸多“非技术要素”按照特定目标及功能要求所形成的、完整的集成系统。从工程哲学的视角来看,工程活动的核心是构建出一个新的存在物。工程活动中所采用(集成)的各种技术始终围绕着一个新的存在物展开,所以构建新的存在物是工程活动的基本标志。

系统工程作为一门学科可以分为许多专业,如工程系统工程(systems engineering for projects)、军事系统工程、信息系统工程、社会系统工程等。复杂系统几乎是无所不在的,任何一种社会活动都会形成一个系统,这种系统工程就会形成一门系统工程专业。例如,工程系统工程是组织管理大型工程项目的规划、研究、设计、制造、试验和运行的技术。根据工程项目的不同,工程系统工程又可以分为许多分支学科,如航天系统工程、飞行器系统工程、导弹武器系统工程、核武器系统工程、电子系统工程等。它们共同的专业理论基础是工程设计,因为大型工程项目的总体设计都要运用工程方面的知识,同时又要有相应专业的工程技术知识。

大型工程项目一般具有下列特点:①规模庞大。一般都要由几万个甚至几十万个零部件装配而成,因此要把它分解成合理的多级递阶结构。②因素众多。它不仅有本身的技术经济因素,还涉及社会、政治、经济、环境等许多外部因素,因此要建立多层次、多目标的目标体系。③技术复杂。系统开发涉及机、电、液、控、软件、管理等数十个学科和成百上千的专业知识,多个学科的知识耦合在一起,共同决定系统的结构、功能和行为。④组织复杂。往往需要不同行业的许多机构和不同专业的许多科技人员协同工作,涉及成千上万的单位,需要几万甚至几十万人参加。⑤开发周期长。一般大型工程项目需要经过几年、十几年甚至几十年的时间才能完成。⑥投资额大。研制经费高达几亿、几十亿甚至超过百亿元。这些特点充分说明了大型工程项目需要运用系统工程的方法来进行协调、控制、规划、组织和管理。

例如，美国1961年开始进行的阿波罗工程，由地面、空间和登月3个部分组成，该项目于1972年结束。在工程最高峰时期，有2万多家厂商、200余所高等院校和80多个研究机构参与了研制和生产，总人数超过30万人，项目耗资255亿美元。完成阿波罗工程不仅需要火箭技术，还需要了解宇宙空间和月球本身的环境。为此又专门制定了"水星"计划和"双子星"计划，以探明人在宇宙空间飞行的生活和工作条件。为了完成这项庞大的计划，NASA成立了总体设计部以及系统和分系统的型号办公室，以便于对整个计划进行组织、协调和管理。在计划执行过程中自始至终采用系统分析技术、网络技术和计算机仿真技术，并把计划协调技术发展成为随机协调技术。由于采用了成本估算和分析技术，使这项史无前例的庞大工程项目基本上按预算完成。

大型工程项目所面临的基本问题是，怎样把比较笼统的初始研制要求逐步转变为成千上万个研制任务参加者的具体工作，以及怎样把这些工作最终合成一个技术上可行、经济上合算、研制周期短、能协调运转的实际系统，并使这个系统成为它所从属的更大系统的有效组成部分。这样复杂的总体协调任务不可能靠一个人来完成，这就需要有一个集体或一个组织来代替以前的总设计师，对这种大规模社会劳动进行协调指挥，这样的组织被称为总体设计部。总体设计部由各方面专业的科技人员组成，并由知识面比宽广的专家负责领导。总体设计部设计的是系统的总体，即工程项目的总体方案以及实现它的技术途径。总体设计部一般不承担具体部件的设计，却是整个系统研制工作中不可缺少的抓总单位。总体设计部把系统作为它所从属的更大系统的组成部分，对它的所有技术要求首先从实现这个更大系统技术协调的观点来考虑。总体设计把系统作为若干分系统有机合成的整体，对每个分系统的技术要求都首先从实现整个系统技术协调的观点来考虑。

工程系统研制包含系统的建模及其组织管理工作，组织管理服务于系统建模过程。这两样工作如何开展，就是系统工程方法。系统工程这种组织管理的技术，不仅包括建模工作的组织管理技术，也包括系统建模的技术，因为管理的基础是沟通，复杂工程中沟通的基础就是系统模型（是对于系统的描述、模仿和抽象，它反映系统的物理本质与主要特征），系统模型必然由人利用系统建模技术来构建。系统工程这种技术，实质上包括系统建模技术和系统建模工作的组织管理技术。工程系统建模工作必须进行良好的管理，即计划、组织、领导和控制。计划，主要就是确定整个复杂工程系统研制即系统建模各个方面的工作，以及这些工作之间的逻辑关系、协作关系和时间关系等。组织，就是确定这些工作由哪些单位和哪些人来完成。领导，就是引导和激励所有的单位和个人，并且协调解决相关的矛盾与冲突。控制，就是对建模工作进行监控和督促，确保按计划完成，也就是各种各样的技术评审和检查等。

工程系统的研制过程，就是建立工程系统模型的过程。用户提出的需求是工程系统研制工作的"第一推动",系统设计师把用户需求"翻译"为系统架构模型(功能模型),再结合技术供应商的零部件模型,形成一个平衡、优化、集成、联动的系统模型,进而得到能够让下游使用的模型(如蓝图及工艺规程)。各个层次、各个部分以及各个专业的模型,必须进行良好的追溯、集成,此后各方对模型的修改完善都以此为基础。而且,系统模型是否符合现实,需要不断地通过系统仿真、试验、验证和确认来进行模型的修改完善。因此可以说,工程系统的模型是工程系统研制工作的成果和中心。

工程系统研制也是一个借助系统模型来实现技术沟通的过程。因为在复杂工程系统研制过程中,各参与方之间要进行良好的分工和协作,分工协作的基础是技术沟通,而技术沟通的基础则是系统模型。例如,用户向设计部门提出要求,设计部门则提出解决方案(设计方案),双方提出的都是模型,是系统模型的不同视图。这是一个需求模型和设计模型沟通的过程,是一个任务提出方给出"定义"、任务承接方给出"说明"的过程。可以看出,对于系统工程的建模与仿真来说,其自身必须遵循工程化过程。

在整个系统工程工作过程中,不仅要在头脑中建立关于该系统的、全面的概念,而且在现实中要针对这个概念建立某种类型的模型,如草图、文字描述、表格、图片、图示、实物模型等,这些模型统称为"工件",是人们自己思考和与他人沟通交流的工具。现实中"工件"和头脑中的概念相互启发,不断深化和具体化,最终变成生产人员可以使用的蓝图(如二维工程图、三维模型),再由生产人员把蓝图变成最终交付的系统。这实际上是所有设计工作的一般流程,并非系统工程所独有,只是系统工程需要考虑的因素更多包含在设计过程中,需要从各方面建立模型来对该系统进行详细刻画,才能准确、全面地描述系统。

系统工程的关键在于构建一个系统架构模型。一个构造良好的模型可以用于描述和分析,以促进实体理解,有力支持实体相关的各方(利益相关方)之间沟通。在工程和科学中,模型必须是数学模型和有利用价值,且必须基于一些事物的标准,例如所使用的建模语言、基础规则和约定、度量单位以及模型制品的内容和形式。在系统架构和系统工程中,模型必须充分地定义所构建事物的结构、行为、规则或通用特性、信息内容和其他关键方面。

将典型的系统工程理论与架构设计、实现和集成过程相结合,为系统设计提供了一种既满足要求又能得到最终验证和确认的方法。早期的几个设计阶段信息是稀缺的,但这些阶段对生命周期发展却有很大的影响。为此,项目经理和工程师开发了一种新的方法,来减少那些与设计相关的处理过程在验证和确认时的工作量。例如,将高逼真度计算机模型直接集成到早期迭代设计过程中,这只有结合适当的专业技能才可完成。

尺有所短,寸有所长,任何一种模型,都有自己的优点与不足。多种模型互相取长补短,组成模型体系,才能解决复杂系统的综合性问题。对于系统工程项目而言,选择模型、建立模型体系是十分重要的。而对于系统工程的基本建设内容而言,开发新模型、充实模型库是十分重要的。系统工程项目研究经验的积累,必然导致新模型的开发、新方法的出现、新概念与新理论的诞生,从而推动系统工程学科的发展。

工程系统研制中建立并使用工程系统模型,需要合适的建模语言、建模工具和建模思路,因此,系统工程工具、建模工具,是系统工程的重要组成部分。人们建造工程系统,就是要得到工程系统的设计方案,而设计方案必然以某种语言文字、符号、线条和图示等来表示,也必然需要将这些符号固化到某种载体上,以便承载、保存和传递,前者即建模语言,后者即建模工具(包括建模载体)。整个设计和研制工作又必然要遵循一个统一而一致的思路,也就是建模思路。系统建模技术就包括建模语言、建模工具和建模思路,整个研制过程就是人与系统建模技术的充分结合,是人对系统建模技术的有效使用。

4.7 延伸阅读: 系统架构

我们构思、设计、实现并操作复杂的系统,这些系统可能是以前从未出现过的。由人类设计的每个系统,都有其架构。手机软件、汽车、半导体生产设备等产品,都是由早期研发环节中的几个关键决策确定的。系统的架构在很大程度上影响着产品的结构。用最简单的方式来说,架构就是对系统中的实体以及实体之间的关系所进行的抽象描述。在设计复杂系统时,有许多早期的架构决策都是在不了解系统最终样貌的情况下做出的。这些早期决策对最终的设计有重大的影响。它们限定了性能的范围及可供考虑的生产地点,也决定了供应商是否能够分得配件市场(aftermarket)的收入份额。构建系统的过程是柔性的,它是科学和艺术的结合。

4.7.1 认知结构: 概念

从定义上来看,系统是由一组实体构成的,系统中的每个实体都有其形式和功能。形式说的是系统是什么,而功能则说的是系统做什么。形式具有一定的形状、配置、编排及布局。形式是构造出来的东西,是由系统的创建者所构筑、撰写、绘制、创作或制造出来的。尽管形式本身并不是功能,但系统若想表现出功能,则必须具备一定的形式。功能是使某物得以存在或得以体现的一种动作。功能不是形式,但功能需要以形式为手段来展现。功能比形式更抽象,因为功能涉及转变,它比形式更难用图来描绘。在任何一个点上,都能发现很多影响系统的问题,而其数量已经超过了人的理解能力。因此,我们必须找出其中最关键、最重要的那些问题,并集中精力思考它们。当我们意识到那些对当前所要解决的疑问、状况和难题有重要意义的事物之后,接下来就应该创建或发现适当的抽象机制,以表示系统中的实体。抽象是一种"抽离于物体的性质描述",或一种"只含本质而不含细节的"

表述。

从与特定解决方案无关①的功能跳到系统架构,这中间存在着巨大的认知鸿沟。为了帮助系统架构师完成这种思维转换,人类创造了一个认知结构,它就是"概念"。这个认知结构,虽然并不是完全必要的,但它对于我们思考复杂系统来说,却非常必要。所谓概念,就是一种观念(notion)或简记法(shorthand),用来简单地解释待研究的某个系统。概念是我们对产品或系统所形成的图景、理念、想法或意象,它把功能映射到形式。它是对系统所做的规划,描述了系统的运作方式。它能够使人感觉到系统会如何展示其功能,也能够体现出对系统的形式所做的抽象。它是对系统架构的一种简化,有助于我们对架构进行宏观的探索。

概念与架构中都包含着从功能到形式的映射,但概念是以一种通用的方式,来解释功能是如何映射到形式的。虽然两者都把功能映射到形式,但前者强调的是观念,而后者则包含更为详尽的信息。如果脑中有了概念,那么它能够对架构的研发进行指导;反过来,如果有一套架构摆在我们面前,那么我们可以用概念来合理地解释这套架构。构想概念的过程,是一种自由创造的过程。可供选择的概念多一些,对系统架构师来说是有好处的。系统架构师在深入研究系统的架构细节之前,一定要先对各种候选的概念做一个全面的了解,以便回答"还有哪些其他的概念也能够满足与特定解决方案无关的功能"。对候选概念所做的分析,我们的眼光是"向下"的,也就是说,它关注的是如何在与特定解决方案无关的意图描述中,增加详细的信息。与之相对,我们还可以"向上"看,也就是把意图表达得更加通用一些。

4.7.2　架构的定义与分类

"架构"一词最早来自建筑学,原意为建筑物设计和建造的艺术。所谓架构,就是人们对一个结构内的元素及元素间的关系的一种主观映射的产物。通俗地讲,系统架构是为了解决特定的问题,把系统中的要素找出来,并通过一定的手段把这些要素组合起来。架构关心的是要素的选择、要素之间的相互作用、相互影响和满足需求而进行的必要交互,这些交互是设计的基础。

国际标准化组织(ISO)在 2011 年将架构定义为"系统的基本组织方式,它体现在系统的组件、组件与组件之间的关系、组件与环境之间的关系,以及决定系统的设计与进化的基本原则上"。(ISO/IEC/IEEE Standard 42010:2011)国际开放标准化组织的构架框架(The Open Architecture Framework,TOGAF)中的定义为:"架构是对系统所做的一份正式描述,或是在组件级别对系统所做的一份详细规划,用以指导系统的实现。"系统的架构,应该确保系统能够涌现出有益的功能与性能。架构开发方法在设计者们还没有自觉意识到的情况下,已经在许多复杂情况

---

① 　与特定解决方案无关(solution neutral function),指的是不涉及功能实现方式的系统功能。

下得到了运用。文献[51]中给出的系统架构的定义为："系统架构是概念的体现，是对物理的／信息的功能与形式元素之间的对应情况所做的分配，是对元素之间的关系以及元素同周边环境之间的关系所做的定义。"

架构的定义可以扩展到构建方法论，使其更有用。可以把架构定义为使用模型形式化表达系统或其他复杂实体，以期阐明：

（1）其结构、接口以及内部和外部关系。

（2）实体及其元素在内部和外部呈现的行为。

（3）实体及其元素必须遵循的整体规则，从实体运行生命周期的初始到整个过程，以满足需求向实体和元素的分配。

系统架构的主要任务是界定系统级的功能与非功能要求，规划要设计的整体系统的特征，规划并设计实现系统级的各项要求的手段，同时利用各种学科技术完成子系统的结构构建。在系统架构中，由于对软件越来越深入的依赖，软件架构的任务也体现出重要的作用，而且系统架构与软件架构是紧密联系和相互依赖的。

"架构方法，类似于几个世纪之前的土建工程的规划，已经被不自觉地应用于创建和构建复杂的航空航天、电子、软件、指挥、控制和制造系统"（Maier 和 Rechtin，2000）。架构从结构上为系统的利益相关者表达各自的需求提供了入口，在用户需求和系统的实现之间发挥桥梁的作用。在最早的概念阶段，架构层级所做的决定，通过详细设计得以实现和运行。在架构概念开发和设计中暴露的错误，可以用模型进行纠正，比起在以后的测试和实施阶段发现错误才进行纠正，成本要低很多。

架构定义是从问题空间向解决方案空间过渡的环节，是连接系统功能与系统形式的环节。可以将架构定义理解为一个分水岭，在此之前只研究和描述系统功能而不描述系统实体，在此之后主要研究和描述系统实体。架构定义的重要价值在于将两者有效衔接起来。架构定义既关注系统功能，又关注系统实体，但仅限于系统的高层级功能和系统内的主要系统元素以及系统与系统元素的主要特征，并对系统实体如何实现系统的高层级功能做出必要的设计、分析和描述。架构定义过程是通过多种视图和模型来创建和建立备选的架构方案，评估这些备选方案的特性（由系统分析过程支持），并选择构成系统的恰当的技术元素或技术系统元素。

对于大规模复杂系统来说，对总体的系统结构设计比对计算的算法和数据结构的选择已经变得更为重要。在这种情况下，人们认识到系统架构的重要性，设计并确定系统整体架构的质量已成为重要的议题。系统架构作为集成技术框架，规范了开发和实现系统所必需的技术层面的互动；作为开发内容框架，影响了开发组织和个人的互动。因此，技术和组织因素也是系统架构要讨论的主要话题。

在由人类所构建的系统中，架构可以表述为一系列决策。对决策的关注，使得系统架构师可以直接权衡每个决策的各种选项，而不用深入它们所对应的底层设计，这能够促使我们去评估更多的概念。同时，这套决策语言也使得系统架构师可以根据每个决策对系统效能的影响力来调整决策之间的顺序,很少有哪个系统的架构是一次设计好的,它们一般都是在逐步评估一系列决策之后才定下来的。

大家可以将架构想象成既是概念的又是物理的人工制品。这种概念的人工制品决定了系统按照某一方式而不是另一种方式来建造。它们也决定了利益相关方应当关注于解决哪些问题,又拒绝哪些问题。虽然架构是概念上的,但它显然对系统的最终成功具有中心作用。而物理的人工制品是指图纸和其他文档类产品。从文档角度来看,架构就是一个文档,或者更一般地说,是一组模型集(其中相当一部分无法像文档一样正常地打印在纸上)。在这种情况下,当提到"架构"时,所指的就是文档(模型集)。在一个设计活动中,我们会做出一些决定,并将这些决定记录在文档中。这些文档并不是决定,它们是这些决定的具体表现。

由于给定的架构本身是概念性的,是一个系统的抽象的基础架构,我们必须有对该架构的描述。架构描述文档通过组织一系列的描述元素来描述一个系统或体系的文档。架构这一"人工制品"是研发用来描述架构的文档或模型。因此,建模与仿真也就是架构描述领域的一部分,但将会经常用来通报甚至是驱动架构和架构设计中的决策部分。描述文档将包含一组模型集合,可能也包含仿真集合。一个架构决策在概念上是独立自主的,但是用来检查并比较它们的唯一媒介可能就是模型与仿真。

架构描述的重要性源自架构本身的重要性。架构描述文档是将架构决策传递给开发过程。良好且完整的文档可以在开发过程中协助维持概念的完整性,可以将组织决定传递给后续的开发人员,并且能够促进我们对已部署的系统是否保持与原始概念相一致进行测试和验证。当然反过来说,不好的文档也会很大程度上抑制所有这些优点。糟糕的系统规范书,总是把人引向预先定好的某一套具体解决方案、功能或形式上,这可能会导致系统架构师的视野变窄,从而不去探索更多的潜在选项。尽量使用与特定解决方案无关的功能语言结构来描述系统,可以使架构师意识到该问题的探索空间其实是相当广阔的。

架构决策是一类能够在很大程度上决定一个系统开发的价值、成本和风险的事物。一个无法获取或传递决定价值、成本或风险的关键决策的架构文档是有严重缺陷的。如果一项开发工作构建在此类文档基础上,将使开发工作本身处于较高的风险中。任何架构文档集都无法挽救一个坏的架构,一个好的架构也注定会被坏的架构文档所拖累。一个较差的架构决策集,顾名思义,有可能导致一个系统不符合它的目标。经验告诉我们:错误的架构可能会毁掉整个项目,而"正确的"架构仅仅是创造了一个产品开发平台,产品可以依赖这个平台取得成功,当然也有可能失败。

我们当然更希望同时拥有高质量的决策和文档,但当我们被迫做出选择时,我们得到的非常好的建议是选择高质量的决策。在一个项目中,文档的质量可以进行更新,但是如果一个项目中做出了会使其失败的决策,那么任何文档工作都无法挽救该项目。

有许多标准可以用于架构描述文档。原则上，这方面的标准可以单独处理描述方法本身，开发这些文档的过程，在项目中执行架构活动的方法（并因此制定架构的决策），以及规范要求的系统。最为人知的架构描述文档标准是美国国防部体系架构（Department of Defense Architecture Framework，DoDAF）（DoD，2010）。DoDAF 是一个关于描述的标准，而不是一个系统标准。这也意味着，描述某个系统或体系的一系列文档可以通过 DoDAF 来评估一致性，但是该系统本身无法用 DoDAF 来评估一致性。无论描述文档是否符合 DoDAF，系统都不会符合。与此相反的是，大多数的通信协议标准是系统标准，而不是文档标准。例如，可以讨论一个通信系统是否符合 TCP/IP 标准，而不需要关心其是否有一系列的正式描述文档。

系统架构有不同的分类，之所以有这些分类，是为了站在不同的角度去看系统，这样就可以更全面、更深入地了解和理解系统，从而使设计出来的系统满足需求。系统架构并不虚，它不仅从最顶层考虑系统，而且在关键实现上也有考虑。架构一般分为业务架构、应用架构、数据架构、技术架构等。TOGAF 对这 4 种架构的描述如下。

（1）业务架构：定义业务战略、治理、组织和关键业务流程。

（2）应用架构：应用之间结构和交互的描述。

（3）数据架构：描述组织的逻辑与物理数据资产及数据管理资源的结构。

（4）技术架构：描述支持业务、数据和应用服务部署所需的逻辑的软件与硬件能力，包括 IT 基础设施、中间件、网络、通信、处理和标准等。

对复杂系统的架构所做的描述包含着大量信息，其信息量远远超过了人的理解能力。那么，这些信息应该如何展示呢？主要有两种办法：一种是维护一个集成模型，并根据需要对其进行投射；另一种是在模型中维护多个视图。在当前的各种构架展示工具中，对象过程方法（object process methodology，OPM）采用集成模型，它旨在将与形式、功能、实体及关系有关的信息全部融入同一个模型中。另外一种架构展示方式是采用不同的视图来表示这些信息。系统建模语言（systems modeling language，SysML）及 DoDAF 采用的都是这种方式。

在当今的实践中，系统架构的各个维度通常使用"视角"（viewpoint）来组织，视角包含不同"模型"或"视图"（view）。视角通常表示一个或多个"利益相关方"主要关注系统方面。例如，"运行视角"捕捉对系统最终用户最重要的事情。视角及其特定内容是"架构框架"的构建块，试图为架构开发提供指导，并在得出的系统描述中保持一致性。

架构和系统的行为、性能、抗毁性与脆弱性之间是否存在联系？由于架构是由系统的组成部分之间的连接划定的，显然这些连接的中断可能会阻止组分之间的相互作用，可能会阻止组分作为统一的整体运行，并可能会影响性能。同样的道理，如果存在多个连接，则会使得切断任何一个连接都不会损害子系统的相互作用,这样各组成部分便能继续作为统一的整体运行。因此,在原则上,组成部分连接耦合的冗余可以使系统更具抗毁性。

4.8 小结

由于科学技术的发展和生产规模不断扩大,迫切需要发展一种能有效地组织和管理复杂系统规划、研究、设计、制造、试验和使用的技术,即系统工程。系统工程以复杂系统为对象,从系统的整体观念出发,研究各个组成部分,分析各种因素之间的关系,经过分析、推理、判断、综合,建成某种系统模型,寻找系统的最佳方案,使系统总体效果达到最佳。即通过工程化的过程,使系统达到技术上先进、经济上合算、时间上最省、能协调运转的最佳效果。

系统工程学科在中国取得了巨大的发展和成功。20 世纪 80 年代,在钱学森院士的指导和参与下,根据我国对社会经济系统等复杂巨系统进行的研究,提炼与总结出开放的复杂巨系统概念,以及处理这类系统的方法论——从定性到定量综合集成法以及包含一系列研究方法的综合集成研讨厅体系。钱学森院士认为:系统工程是一种普遍意义的方法论,即用系统的观点来考虑问题(尤其是复杂系统的组织管理问题),用工程的方法来研究和求解问题。

系统工程是一门综合的、整体的科学,通过比较来评价和权衡结构设计师、电子工程师、机械工程师、电力工程师、人因工程师以及其他学科人员的贡献,形成一致的不被单一学科观点左右的系统整体。系统工程方法面对不同利益和多样化甚至冲突的约束,寻找安全平衡的设计方案。系统工程观察"系统全貌",不仅要确保设计正确的系统(满足需求),还要确保正确的系统设计。

模型方法是系统工程的基本方法。复杂系统一般都要通过它的模型来研究。对于设想中的系统,在开发的早期阶段只能通过模型来研究。模型的作用不在于也不可能表达系统的一切特征,而是表达它的主要特征,特别是表达我们最需要知道的那些特征。建立系统模型是一种创造性劳动,不仅是一种技术,而且是一种艺术。随着计算机、建模与仿真等技术的迅猛发展,系统工程与仿真科学融合越来越深入,特别是智能算法和智能机器的加入,将使人类解决复杂系统问题的能力大幅提升。

体系(SoS)是一个日渐成熟的领域,有很多不同的描述方法和很多实际应用。各种不同体系描述方法的核心都是关注多个复杂系统的集成和相互协调,使之达到所需的性能水平,以及提供所需的能力,从而实现超出单个组成系统功能的目的。实际上,体系是将一组各自独立的系统组合在一起,形成一个整体来实现更高级别(体系)的功能。与许多其他领域一样,体系工程(SoSE)也是从很多不同的领域和应用中起步的。体系工程是系统工程科学的进一步研究与深入,面对不断增长的、复杂的体系级问题,体系工程必将展现出它的巨大优势与价值。

第 5 章

建模与仿真技术的基础

　　建模与仿真(M&S)被认为是继理论和实验研究之后的第三种认识世界的手段,极大地拓展和提高了人类认识世界和改造世界的能力。它可以不受时空的限制,观察和研究已发生或尚未发生的现象,以及在各种假想条件下,研究现象发生和发展的过程,可以深入到一般科学技术及人类活动难以到达的宏观或微观世界去进行研究和探索。对于复杂系统或一些特殊领域而言,建模与仿真尤其能够发挥其独特的作用,有时甚至是唯一的手段。

　　半个多世纪以来,随着仿真研究对象的日益复杂化和相关科学技术的发展,建模与仿真技术经历了从系统局部阶段仿真到全生命周期仿真,从单平台仿真到多平台分布交互仿真,从简单系统仿真到复杂系统仿真的发展过程。仿真规模越来越大,领域日益广泛,层次不断深入,仿真系统日趋复杂。建模与仿真技术已经发展成为一门具有完整理论体系和方法论的独立学科,并迅速地发展为一项通用性、战略性技术。

　　近年来,建模与仿真技术已被广泛应用到科学研究、国防建设及社会生活中的各个领域,特别是对复杂系统,如复杂工程系统、复杂交通系统、军事作战系统、复杂医疗系统等研究中,建模与仿真技术发挥着越来越重要的作用。随着科学技术的不断进步,各领域应用系统向着大规模、多层次和智能协同方向发展,越来越多的复杂系统逐渐演变成由多个子系统组成的体系(system of systems,SoS)。作为一种典型的复杂系统,SoS 具有结构复杂、子系统及其环境之间交互关系复杂等特性,且各子系统均具有自主演化和决策能力,这些都极大程度增加了复杂系统仿真中模型的开发成本、周期、规模和复杂度。今天,建模与仿真技术正向以"网络化、虚拟化、智能化、协同化、普适化"为特征的现代化方向发展。

　　建模与仿真技术作为一门学科,包含的内容很多,仅用一个章节阐述其主要内容总免不了挂一漏万。如果只是了解建模与仿真技术的概貌,本章的内容已经足够了。以下简要介绍建模与仿真的概念、建模的基本理论、仿真模型的功能与分类、系统仿真的分类与一般过程、仿真运行的时空一致性、分布交互仿真、建模与架构语言等,期望能达到管中窥豹、略见一斑的目的,以便帮助大家更好地领悟建模与仿真在复杂系统/体系研究中的重要地位、作用。

5.1　仿真的必要性

众所周知,仿真(包含建模)也需要花费一定数量的金钱。构建一个体系仿真系统的费用,即使再精打细算,也要开销数百万欧元。以现在已经投入运行的法国阵风(Rafale)战斗机仿真中心为例,构建它就花费了 1 亿 8000 万欧元(但是这也节省了大量的资金,因为不必再去购买更多的阵风教练机,即使不加上使每架教练机能正常使用所需的油料、维护费用,购买教练机的费用也是该仿真中心的两倍多)。美国 JSIMS 的跨兵种项目则是这种情况的另一个实例,但却在投资了 10 亿美元之后下马了。必须承认,这些案例虽然是极端情况,但也不是唯一的。此类极其昂贵的仿真系统本身就是复杂系统,开发也是相当困难的,而且还有可能遭遇失败。那么,为什么还要进行建模与仿真呢? 第一,保险。不是所有的仿真项目都如此昂贵,而且也不是所有的仿真项目都会失败。第二,仿真不是必需的,但常常是最后必备的手段。具体来说,进行系统建模与仿真的目的可以总结以下几点:

(1)仿真有助于表达要求,能够让客户通过使用系统的虚拟模型,将其要求实现可视化,为同一项目中的各方人员(经常具有不同的背景)对话提供一个宝贵的工具,还可以保证对预期的系统形成深入的理解。

(2)这种虚拟模型在系统开发过程中可以不断丰富和完善,从而建立最终系统的虚拟原型(虚拟样机)。

(3)在系统的概念论证阶段,仿真可以用来验证不同的技术方案,避免后续阶段遇到技术上无法攻克的难题。

(4)在系统的试验阶段,前几个阶段开发的仿真系统可以用来减少所需的试验次数,并/或拓展系统验证的范围。

(5)当系统投入运行时,仿真可以用来训练系统的操作人员。

(6)如果对系统开发进行规划,已有的仿真就可以方便地开展对新系统性能影响的分析。

因此,仿真对系统工程而言是一个重要的工具,以至于今天很难想象如果没有仿真输入时,复杂系统的工程会怎样。在探讨系统工程中的仿真时,有两个关键的观点是必需的:

(1)仿真必须集成到整个系统采办过程中,以便发挥其全部潜力。这种工程概念即美国所谓的"基于仿真的采办(SBA)"、英国所谓的"基于集成环境的采办"。

(2)在项目中尽早使用仿真,这对于降低后续风险会更有效。

虽然仿真系统的建造很昂贵,但比实际生产样机或物理模型还是便宜很多。生产一架原型机(如阵风战斗机)会花费几亿欧元,即使生产一个物理模型也相当费钱。一旦有了原型机或是物理模型,就必须开展试验,还需要再次投入资金。如果试验是破坏性的(如在发射导弹的试验中),那么每次新的试验都要有更多的开支。鉴于这个原因,在预算持续紧缩的情况下,目前的趋势是尽量减少试验次数,用仿真替代部分试验,建立"有效的仿真试验环"。强调一点,仿真在本质上不是想取代试验,这两种技术是互补的关系。仿真可以使试验得到优化,通过较少的真实试验来更好地覆盖系统的运用范围。但是,如果没有试验,仿真也无法进行,因为仿真的模型和验证都需要参数的实际数据。如果没有这种输入,仿真结果马上就会失去所有的可信性。仿真可以用最低的费用与时间,分析大量的假设。但是这些结果仍然需要用试验来验证,即通过使用仿真减少了试验次数。

费用方面的约束并不是限制或避免使用真实系统的唯一原因。在试验或训练中存在着大量的情况,会对人员、设备或环境带来较高的风险。例如,要求学员在飞行中能够应对不同的零部件故障,难以想象如何在真实的飞行中开展此类训练。对于自然界中由于其独特性或不可预见性而无法观察到的行为和现象,仿真都能够对其开展研究。在一些情况下,一种现象和行为无法通过试验进行复现,仿真是必需的。

仿真在系统工程中是一个重要的基础工具。但是,不应该将仿真视为一个"万能的解决方案",能够回答所有问题,仿真距离这个目标还非常遥远。仿真虽然有大量的优点,但也有其自身的问题。例如:

(1) 仿真要求建立模型,但模型与参数的定义都会很难。如果要建模的系统尚不存在,那么参数的选择就会靠不住,可能需要基于已有系统进行外推,这样就会带来一定的错误风险。

(2) 通过足够的检查与验证过程,错误的风险会显著降低,但是这种过程会很费钱(即使这些过程像所有形式化的质量控制过程那样,会带来相当的好处)。

(3) 当系统很复杂时,模型一般也会很复杂。模型的构建、仿真系统架构的开发,都要求有高度专业的人员参与。没有这种专长,就会有发生一系列错误的风险,例如,选择了不稳定、不正确或低性能的模型。

(4) 仿真中模型的构建与实现会花费很多钱,也会耗费很多时间。这也是当要求快速反应时,仿真不适用的原因。当然,如果在仿真环境中,事先已有一些准确、随时可用的模型,情况便会有所不同。

(5) 复杂模型的实现可能需要重要的 IT 基础设施。世界上最强大的超级计算机主要都用于仿真。

(6) 对仿真结果的正确使用,也不经常是一件容易的事。例如,研究体系时,要对最经常遇到的随机系统进行仿真,得到的结果会随仿真实现的不同而不断变化。这样,有时就会要求对仿真系统运行几十次,才能得到可靠的结果。

实践证明,仿真是复杂系统和体系工程的基础性工具,也几乎是必需的工具。但请牢记,仿真不是万能的"魔法棒",会同时受到费用和其他约束。仿真只有运用合理、得当,才能得到高质量的结果。

5.2　建模与仿真的概念

1952 年,J. H. Mcleod(美国海军导弹测试中心、制导仿真实验室创始人)倡议建立美国第一个仿真学术社团——仿真委员会(Simulation Council),1963 年将其更名为国际计算机仿真学会(Society for Computer Simulation,International)。1955 年,来自欧洲、美国、日本等许多国家从事仿真的科技工作者、工程人员、仿真实验室主管汇集在比利时布鲁塞尔,举行了第一届国际模拟计算大会。在这次会议上,正式提出筹备成立国际模拟计算协会(International Association for Analog Computation,AICA)倡议。1956 年 AICA 正式建立,并于 1976 年更名为国际仿真数学与计算机协会(International Association for Mathematics and Computer in Simulation,IMACS)。2000 年,"国际计算机仿真学会"再次更名为"国际建模与仿真学会(Society for Modeling and Simulation,International)"。

"仿真"一词最早出现于 20 世纪 50 年代,并与计算机一词共同使用,当时被称为计算机仿真。在仿真技术发展的初期,人们大多把仿真定义为计算机或数学模型的一种实验活动。计算机仿真一度成为仿真的代名词。仿真是以建立模型为基础的,所以为了突出建模的重要性,建模和仿真常常一起出现,即 Modeling & Simulation,常缩写为 M&S。20 世纪 90 年代初,美国国防部将"计算机仿真"更新为"建模与仿真"来强调建模的重要性。从模型角度来看,仿真的概念从完全使用物理模型的物理仿真(试验),发展为完全基于数学模型的计算机仿真,又进一步演变为数字模型与物理模型相融合的建模与仿真。

经过半个多世纪的发展,建模与仿真技术的应用已经渗透到工业、农业、国防、经济、环境,甚至政治、社会、体育、文化娱乐等众多领域,在系统论证、设计、分析、生产、试验、维护、人员培训等多个应用层面都成为不可或缺的重要科学技术。以美国为例,1997 年,美国国防部对武器采办进行改革,最重要的改革就是提出"基于仿真的采办"(simulation based acquisition,SBA),即将建模和仿真应用于武器从需求分析到最终报废的全生命周期过程。洛克希德·马丁公司的 F35 是全球第一个全面引入 SBA 概念而研制的产品。2000 年,美国国防部高级研究计划局(Defense Advanced Research Projects Agency,DARPA)、商务部、能源部、国家科学基金联合会发布了一项国家级制造业发展战略研究及推广计划——集成制造技术路线图(Integrated Manufacturing Technology Roadmapping,IMTR)。该路线图提出制造业面临的 6 大挑战,即精良高效、快速响应客户需求、全面互联、保持环境可持续发展、进行知识管理和善于应用新技术。建模与仿真是应对这 6 大挑战的 4 类技术之一。2005 年,美国国会众议院成立了国会建模与仿真专门小组(Congressional Modeling and Simulation Caucus)。在该小组的推动下,美国众议院于 2007 年 6 月通过第 487 号决议,宣布"建模仿真"为国家核心技术(National

Critical Technology)。2017 年 11 月，有报道称，洛克希德·马丁公司将数字孪生列为未来国防和航天工业 6 大顶尖技术之首。洛克希德·马丁的数字孪生背后其实就是 SBA，即基于仿真的采办，这与 NASA 的基于仿真的系统工程如出一辙。2018 年 12 月修订生效的新版《高等教育法》，专门将建模与仿真作为一项重要的内容(20 U. S. Code § 1161v-Modeling and simulation)列入其中，并使用大量篇幅说明政府和社会应如何推动建模与仿真技术在大学教育中的普及。

建模与仿真(M&S)，是指对研究对象(已有系统或设想的系统)建立系统、环境、过程或现象的模型(物理模型、数学模型或其他逻辑模型)(亦称系统建模)，并将其转换为可在计算机上执行的模型(亦称仿真建模)，通过模型运行获得模型行为特性的整个过程所包括的活动。系统可以是真实系统或由模型实现的真实/概念系统。系统建模(一次建模)构建的模型称为系统模型，仿真建模(二次建模)构建的模型称为仿真模型。仿真模型所要描述的是客观世界中的客观事物的特性，主要包括自然环境、客体/系统、人以及他们之间的交互作用。自然环境包括地形地貌、海洋、大气、气象、电磁干扰、声的传播等。自然环境的建模和虚拟环境的建立是相当复杂的。对于半实物仿真，将建立为各种系统的传感器所需要的测量和探测仿真环境。对于人在回路仿真，将为操作、驾驶工作人员建立所需的视觉、听觉、触觉、力反馈、动感等仿真虚拟环境。

建模与仿真技术属于多学科综合性学科。仿真基础设施涉及计算机学科、通信学科。建模与仿真技术应用于哪个学科，还要涉及相应学科的理论基础、相关技术与工程。例如，制导与控制系统仿真涉及制导与控制学科、导弹结构、发动机、弹体动力学和运动学等学科。作战仿真系统涉及战略学、战役学、战术学、后勤学。为此，仿真系统的构建与应用要求领域专家和仿真专家必须有机结合。

仿真技术是以相似原理、模型理论、系统技术、信息技术以及建模与仿真应用领域的有关专业技术为基础，以计算机系统、与应用相关的物理效应设备及仿真器为工具，根据研究目标，建立并利用模型参与已有或设想的系统进行研究、分析、设计、加工生产、试验、运行、评估、维护和报废(全生命周期)活动的一门多学科的综合性、交叉性学科。

仿真技术是科研工程人员、系统操作管理人员进行系统分析、设计、运行、评估和培训教育的重要手段。仿真技术由于可以替代费时、费力、费钱的真实试验，已成为各种系统分析、战略研究、运筹规划和预测、决策的强有力工具，而且越来越广泛地应用于航空、航天、通信、船舶、交通运输、军事、化工、生物、医学、社会经济系统等自然科学与社会科学的各个领域。特别是在复杂系统研究中，仿真技术发挥着越来越重要的作用。

仿真技术集成了当代科学技术中多种现代化顶尖技术，正极大地扩展着人类的视野、视线和能力，在科学技术领域产生着日益重要的作用。它不但能提高效率，缩短研究开发周期，减少训练时间，不受环境及气候限制，而且对保证安全、节约开支、提高质量尤其具有突出的功效。

仿真技术作为一个独立的学科,其研究对象是已有的系统或设想(虚拟)的事物。已有系统是指客观存在着的世界万物,其中有自然系统,如宇宙、太阳、地球、月亮,地球上的江河湖海、高山、平原和各种生物,也有人造系统,如社会、战争、建筑、飞机、汽车、计算机、智能机器等,这些都是真实存在的。设想的事物是指人的思维构造出目前还没有成为现实的各种构想,如工程设计、产品设计、规划、方案等,它们都是虚拟的。所以仿真的研究对象有真实对象和虚拟对象两大类。

对于已有的系统,可以分为可观可控和不可观控两类。在一个系统中,这两种情况可能同时存在。一般一个系统中可观测部分对应于系统中所有能被辨别、理解、实验和测量的部分,可控制部分则对应于系统中所有那些可用某种方式加以修改、转换、掌握和影响的部分,余下部分则对应于不可观测和不可控制的部分。当一个系统主要部分为不可观不可控时,该系统被称为不可观控系统。对现实世界的系统的认识和仿真依赖于人们的理解力和研究事物的方法、手段的进步,随着科学的发展和仿真技术的运用,客观世界某些不可观测和不可控制的部分有可能转变成可观测和可控制的部分。因此,仿真是认识和改造客观世界的一种有力方法。

对于设想的事物,可根据人们的需求和已有的知识,给出未来建造的系统的各种结构、功能、性能,但构想并不能证明一定能实现。通过对设计的虚拟系统进行仿真试验,给出其实现过程中的状态和过程。利用这一仿真结果,及早发现错误,修改解决方案,指导目前的设计、规划,从而避免在实现中产生错误,使其具有实现的可能性。因此,仿真也是创新的一种手段。

研究的对象与研究对象的仿真系统是两个相互独立的系统。要使仿真有科学性、实用性,就要研究这两个系统的关系。其中,相似关系十分重要,它是仿真可信性的基础。除了掌握相似性外,相异性也应当清楚,以保证仿真的科学性。仿真系统和研究对象的相似理论只限于为仿真而寻找事物、系统之间的相似性,它研究的是一个小范围内的相似性。

通过仿真,可以再现环境、系统和某些行为的特征。除了这些描述的能力之外,仿真还可以控制条件和态势,测试对给定问题的解决方案。这与采用真实试验相比,可以实现其不可能达到的灵活性、安全性和费用的节省。因此,仿真不仅在装备规划、运用与作战条令制定方面,而且在训练中都可以发挥重要的作用。

建模与仿真技术及其构建的仿真系统具有以下明显的特征:

(1)动态性。仿真技术不同于一般的科学计算和事物管理,它研究事物的动态过程,包括连续系统和离散事件系统。

(2)系统性。建模与仿真从总体上看研究的是一个系统,它由多个部分或回路组成,有明确的输入输出关系。

(3)分布性。仿真系统不局限于一个地点或单台机器,复杂仿真系统由异地分布的多台计算机或设备通过网络组成。

（4）交互性。一个仿真系统中多个模型之间、模块之间、系统之间存在功能的相互作用和大量的信息交互。

（5）实时性。仿真系统都应具有时间管理的概念，对于半实物仿真系统和人在回路仿真系统必须满足实时性的要求。

（6）一致性。一个仿真系统中存在不同视图、不同帧速率、不同类型的模型和数据，但必须保持一致性。

（7）可信性。仿真的结果应是可信的，满足用户的需求。

历史表明，任何科学意义上的探索活动均要建模，无论建立的是定量模型还是定性模型，也无论是物理模型、数学模型，还是仿真模型，而仿真仅仅是伴随计算机迅猛发展后兴起的探索活动。事实表明，并非所有的探索活动都需要仿真，有的模型可经解算（有解析解）直接得到结论。即使建模需要通过仿真得到结论，但仍存在一题多解的算法、多种仿真框架和多种仿真程序语言的选择，这意味着模型相对稳定，仿真产品则更易伴随算法、编程语言等的发展而升级换代。为达到试验目的而建成的仿真系统，其实就是基于模型（集）的一套计算机软、硬件，可能还有人参与的有序组合，相同的模型可对应不同的有序组合。模型与仿真在映射上的一对多关系，从另一个侧面也反映了仿真也只能基于模型。

仿真技术的发展历程在空间特性上可用四个字"点、线、面、体"来归纳。仿真技术发展初期，主要应用于单一器件的单功能仿真，这时仿真空间的特性表现为"仿真点"；随着计算机和仿真技术的进一步发展，同一领域内多个单一功能的单器件仿真互联，实现领域同类群件仿真，这时仿真空间的特性表现为"仿真线"；再后来，随着网络技术、分布交互技术、各种仿真支撑平台（DIS、ALSP、CORBA、HLA/RTI、DCOM、JavaBean 等）的大量应用与普及，各种不同领域的异构仿真实现跨领域、跨平台组网，在共同的协议标准下完成复杂的一体化协同仿真，这时仿真空间的特性表现为"仿真面"；目前，仿真技术已发展到广域、大信息环境，如果说"仿真面"表现为"节点群"级仿真的特性，则多节点群的互联表现出的"节点集群"的仿真，其仿真空间的特性就表现为"仿真体"。

纵观系统仿真发展的历史可知，仿真技术的发展是与控制工程、系统工程及计算技术的发展密切联系的。正是控制工程和系统工程的发展促进了仿真技术的广泛应用，同时计算机的出现及计算技术的发展为仿真技术的发展提供了强有力的手段和工具。

M&S 作为一种解析问题的方法（工具），在各领域得到了广泛的应用，而且贯穿系统生命周期的所有阶段。例如在军事领域，M&S 是解决经费预算紧缩与军事斗争准备紧迫这一矛盾的有效途径。M&S 对于推动作战理论的发展，研究战法与优化兵力结构，提高决策水平和加快武器装备信息化进程，均具有重要意义。仿真可以很复杂，在使用时要求有条不紊，并且要很谨慎，避免经费失控，否则就会削弱这种方法的应用效果。同时，要避免得到不能用的结果。当模型不正确时，就会发生这种事情。仿真要求有严格的方法和恰当的使用方式。如果满足了这些条件,就会获得丰硕的回报,使系统生命周期中的所有人员都受益。

5.3　建模的基本理论

建模的共性理论又称建模的基本理论,它是各领域中仿真建模可能涉及的理论,具有广泛的指导作用。建模的基本理论一般包括:模型的多分辨率建模理论,模型的重用理论,模型的互操作理论,模型的校核、验证和确认理论。

5.3.1　模型的多分辨率建模

现代战争中交战双方不再是单一兵器、单一战斗单位之间的对抗,而逐渐表现为由各种武器装备系统组成的武器装备体系之间的对抗,体系对抗成为现代战争的基本特征。进入 21 世纪以来,世界新军事变革的浪潮不断涌现,现代战争呈现出许多新的特点:①战略、战役、战术之间的界限趋于模糊;②多军兵种联合作战;③战争的复杂度增加;④作战样式不断翻新;⑤战争的信息化程度越来越高。这些问题对作战仿真提出了新的更高要求,因此,必须发展新的作战仿真及建模理论。多分辨率建模方法可较好地从不同角度、不同层次描述战场实体和行为过程,被认为是解决现代作战仿真有关问题的有效方法。

以美国为例,一个航母战斗群的标准编成通常为 1 艘航空母舰、2 艘导弹巡洋舰、2 艘导弹驱逐舰、1 艘护卫舰、1 或 2 艘攻击型核潜艇和 1 艘补给舰。航母战斗群的战斗核心是航母上的舰载机,基本作战任务如防空、反潜、反舰、对地攻击主要由舰载机来完成。以美军重型航空母舰为例,它的一般舰载机配置是 20 架战斗机、20 架战斗/攻击机、20 架攻击机、6～10 架固定翼反潜机、6～10 架反潜直升机、4 架预警机和 4 架电子干扰机以及空中加油机,一般搭载飞机 90 架左右,具体配置根据战区状况作灵活调整。另外,航母战斗群又有单航母、双航母和三航母 3 种编组形式。由此可见,如此复杂的装备系统用单一分辨率模型难以准确描述,而使用多分辨率建模方法可较好地实现。[63]

随着需要用仿真来解决的问题越来越复杂,仿真系统的规模不断扩大。尤其是随着分布交互仿真技术的发展,特别是 DIS(distributed interactive simulation)、HLA(high level architecture)等分布交互仿真规范的提出和广泛应用,将构造仿真(constructive simulation)、虚拟仿真(virtual simulation)和实况仿真(live simulation)等不同分辨率的仿真系统互连到一个综合环境中参与仿真和演练,进行多分辨率建模的重要性变得日益突出。根据不同的仿真需求,建立系统的不同分辨率模型,并将这些模型有机结合起来进行仿真,是复杂系统建模和仿真技术发展的必然趋势。早在 1995 年,美国国防部建模与仿真办公室就在其《建模与仿真主计划》中提出"要建立实体、行为和进程的多粒度模型",并一直致力于如何将不同分辨率的模型集成到同一仿真环境中的研究。美国国家科学委员会认为多粒度建模是现代建模与仿真技术所面临的最基本的挑战之一。实质上，建立研究对象的不同大小和精细程度的模型族将面临共同的问题，如模型间的交互、模型间的转换以及模型的一致性等，解决这些问题的理论、方法和技术在近年来的建模理论中已有一定的成果。

1. 多分辨率建模的概念

从不同角度、不同层次认识、分析和处理问题是人类认识世界和改造世界的一种重要思维方式，也是处理复杂问题的一种有效手段。对于复杂系统的建模，常用的方法是运用还原论的分析方法，将事物按系统层次逐层分解，对每一层进行建模，系统层次划分越细，模型的层次越多。这种思想映射到建模与仿真中，便是多分辨率建模与仿真（multi-resolution modeling and simulation，MRM&S）。由于对系统层次划分的不同，对同一系统（事物）形成了模型的多种层次结构，我们称之为模型的多分辨率（multi-resolution）。

任何模型都是对现实世界的抽象，针对不同的仿真目的应该建立不同分辨率（resolution）的模型。高分辨率模型能够抓住事物的细节，而低分辨率的模型能更好地揭示事物宏观的、本质的属性，可以适应不同的仿真需要。从计算复杂度上考虑，在大规模的仿真中，就目前的技术条件而言，在高分辨率下仿真所有实体仍然是不现实的。多分辨率建模的思想提供了解决此类问题的一个重要思路。

对于同一事物而言，由于研究的目的不同，模型对事物描述的详细程度也不一样。模型对事物描述的详细程度取决于研究问题的范围。如果问题范围比较大，那么模型描述得要概略、要宏观；相反，则要详细、微观。模型分辨率的高低是以相应事物在人们认知世界中的位置来确定的（如作战仿真中，对师、团、营、连、排、班的描述）。简单地讲，模型的分辨率是指一个模型描述现实世界的详细程度，也就是模型对细节描述的多少。国际仿真互操作标准化组织所属仿真互操作专题研究小组（Simulation Interoperability Standards Organization Simulation Interoperability Workshop，SISO/SIW）给出了分辨率的一个广泛认可的定义：模型分辨率是指在模型和仿真中表示现实世界的详细和精确程度（RESOLUTION：The degree of detail and precision used in the representation of real world aspects in a model or simulation.）。

粒度（granularity）和详细度（level of detail）是与分辨率等价的概念。逼真度（fidelity）是和分辨率既有联系又有区别的概念。所谓逼真度，是指模型和它所表示的被建模对象之间在某个或某些方面的相似程度。从定义上看，分辨率侧重于一个模型对细节表现的程度，而逼真度侧重于一个模型和被建模对象之间接近的程度。模型的分辨率和模型的精确度相关，而模型的逼真度和模型的准确度相关。一般情况下，模型的分辨率越高，其逼真度也就越高。但这是两个不同的概念，二者之间并不存在必然的联系。

多分辨率建模（multi-resolution modeling，MRM），也经常被称为可变分辨率建模（variable-resolution modeling）、混合分辨率建模（mixed-resolution modeling）、跨分辨率建模（cross-resolution modeling）或者多粒度建模（multi-granularity modeling），是一种在不同分辨率或抽象层次上一致的、描述同一系统或过程的建模技术或方法。所建立的模型或模型族能够方便地改变其所描述的现象的分辨率或粒度。

在理解 MRM 时要注意三点：①模型的形式可以是单独一个模型，也可以为一组结构合理的模型。多分辨率模型并不意味着多模型，选择多分辨率模型的形式主要根据问题的实际条件。②从不同的分辨率层次去分析和解决问题是 MRM 的主旨所在。它要求的不是形式上的多分辨率模型，而应该是内容上的多分辨率模型，应该尽量减少高分辨率模型与低分辨率模型之间的依赖性，要力戒对高分辨率模型进行简单裁减和加工而形成低分辨率模型。③实现有机统一、无缝对接的各层次模型是 MRM 的关键，它决定了 MRM 的成功与否。在某种程度上说，MRM 要求简化模型而仍然抓住体现问题本质的东西，做到简单实用、不失真的完美统一。

开展多分辨率建模研究具有多方面的意义，主要表现为以下几方面：

（1）提高仿真的灵活性。用户可以根据不同的仿真目的选择不同分辨率的模型，满足人们从不同层次、不同侧面认识问题、发现问题的需要。

（2）提高仿真的可信度。当低分辨率模型的准确参数难以获得时，可以通过对高分辨率模型的仿真运行为低分辨率模型提供参数估计，以提高低分辨率分析模型的准确性和可信性。

（3）提高对仿真结果的分析能力。高分辨率的模型虽然能给出高精度的仿真结果，但是，高分辨率模型的复杂性给仿真结果的分析带来一定的困难，通过不同分辨率模型的联合仿真可以在保证仿真精度的同时提高对仿真结果的分析能力。

（4）有效利用有限的资金和设备。任何仿真项目都是在一定的资金、时间和设备的约束下进行的，通过使用多分辨率建模，关键部分使用高分辨率模型，非关键部分使用低分辨率模型，可以达到有效利用资源的目的。

在较大规模的仿真系统中通常具有结构和功能的多样化模型体系，体现了模型的复杂程度。在仿真的过程中可以选择不同分辨率的模型进行仿真，从而获得不同层面的信息和仿真结果。高分辨率模型可以用于研究系统的细节，因而适用于研究具体现象、仿真现实、校验低分辨率模型及使用高分辨率的数据和知识；低分辨率模型可以从宏观上把握系统的总体特性，因而适用于系统分析、政策分析、探索性分析、快速原型建模及使用低分辨率的数据和知识。低分辨率模型并非是由高分辨率模型简化得出的。高、低分辨率有各自的行为特征和参数，有各自不同的关注重点和视角，因此在建模过程中，应站在相应层次分析审视问题。

站在不同的层次、不同的角度去分析和处理问题是人类的一种重要思维方式，也是人们处理复杂问题的一种有效手段。在现实生活中，面对一个复杂的事物，人们总是选取自己感兴趣的侧面去认识、理解事物，并进行推理、判断和得出结论。人们获得的信息是以不同分辨率存在的，人们也是在不同的层次上进行决策的，解释也是在不同层次上进行的，而每一层的解释都有其自己的概念和因果联系。人们很难用一个分辨率的模型去理解另一个分辨率的信息。对一个对象建立一系列模型可以使人从不同角度、不同层次认识事物。建立同一事物的一系列不同分辨率的模型能够提高模型解决问题的能力。因此，MRM 是和人们的认知过程密切相关的，是人们研究事物所必需的，且与人类认知过程一般规律相符合。

2. 多分辨率模型的聚合与解聚

在仿真系统中往往需要将各种不同分辨率、不同粒度的仿真模型互联起来，既要保证两个仿真模型通过模型转换处于同一分辨率或粒度级别上，又要保证转换前后的模型在一定误差范围内的一致性。

聚合、解聚：由低聚合度模型转换为高聚合度模型的过程，称为聚合；而由高聚合度模型转换为低聚合度模型的过程，称为解聚。

如聚合与解聚的定义所述，相比于聚合过程，解聚是一个非常复杂的过程，因为在高聚合度模型中信息的详细程度没有低聚合度模型高，而这些信息可能是模型解聚必需的。所以在对模型进行聚合和解聚时，"聚"和"解"不是完全对称的、可逆的。

高聚合度模型、低聚合度模型：描述详细程度较高的模型为低聚合度模型，如高分辨率模型、细粒度模型；而描述详细程度较低的模型为高聚合度模型，如低分辨率模型、粗粒度模型。并非聚合度越低越好，因为在低聚合度模型中加入无效的细节并不会提高模型的可信度，即不增加仿真的效果，有时还会严重影响模型可信度，同时低聚合度模型一般都要增加计算的复杂性。当仿真需要时，建立同一事物的一系列不同聚合度的模型能够提高模型解决问题的能力。

国内外的研究者根据多分辨率建模的特点和要求，先后提出了多种实现多分辨率建模的方法，如视点选择法（selected viewing）、替代子模型法（alternative submodels）、聚合-解聚法（aggregation-disaggregation）、一体化层次多分辨率建模。这些方法各有适用场合、各有优缺点。

（1）视点选择法是在底层运行高分辨率模型的基础上，通过选择信息来提供不同分辨率的输出。由于视点选择法始终执行最详细的模型，只是在输出时提供低分辨率信息，因此模型的复杂性和所消耗的系统资源都较高，并且不便于进行探索性分析和灵敏度分析。其优点是模型的一致性能得到保证。

（2）替代子模型法是对一个给定的问题，提供两种或多种分辨率层次的模型，供用户适时选择。因为替代子模型法通过多个不同的子模型实现多分辨率，因此分辨率层次固定。系统耗费的资源与用户选择的模式有关。替代子模型法对子模型的接口要求较高，多个不同分辨率的子模型可以接收相同的输入。替代子模型法对于定义良好接口的现有模型可以实现模型连接，提高模型的重用性。

（3）聚合-解聚法是通过对低分辨率模型进行解聚，或者对高分辨率模型进行聚合，以确保过程在同一层次上进行交互。在模型运行中，一般运行低分辨率模型，当需要更多的细节时，触发解聚，执行高分辨率模型，当不再需要细节时，触发聚合，执行低分辨率模型。由于聚合-解聚法适时选择合适的分辨率模型，因此可以节省系统资源。其缺点是不同分辨率模型结果的一致性很难保证。

（4）一体化层次多分辨率建模是对决定问题关键的效能函数进行参数的层次分解，由高层到低层，逐步细化，形成一个内在统一且具有层次性的多分辨率模型，输入参数按层次变化，一些高层参数既可直接输入，也可由底层参数聚合获得。因此，它本质上是一种效能函数的多分辨率模型。其不足之处在于分辨率变化只能从高到低，只有聚合，没有解聚。但聚合一般采取函数关系进行，故一致性较好。

虽然人们采用各种技术试图解决多分辨率建模中遇到的问题，但是每种方法看起来都是针对某类特定问题而提出的，没有一种方法称得上是解决问题的一般方法。一些专家认为根据 Agent 技术的特点，基于 Agent 开发多分辨率建模方法可能是解决问题的出路之一，利用 Agent 可以使多分辨率模型根据仿真环境进行自动切换，可以通过高分辨率模型的属性利用启发式方法获得多分辨率模型的属性等。

3．多分辨率模型之间的一致性

为什么将不同分辨率的模型集成到同一个仿真环境中去会出现困难呢？原因之一就是不同分辨率的模型关于对象、事件、仿真算法、仿真时间以及仿真环境等存在不同的假设，从而造成不同分辨率模型之间所固有的不一致性，以及维护不同分辨率模型之间一致性的困难。广义的一致性具有多重含义，诸如模型和真实世界间的一致性、仿真模型和数学模型之间的一致性、同一实体的不同模型之间的一致性。这里主要讨论多分辨率模型间的一致性。

多分辨率模型之间的一致性是指同一个系统、实体、现象、过程的不同聚合度的模型在相同的仿真环境下，在输入输出、行为、状态或结构等方面彼此一致的程度。

由于在从低聚合度模型转换到高聚合度模型的过程中存在信息的损失，维护不同聚合度模型之间完全的一致性从理论上讲是不可能的。模型间的不一致性是多分辨率模型的固有属性，不同聚合度模型之间不存在完全的一致性。

模型在解聚的过程中，对模型的基本要素同时进行细化，如状态的映射、时间的分段、事件空间的分解、输入输出的细化等，要保证低聚合度模型和高聚合度模型在相同的时间段内的状态变化与事件发生的一致性。常见的模型不一致性问题表现在以下两个方面：

（1）时间不一致。当分辨率模型以不同时间步长运行时，就可能发生时间不一致的问题。

（2）状态映射不一致。当研究对象经过连续的聚合和解聚后，可能出现研究对象的状态映射的不一致。

多分辨率模型之间的一致性是多分辨率建模的核心问题之一。但是由于不同分辨率模型之间的一致性是和具体的仿真应用密切相关的，很难给出一个通用的解决方法，在这方面的研究还有很长的路要走。目前，解决多分辨率模型之间一致性的基本思路如下：

（1）根据现实世界事件发生的顺序，锁定仿真中的交互，避免实践不一致。锁定交互是指严格按照交互发生的时间顺序进行交互的计算，并且一个研究对象在开始处理当前的交互时，首先对该交互实施锁定处理，交互完成后解锁，再进行下一个交互。

（2）建立状态映射函数，实现不同聚合级模型输入输出的相互转换。为了将一个聚合度级别的模型的输入输出一致地映射到另一个聚合度级别的模型，同时也能反向映射，必须设计一个映射函数。映射函数的一个重要特性是它们必须具有可逆性，即一个映射函数 f 必须要有一个能一致地从低聚合度向高聚合度的对应函数 f^{-1}。

模型的层次决定建模的抽象程度。低层次的模型通常分辨程度较高，但模型较复杂，运行要求较多的计算机资源。高层次的模型，分辨程度低，因而模型不一定很复杂，通过模拟可直接给出系统演变的宏观描述。多分辨率建模是分布交互仿真中极其关键的技术，建模目的是根据情况需要动态改变分辨率，提高模型或模拟的灵活性和伸缩性，有效解决模拟复杂性与资源有限性等矛盾。我们也应该认识到，不恰当地使用多分辨率建模技术会增加模型的复杂性，增加模型间一致性维护的难度，增大网上控制信息的流量，在使用多分辨率建模技术时要注意权衡这些不同的因素。但是在很多情况下，多分辨率建模问题是不容回避的，尤其是在基于HLA 的分布式仿真中。

5.3.2　模型的重用

重用是一种系统快速开发的概念，其基本思想是在搭建新系统时重用已经建立好的系统构件。重用的好处是显而易见的，它可以缩短开发周期，降低开发成本等。重用是一种方法论，主要应用在系统开发阶段。

随着仿真技术研究的不断深入与仿真应用领域的日益广泛，仿真模型重用已经成为当前复杂系统建模与仿真领域的热点和难点问题。即随着时间的推进，积累的各类仿真模型越来越多，存在着已有模型在新的仿真应用中重复使用的问题；随着仿真对象与应用问题的规模和复杂性的上升，存在着简单模型在复杂仿真模型中作为子模型的重用问题；随着仿真技术标准的不断完善，存在着原有技术标准下的仿真模型在新的技术标准下的重用问题。

仿真模型重用以避免重复建模为主导思想，在尽可能少做修改的前提下达到模型在不同应用目的的仿真系统中的重复使用,从而避免低水平的重复建模。通过重用成熟模型实现仿真开发的工程化和系统化,降低仿真开发成本,提高仿真开发水平和仿真系统质量,形成规模化发展。模型的可重用性是模型本身的一种属性,不依赖于技术、平台、系统等特性。重用理论是指导构建大型、复杂模型的理论,并使大型模型能够持续使用。

仿真模型重用的核心问题,一是如何在建立模型时,能够使模型保留充足的信息和规范统一的形式,有利于模型的重用;二是如何使得在重用时刻具备足够的支持可重用性判定的相关信息,并在此基础上进行可重用性判定。

大型或复杂系统的概念模型、数学模型、计算机模型往往由若干子模型组成。模型重用并不要求重用每个层次上的所有模型,而是追求尽量多重用每个层次上的子模型,因此这些模型的分解方法和相互关系就成为能否重用的关键。

抽象、标准化和规范化是实现仿真模型重用的科学基础,从中衍生出多种仿真模型重用的研究角度和实现方法,总体上可归纳如下:①多阶段建模实现不同阶段仿真模型的重用;②基于模型框架实现仿真模型的重用;③基于模型与模型表示的规范化与标准化实现仿真模型的重用;④综合使用上述方法的综合集成方法。

仿真模型重用的情况一般包括 3 种:

(1) 系统更新,即在以前仿真系统的基础上增加新功能,形成新的仿真系统。须重复使用仿真模型。

(2) 系统移植,即将已有仿真系统需移植到新的软件平台上运行。需重复使用仿真模型。

(3) 新建系统,即将仿真模型应用于具有不同功能和用途的新建仿真系统中。

在前两种情况下,模型的功能和应用背景基本相同,模型重用只需考虑重用的具体实现;第三种情况下,即新建系统时,模型应用于新的仿真系统,需首先确认模型的功能和应用背景是否满足新系统的要求,然后再考虑重用的具体实现。

借鉴美国国防部提出的任务空间概念模型(conceptual model of mission space,CMMS),将建模过程分为 4 个阶段:概念模型开发阶段、逻辑模型开发阶段、数学模型开发阶段、软件模型开发阶段。在不同的开发阶段,对同一问题空间进行不同程度的抽象,实现各阶段模型的重用。

(1) 概念模型的重用。概念模型是对真实世界的首次抽象,实现对真实世界的准确和规范的描述,从而为领域专家、技术人员和 VV&A 人员提供关于真实世界的一致的理解。一个仿真领域的概念模型需围绕实际仿真要求不断充实和完善,应保存那些领域通用的可重复使用的知识信息,供领域中其他仿真应用重复使用;对功能上存在等价关系、支持同一仿真问题的多个概念模型,可进行统一的规范化的描述,从重用的角度减少模型开发的代价,实现领域知识的共享和重用。概念模型的建立不是一蹴而就的,需围绕实际仿真要求不断充实和完善。

（2）逻辑模型的重用。逻辑模型以仿真实现为目的，对概念模型中的领域知识进行归类和进一步抽象。概念模型面向问题域，采用自然语言进行面向过程的描述；逻辑模型面向实现域，采用形式化方法进行面向对象的描述。如采用 UML 建模语言描述逻辑模型，可用类图和对象图描述仿真实体，用活动图和顺序图描述仿真实体的活动，用协作图描述仿真实体之间的交互。用 UML 建模语言描述的逻辑模型与特定的仿真软件平台无关，可以重用于现有的和将来可能推出的不同的仿真软件平台，从而使逻辑模型得到最大程度上的重用。

（3）数学模型的重用。数学模型描述概念模型中的算法和逻辑关系，如描述实体运动的运动模型，描述探测设备工作的探测模型（声呐模型等），描述实体之间的碰撞模型和毁伤模型等。这些模型一般都可形成标准的算法。如果明确了模型的功能和使用的约束条件，设计了相对通用和标准的模型接口，那么在其他仿真系统中，若满足模型的约束条件和接口要求时，就可以实现数学模型的重用。

（4）软件模型的重用。软件模型包括计算机模型，计算机模型是数学模型的计算机语言表示，除了计算机模型的使用条件和接口之外，还包含计算机模型使用的软件环境。在数学模型可以重用的基础上，若软件环境能够满足计算机模型的运行，一般是可以实现计算机模型的重用的。

概念模型和数学模型不能直接应用于仿真系统，因此对二者重用的关键在于模型的表现形式是否便于理解、交流、完善。计算机模型则是直接应用于仿真系统，只有在认可概念模型、数学模型可重用的基础上，并且符合新仿真系统的开发平台时，才能重用。例如，高层体系结构（HLA）是在美国国防部倡导下提出的用于建模与仿真领域的新型体系结构，其目的是适应先进分布仿真技术的发展趋势，提高仿真系统在可重用、互操作、可扩展以及可移植等方面的性能。基于 HLA 的仿真系统采用面向对象和层次性结构实现，构件是构成联邦执行的联邦成员，即仿真软件体系的基本单元，也是重用的基本单元；同时，在仿真系统的不同层次上进行功能和模块划分，使得构件在不同的仿真层次上具有重用性，即模型级重用、应用级重用和联邦级重用。

规范标准的模型表示是实现模型重用、移植和组合的重要手段。模型表示包括模型的描述内容和模型的表现形式。为了保证模型重用时能够得到足够的模型信息，在描述模型时，无论概念模型、数学模型还是计算机模型都应至少包含以下信息：

（1）明确建模对象，对于容易引起混淆的，还要强调建模对象不包括哪些内容；

（2）明确模型的应用目标，例如因果关系还是预测；

（3）说明模型的建模原理，包括定性或定量，是否线性等；

（4）明确模型使用的相关要求和条件；

（5）模型运行的性能指标，例如模型的粒度和分辨率、模型精度、所需的计算时间、对计算机内存的特殊要求等；

（6）建模日期，以及其他备注。

模型的规范化表现不仅易于理解，而且便于交流和使用。目前常用的表现形式如下：

（1）概念模型的表现形式。概念模型可以用自然语言或形式化语言表示，形式化语言更严谨和便于交流，一般可以采用统一建模语言（unified modeling language，UML）。UML 是对象管理组织（object management group，OMG）积极推荐的一种可视化的、标准的建模语言，提供面向对象分析与设计的一种标准表示。采用 UML 建模语言描述概念模型，可用类图和对象图描述仿真实体，用活动图和顺序图描述仿真实体的活动，用协作图描述仿真实体之间的交互。用 UML 建模语言描述的模型与特定的仿真软件平台无关，可以重用于现有的和将来可能推出的不同仿真软件平台，从而使概念模型得到最大程度上的重用。

（2）数学模型的表现形式。数学模型的表现形式一般都是形式化的，如各种框图、流程图（IDEF 系列、程序流程图等）和数学公式等。

（3）计算机模型的表现形式。计算机模型一般使用各种高级编程语言来表现，采用何种语言一般与仿真系统的开发平台有关。

与软件重用相比，模型重用有以下几个特点：

（1）模型重用与多变的应用情景相关并受其约束，且模型涉及不同领域，种类繁多，模型重用更为复杂；

（2）模型重用不仅仅是代码、组件或功能模块的重复调用或使用，它更需要有应对复杂需求与系统演化的自适应性、动态性，以及跨领域的可扩展性等特性；

（3）模型重用需要保证模型及仿真运行结果的可信，且与真实对象的一致，即 VV&A 与可信性评估过程更为复杂。

2016 年 1 月，在由美国国家科学基金会（NSF）、美国国家航空航天局（NASA）、美国空军科学研究局（AFOSR）、美国国家建模仿真联盟（NMSC/NTSA）等召集全美及欧洲 70 多位顶级仿真专家召开的"工程复杂系统建模仿真中的挑战"研讨会上，重用问题仍然被列为仿真领域最具挑战性的 4 个研究领域之一。

5.3.3　模型的互操作

所谓模型的互操作，是指通过建立相对简单的仿真模型集，并通过一定的交互性协议，来构建相对复杂的仿真系统实现对复杂的过程或现象进行研究。这是一种比较经济有效的开发仿真系统的方法，这种思想已经被众多分布交互仿真系统的成功应用所证明。仿真模型互操作性已经成为仿真设计和实现时必须考虑的因素。美国国防部已经要求其管辖范围内的仿真项目都要符合高层体系结构（HLA）的要求。仿真模型互操作成为新的仿真系统设计开发中关键性的问题，互操作建模(interoperability modeling)实际成为建模过程中的一部分,要反映真实世界实体交互过程和实体之间的相互影响。

一般意义上的互操作定义为:"一组相互通信实体共享指定信息,并根据公共的操作语义对该信息进行操作以便给定上下文中达到指定目的能力。"在建模仿真领域,国防部建模与仿真办公室(Defense Modeling and Simulation,DMSO)将模型互操作性定义为:"模型向其他模型提供服务、从其他模型接受服务以及使用这些服务实现相互有效协同工作的能力。"模型的互操作性是模型的基本属性,它在建模过程中形成,必须遵守一定的规律才能保证模型有良好的互操作特性。

模型互操作是一个十分棘手的问题。由于模型存在异质异构,有些仿真系统的模型从功能、组成、使用方式到支撑环境等各方面都存在差异,模型所使用的数据、信息被存放在多个系统中,而且这些数据的描述和存储格式都不同。所以模型之间在底层实现互操作存在技术障碍。基于模型间可以松散耦合、协同工作的目标,模型互操作可分为以下几个层次:

(1) 技术层互操作,即模型间建立了物理连接,可以是互联网络、遵从某种协议的局域网或者共享内存网;

(2) 语法层互操作,即建立了模型间数据交换(数据接口)的格式;

(3) 语义层互操作,即模型接口数据连同其用途和可用性一起进行交互;

(4) 概念层互操作,即建模人员遵循公共的概念视图,这是互操作的最高层次。

模型之间要实现互操作要从两个方面来解决:一是模型互操作中的语义理解问题;二是互操作途径,即信息(数据)传递问题。必须对所交互的信息具有相同的背景知识,即具有相同的语义理解。在模型之间语义理解的基础上,模型之间要实现互操作,还应具备信息传输的有效途径,即数据的传输途径。

随着消费互联网和工业互联网的发展,可以将全世界的各个模型联系起来,构成它们之间相互合作的通信基础。要实现模型之间能够交换使用模型资源,需要构建通用合理的模型交互中间层,即互操作信息框架,涉及模型交互、模型查找、模型定位和模型扩展4个核心方面。

5.3.4　模型的校核、验证和确认

众所周知,可信性保证是系统建模与仿真的生命线。一个缺乏正确性和准确性的系统建模与仿真是没有任何意义的。几十年来,对仿真模型校验问题的研究一直是系统仿真研究的重点。美国计算机仿真协会(Society of Computer Simulation,SCS)在20世纪70年代中期成立了模型可信性技术委员会(Technical Committee on Model Credibility,TCMC),其任务是建立与模型校验有关的概念和术语。20世纪80年代以来,美国SCS和冬季仿真会议(Winter Simulation Conference,WSC)每年都有关于模型校验的专题讨论。20世纪90年代以来,以计

算机技术、通信技术和智能技术等为代表的信息技术迅猛发展,及其在仿真系统研究中日益广泛的应用,使仿真系统的功能和性能均获得了巨大提高,但同时也增加了仿真系统校验的难度,因此迫切需要建立全面有效的校核、验证和确认(verification,validation,accreditation,VV&A)过程和方法。对仿真系统 VV&A 研究的重点,从以仿真模型的校验方法研究为主,转向如何更加全面系统地对仿真系统进行 VV&A。

美国国防部(DoD)5000 系列指令提出了关于国防部武器装备采购的新规范和要求。其中,5000.59 指令《关于国防部 M&S 的管理》、5000.61 指令《国防部建模与仿真 VV&A》都明确规定了 DoD 在 M&S 应用方面的一系列政策,要求 DoD 所属的各军兵种制定自己的 M&S 主计划和仿真系统 VV&A 规范,并在仿真系统开发过程中大力推行有关的 VV&A 活动,以提高仿真系统的可信度水平。值得一提的是,DoD 对 M&S 的 VV&A 研究的高度重视还体现在组织管理上。

没有可信性的 M&S,只会徒增成本和决策的风险,无助于问题的研究和解决。M&S 的可信性评估要通过正确的 VV&A 活动来获得。VV&A 工作的逐步开展和完善,促进了跨部门和跨领域的资源和成果共享。因此,VV&A 成为降低风险、节约成本、提高产品可重用性和可信性的重要手段。

1. 模型的校核、验证和确认的概念

VV&A 是指系统建模与仿真的校核、验证与确认。VV&A 活动就是全面监控系统建模与仿真的全过程,保证系统(特别是复杂系统)建模与仿真的有效性(validity)、可信性(credibility)和可接受性(acceptability)。由于 VV&A 活动将贯穿于复杂仿真系统全生命周期过程中的各个阶段,所以它既重要而又非常复杂。

模型的校核是检验和认可仿真模型(包括概念模型、数学模型、计算机模型)是否准确表达了仿真需求和开发者的描述和设计。校核关心的是设计人员是否将问题转化为模型,是否按照仿真系统应用目标和功能需求正确地设计出仿真系统的模型,直至仿真软件开发人员是否按照仿真需求正确地实现了模型。

模型的验证是根据仿真需求,考察模型是否准确地代表了实际系统。验证是从仿真应用目的出发,关心的是仿真模型在具体的应用中,多大程度上反映了真实世界的情况。

模型的确认是指由权威机构或决策部门对建模过程进行综合性评估,从而认定所建模型对于仿真的研究目的来说是否可以接受。确认同研究目的、仿真目标、认可标准、用户要求、输入/输出数据质量的因素有关。

简单地说,校核是建模者检查仿真模型是否和自己想象的一样。验证是专家检查仿真模型是否与真实世界相似。确认是权威机构或用户检查仿真模型是否满足需求。校核回答"是否正确的对象被建模或编码",验证回答"建模或编码的对象是否正确",确认回答"仿真是否满足应用需求"。对于军用仿真——特别是在美国——增加了确认的步骤。在其他国家,确认的正式过程往往被替换成评估解决方案可接受性的非正式过程。在任何情况下，VV&A 是用来判断仿真是否正确、是否可用于解决问题的程序。

2．模型的校核、验证、确认的基本原则

在 VV&A 实践的基础上，人们总结了关于 VV&A 的基本原则，指导进行模型 VV&A 工作。

原则 1：仿真模型只能是原型系统的一种近似；

原则 2：模型的 VV&A 应贯穿于建模的全过程；

原则 3：完全的 V&V 是不可能的；

原则 4：应该尽可能早地发现错误；

原则 5：对仿真系统的需求，即建模的目标有准确和清楚的表达；

原则 6：模型可信度的高低与仿真系统的预期应用紧密相关；

原则 7：模型的验证并不能保证建模对于仿真预期目标的可接受性；

原则 8：子模型或联邦成员的 V&V 不意味着整个仿真或联邦的可信性；

原则 9：模型的确认不是一种非此即彼的选择；

原则 10：模型的 VV&A 既是一门艺术，又是一门科学，需要创造性和洞察力；

原则 11：分析专家在 VV&A 工作中的作用非常重要；

原则 12：VV&A 必须进行计划和存档；

原则 13：模型的 VV&A 的进行需要一定程度的独立性；

原则 14：成功的 VV&A 要求所使用的数据必须是经过 VV&C（Verification，Validation and Certification，校核、验证和鉴定）的数据；

原则 15：VV&A 应该满足资源限制的条件。

3．模型的校核、验证、确认的一般过程

模型 VV&A 的一般过程如下：

（1）确定 VV&A 的需求。内容包括 VV&A 工作所要进行的程度和范围、各阶段所要选用的 V&V 技术、确定 V&V 代理、准备 VV&A 工作所需的硬件和软件、确定所需要的期限和费用等。

（2）制定 VV&A 计划。内容包括 VV&A 工作步骤和时间安排、主要的 V&V 对象以及所使用的技术方法、V&V 代理的具体分工、数据的 VV&C 计划等。

（3）概念模型的 V&V。对概念模型的 V&V 应当进行记录。在记录文档中应说明建模中的假定、算法、所期望的数据的有效性、概念模型结构等是否满足预期应用需求及其原因。

（4）数学模型的 V&V。对数学模型进行 V&V 的目的是确保数学模型与概念模型相一致，能够满足建模要求。

（5）计算机模型的 V&V。核心内容是在同等条件下，比较计算机模型的响应

与原型系统的响应之间有何差异,分析这种差异对预期需求的影响有多大。

(6)可接受性评估。所谓可接受性评估,就是根据可接受性判据,评估模型的性能和局限对于预期应用是否可接受。在可接受性评估完成后,应提交可接受评估报告,对评估情况进行总结,并对建模是否进行确认提出建议。

(7)确认。在可接受性评估结束后,有确认部门和模型用户对所提交的可接受性评估报告进行复审,并综合考虑 V&V 结果、模型的开发和使用记录、模型运行环境要求、文档情况以及模型中已知存在的局限和不足之处,最终做出模型是否可用的结论,向用户提交确认报告。

4. 模型中使用数据的校核、验证和鉴定

仿真模型是在数据的支持下实现的。这里所说的数据,即模型使用的数据,这类数据与模型是紧耦合的。数据的 VV&C 是保证数据的准确性、完整性和数据转换的精度满足仿真需求的有效措施。

美国国防部"建模与仿真主计划"对数据 VV&C 给出的定义为:

数据校核(data verification)——数据提供者校核是指确保数据满足数据标准和业内规则的技术和程序。数据用户校核是指确保数据满足用户要求的数据标准和业内规则,并且被正确转换和格式化的技术和程序。

数据验证(data validation)——数据验证是领域专家对数据是否与仿真对象相符的书面评估。数据用户验证是对数据是否适用于模型的书面评估。数据提供者验证是对数据是否符合规定的判据和假定条件的书面评估。

数据鉴定(data certification)——数据鉴定是对数据已被校核和验证的认定。数据用户鉴定是用户或用户代理人做出的、对数据已被校核和验证且能够适应于特定模型与仿真的认定。数据提供者鉴定是数据提供者做出的、对数据已被校核和验证且符合规定的标准和盘踞的认定。

在模型 VV&A 全过程中对模型中所使用的数据进行 VV&C,有助于全面提高模型可信性。由于仿真系统的开发人员对建模对象缺乏全面和深入的了解,或者由于涉密的原因,将导致数据获取不正确或不完备。即使模型经过 VV&A 后确认是可信的,如果模型使用的数据不正确或不完整,也将使模型的运行结果不具备可信性。

从 VV&A 的概念看,校核主要处理的是模型形态转换的准确性问题;验证处理的是模型是否准确地表征系统行为的问题;确认则是官方或权威机构对模型(集)或仿真的特定应用的可接受程度的认定。VV&A 是一个不间断的,对建模与仿真阶段产品进行测试、评估的动态过程。这样的测试过程是通过设计相应的想定、数据和实例来逐步达到相应评估目的。同样的测试可能用于建模与仿真不同阶段的产品或同一阶段的经过修改的产品。为实现重用的目的,相应的想定、数据和实例需要保存好,这显然是一个费时的工作。

5.4　仿真模型的功能和分类

　　文献[24]将仿真模型定义为：运用相关的物理、数学等理论知识，对现实对象或系统的某一层次或全体属性特征的抽象描述。

　　仿真模型是指研究仿真对象而制成的各种模型，如被仿真对象的物理模型或适于计算处理的数学模型。物理模型用于物理仿真，数学模型用于数学仿真（计算机仿真），二者的结合用于半实物仿真。在数学仿真（计算机仿真）中，系统的数学模型必须改写成仿真模型后，才能编写相应的计算机程序上机运行。数学模型是系统的一次近似模型，仿真模型则是二次近似模型。（来源：百度百科）

　　仿真模型是建模者对建模对象为满足仿真应用需求而建立的、以计算机语言给出的描述，可在计算机上执行。从某种意义上来说，计算机模型是一类特殊的软件：首先，它要能忠实地映射形式化描述的模型；其次，作为一种软件产品要符合仿真应用的需求，有用、能用、好用和重用。

5.4.1　仿真模型的功能

　　仿真模型虽然可以以多种形式存在，例如实物、语言、数学符号、图形、计算机程序等，但有着共同的本质，即是对研究对象的描述和表示，是一种结构化的信息，它是客观存在的，具备自身的特性，可以被评价和验证，在一定范围内可以替代研究对象应用于具体问题的研究中。仿真模型具有如下功能：

　　（1）表征功能。仿真模型的表征功能体现为它总是典型地表征建模对象的一些方面。仿真模型表征不是对对象的镜像映射，与对象之间不是一一对应的关系，仿真模型对对象的表征通常是部分的、抽象的。虽然每一种仿真模型的表征可能是不完全的，但如果没有这种表征，人对某些复杂事物的认识可能无从下手，对此人们必须借助仿真模型的表征功能达到对系统的近似认识。

　　（2）解释功能。仿真模型的解释功能是人们在用仿真模型表征事物的过程中，蕴含着建模者对事物的认知和理解，从某种意义上也是一种知识存在的形式。仿真模型作为一种认知结果，可以用来传递信息，说明事物的概念、过程，可以利用它进行推理，也可以借助它通过特定的理论框架进行思考和理解，可以被其他人所认可、接受和应用。

　　（3）滤补功能。仿真模型的目的是为了使研究对象得以简化和抽象。为了便于研究，建模者对建模对象研究不相关的内容进行简化；有时由于对于某些局部认知并不充分，需要建模者根据想象或推理，为其添加一部分内容。

5.4.2　仿真模型的分类

　　仿真模型的分类方式有多种，按模型存在形式可分为实物模型、符号模型、图形模型和计算机模型等；按模型的功用可分为描述模型、仿真模型和评估模型等；按模型量化程度可分为定量模型和定性模型等；按模型数值特征可分为连续系统模型、离散系统模型、混合异构模型、确定性和不确定性模型等。最经常使用的模型分类方式是概念模型、数学模型、计算机模型和评估模型。

（1）概念模型

针对一种已有或设想的系统，对其组成、原理、要求、实现目标等，用文字、图表、技术规范、工作流程等文档来描述，反映系统中各种事物、实体、过程的相互关系，运行过程和最终结果，以此对这种系统进行形式化的概念描述，这种描述称为概念模型。概念模型的形式化描述建立在对概念模型所需要的信息进行规范表示的基础之上，通过选用一定的形式化描述语言将文档型的内容转换为规范的图形化语言的表达方式，更利于理解、交流和下一步的仿真软件分析设计。

（2）数学模型

采用数学符号、数学关系式、图对系统或实体内在的运动规律及与外部的作用关系进行抽象和对某些本质特征进行描述的模型，称为数学模型。系统数学模型的建立需要按照模型论对输入、输出状态变量及其函数关系进行抽象，这种抽象过程称为理论构造。数学模型可以分为解析模型、逻辑模型、网络模型、图像与表格、信息网络与数字化模型。

（3）计算机模型

将数学模型通过某种数字仿真算法转换成能在计算机上运行的数字模型即为计算机模型。它是一类面向仿真应用的专用软件。因此，计算机模型与计算机操作系统、采用的编程语言、采用的算法（与计算精度、稳定性、实时性要求有关）有密切关系。计算机模型首先要能忠实地映射形式化描述的模型，其次作为一种软件产品要符合仿真应用的需求：有用、能用、好用和重用。

（4）评估模型

用于评估仿真过程和结果的模型称为评估模型。它是对仿真产生的大量数据进行知识提取的模型。例如，训练仿真系统的考评模型包含考评原则、方法，以及从仿真结果中检查、筛选、提取有关知识，给出训练的评价。

5.5 仿真建模的基本步骤

仿真建模是仿真中一类特殊的建模活动，它是主体通过对建模对象进行抽象、映射和描述来构建模型的行为，这种行为的目的在于赋予模型特定的功能，使模型成为便于人们认识的、具有一定功能的事物。仿真建模包含两个主要因素：主体因素、客体因素。主体因素是构造和运用模型的人，客体因素是建模对象及其所处环境。

在仿真应用中发挥作用的主要是计算机模型。为了建立计算机模型，仿真建模要先提取建模对象的有关特征信息,以某种概念的形式表示;然后根据仿真实验的需求,设计计算机模型;最后才是开发仿真可用的计算机模型。因此仿真模型的定义是以相似理论为基础,根据用户对对象进行研究的需求,建立能揭示对象特性的概念模型、数学模型,并将其转化成能运行的计算机模型的活动。概念模型是对真实系统的第一次抽象,它是对真实系统中所关注成分或规律的描述,旨在建立科学的、合理的知识表述。数学模型在概念模型的基础上用高度抽象的数学语言描述了真实系统的状态和相互作用关系,而计算机模型则是以计算机语言表述的算法和程序,以实现和模仿仿真系统的规律。

一般来讲,仿真建模需要分两步完成。第一步由专业领域人员进行第一次建模,给出系统的概念模型和(或)数学模型,然后仿真人员在此基础上进行第二次建模,建立系统的仿真模型,而后经过进一步的编程才能完成仿真软件。即便有对两者都很了解的人,其所编程的模型在今后的修改升级和移交他人时也会面临大量的困难,所以必须提供一套仿真模型的高层描述方法,该方法必须建立在一定的理论基础之上,这样在该描述方法上建立的模型才不会增加建模过程中的误差量。提供一套完备的概念模型体系就是在高层上描述仿真模型的一种科学有效的方法,所以在建模过程中用概念模型描述仿真模型是首要的、至关重要的一步。

仿真建模包括为对建模对象认知而建立概念建模、为进行仿真而设计数学模型(逻辑模型、图元模型)、为仿真应用而开发计算机模型和物理模型、为检验模型是否有效和可信而校验 VV&A(验证、校验和确认)4 个部分。

1. 建立概念模型

大型仿真系统的构造要求我们能够尽可能多地重现真实系统的功能和特征,再现真实系统的状态,并动态地更新这些状态。因此,提出了建立概念模型的需求。在大型仿真应用构建的初期,要统一各方面专家的认识,并希望建立仿真的重用。概念模型包含了各仿真应用学科的专业知识和需求,它以自然语言或结构化的语言表达,有的已具有计算机可读性。

建模者的认知是在一定领域理论的指导下进行的,领域理论不仅为建模认知提供了方法,提供了相关假设、先验知识,而且提供了明确概念语义的环境,因此概念模型在一定的理论框架中存在。建模者总是从一定的学科领域的视角,带着问题和目标对现实世界中的研究对象进行认知,这种学科领域的研究目标构成了建模的研究领域,框定了研究对象信息的关注范围。建模者在认知的过程中会依据一定的先验知识和假设对研究对象进行观察,再把观察到的信息和先验知识进行综合,形成研究对象在头脑中以意识存在的虚拟对象。虚拟对象与研究对象在信息上有相似性,但不完全是一一对应式的类比映射,建模者会根据研究目标对虚拟对象进行滤补、加工。虚拟对象是思维的产物,而思维的基础是概念,因此虚拟对象以概念的形式存在着。为了表达和交流,需要把虚拟对象以一定的方式描述出来,这样就形成了概念模型,即以自然语言表述的研究对象的知识模型。有时,概念模型在现实世界中并没有对应的参照对象,它是由建模者根据经验想象或设计形成的。

明确真实世界系统,以及要达成的目标是建模与仿真的第一步;对真实世界系统进行抽象,并形成概念模型是建模与仿真的第二步。模型是实际的或拟建的真实世界系统的抽象,而真实世界系统是通过使用概念模型的算术逻辑来实施的。假设和抽象集中用于特定用途的模型开发,合理的抽象不应对预期的分析结果产生负面影响。定义抽象、实施建模的基本原理和算法由概念模型提供。

建立概念模型时应注意:①涵盖真实世界系统相关部分;②建模与仿真的准确性和逼真度恰当地代表了真实世界系统;③识别与真实世界系统存在差异的抽象、假设或功能,并进行评估。

在概念模型的建立过程中,应当明确所涉及的抽象过程(包括建模与仿真或情境需要忽略的事项),并明确抽象过程是如何将真实世界系统问题转化为可量化求解的问题的。明确由于抽象形成的建模与仿真或分析存在的限制和约束,包括仿真情境的完整性,解决方案中的限制性因素和制约条件,以及抽象时忽略掉的已知现实世界系统中的重要特点或问题特性。此外,应记录建模与仿真的细节层次,即保真度(抽象程度的互补数,通常抽象程度越高,保真度越低)。

在绝大多数的仿真研究中,概念建模被认为是其中最重要的阶段之一,但它也是文档记录最少的阶段之一。系统工程教会了我们在设计系统之前掌握需求的重要意义。概念建模就是我们获取仿真系统需求的过程。概念建模可以被视作抽象的艺术,它从真实世界的系统中抽象出一个可以执行的模型,来满足使用的目标。概念模型存在于被研究的系统和可执行的模型之间。

2.描述数学模型

以概念描述的模型便于人们理解,但并不适合计算机计算和运行。因为计算机在本质上是一个因果逻辑系统,因此需要在概念模型的基础上采用更注重逻辑和数量关系的形式将概念模型中的数量关系、逻辑关系描述出来,以便于计算机程序开发。其中,用图元描述形成图元模型,用数学符号描述形成数学模型。图元是具有特定语义的图形符号,利用图元以组合的方式形成图表示概念模型所描述的事物之间的关系,这种关系可以是结构关系、隶属关系、时序关系、因果关系、逻辑关系等。例如,利用 Petri 网、神经网络、UML 等描述的模型就是比较典型的图元模型。在假定的基础上,以一定的符号表示概念模型所描述的事物特征要素,利用数学语言把事物特征在时间、空间、逻辑上的变化表示为具有特定含义的数学变量。为了进行仿真,数学模型中还必须给出依据离散求解特征变量的数学描述。

为了便于理解和交流,数学模型要以一定的规范化形式描述出来。现已形成的描述方法主要有以下几种。

(1)基于形式化语言的描述,主要有基于本体论 Ontology 的形式化描述方法和统一建模语言(UML)的描述方法。

（2）基于图元的形式化描述，有基于 Petri 网的描述方法、基于 Euleir 网的描述方法、基于神经网络的描述方法等。

（3）基于数学语言的形式化描述，可分为以下 4 种：①离散事件形式化描述，主要以离散事件表描述；②离散变量形式化描述，主要以差分方程描述；③连续变量形式化描述，主要以微分方程描述；④状态空间形式化描述，以集合的方式描述状态空间的转换关系。

（4）基于逻辑规则的形式化描述，即描述推理过程中知识的表示形式，主要有基于规则的表示、基于框架的表示、基于语义网络的表示、基于案例的表示、基于模糊集的表示等方法。

3. 开发计算机模型

在概念模型、数学模型和图元模型的基础上可以对研究对象进行分析、推理或计算，但对于一些复杂的研究对象，这种分析、推理或计算是人脑所不能胜任的，需要利用外在的辅助工具。例如，计算机是常用的计算辅助工具，建模者利用计算机语言把概念模型、数学模型、图元模型以计算机能理解的方式描述出来，形成计算机模型。为了让这些程序模型运行，还需要一定的辅助环境，例如计算机描述的时空环境，这样计算机模型和辅助环境就构成了模拟系统。计算机模型是在概念模型、数学模型、图元模型基础上对人脑认知思维在计算机中的结构化，能够被计算机执行。仿真系统中不仅包含计算机模型构成的系统，还包括提供试验、观察、解释、存储、重现仿真现象的子系统。如果需要，还应建造物理模型，如用于半实物仿真的物理等效器。

计算机模型的建模可以借鉴软件开发的有关经验和理论。软件工程基本原理强调软件生命周期的阶段性，其基本思想是各阶段的任务相对独立，具有明确的完成标志，阶段的划分使得人员分工职责清楚，项目进度控制和软件质量得到确认。如果这些软件只是反映了模型中的局部，那么软件中还应包括计算机模型集成方法、基于中间件的集成方法、基于标准软件接口的集成方法。

4. 校验模型

为了检验模型是否正确、充分地描述了研究对象，建模者需要根据一定的原则和方法对模型进行校验。

V&V 的过程由问题实体开始，它可以是一个真实的或假设的系统。在这一步，应分析用户的需求并理解问题实体的哪些特性对解决客户所关注的问题至关重要。仿真工程师对概念模型所需的实体、行为、关系以及其他元素进行概念化。这一概念模型需要进行文档记录和验证。通过比较概念模型与问题实体完成这一步：是否描述了所有主要特征，是否考虑了所有的关系等。这个过程就是概念模型验证。接下来，概念模型将转化为计算机模型。最终建立的仿真系统应该与概念模型一致，也就是说所有实现的实体、行为、关系需要严格按照概念模型进行描述。这个确保概念模型正确转化到仿真系统——或者计算机模型——之中的过程称为计算机模型校核。最后,一旦模型得到实现,用户就可以执行模型并观察其实现的行为和关系是否确实反映了预期或者问题实体的行为和关系,当问题实体为真实系统时,后者尤为重要。这个过程就是行动验证。

　　构建仿真模型的 4 个部分虽然相互有区分,各有其关注的重点内容,但它们并不是严格按照固定步骤先后进行的。构建仿真模型的 4 个部分是一个相互影响和相互制约的循环过程,直至达到建模目标。

5.6　系统仿真的分类与一般过程

　　仿真系统是由计算机模型、物理模型、真实系统按某类系统总需求构成的用于系统测试、试验和人员训练的工作平台。仿真系统是仿真技术的载体,是仿真应用的平台。

　　系统仿真(system simulation)又称系统模拟,是用实际的系统结合模拟的环境条件,或者用系统模型结合实际的或模拟的环境条件,利用计算机系统的运行进行实验研究和分析的方法。其目的是力求在实际系统建成之前,取得近于实际的结果。通过系统仿真,可以估计系统的行为和性能;可以了解系统的各个组成部分之间的相互影响,以及各个组成部分对于系统整体性能的影响;可以比较各种设计方案,以便获得最佳设计;可以对一些新建系统的理论假设进行检验;可以训练系统的操作人员。

　　文献[24]、百度百科对系统仿真进行了定义:根据系统分析的目的,在分析系统各要素性质及其相互关系的基础上,建立能描述系统结构或行为过程,且具有一定逻辑关系或数量关系的仿真模型,据此进行试验或定量分析,以获得正确决策所需的各种信息。

　　在研究、分析一个系统时,对随时间变化的系统特性通常运用模型进行研究。当一个复杂系统无法用数学关系或数学模型求解时,可以通过仿真得到系统性能随时间而变化的情况,从仿真过程中收集数据,得到系统的性能测度。

5.6.1　系统仿真的分类

　　系统仿真有多种不同的分类方法。例如,根据模型的种类,可以分为物理仿真、数学仿真和半实物仿真。根据仿真对象的性质,可以分为连续系统仿真和离散事件系统仿真。下面介绍几种常用的分类方法。

1. 按模型的种类分类

　　根据模型的种类,可以将系统仿真分为 3 类:物理仿真、数学仿真和半实物仿真。

　　物理仿真,即按照真实系统的物理性质构造系统的物理模型,并在物理模型上进行试验的过程。物理仿真的优点是直观、形象。在计算机问世之前,基本上是物理仿真,也称为"模拟"。物理仿真的缺点是模型改变困难,试验限制多,投资较大。

数学仿真,即对实际系统进行抽象,并将其特性用数学关系加以描述而得到系统的数学模型,对数学模型进行试验的过程。计算机技术的发展为数学仿真创造了环境,使得数学仿真变得方便、灵活、经济,因而数学仿真亦称计算机仿真。数学仿真的缺点是有时受限于系统建模技术,即系统的数学模型不易建立。数学仿真无需实物设备,无需生成模拟客观世界的各种物理效应设备和装置,也无需真实的人员进入仿真回路。

半实物仿真,即将数学模型和物理模型甚至实物联合起来进行试验。对系统中比较简单的部分或对其规律比较清楚的部分建立数学模型,并在计算机上加以实现;而对比较复杂的部分或对规律上不十分清楚的系统,其数学模型的建立比较困难,则采用物理模型或实物。仿真时将两者连接起来完成整个系统的试验。

2. 按计算机类型分类

按所使用的仿真计算机类型,可以将仿真分为 3 类:模拟计算机仿真、数字计算机仿真和数字模拟混合仿真。

模拟计算机本质上是一种通用的电气装置,这是 20 世纪 50—60 年代普遍采用的仿真设备。将系统数学模型在模拟机上加以实现并进行试验称为模拟机仿真。本质上,代表模型的各部件是并发执行的。

数字计算机仿真是将系统数学模型用计算机程序加以实现,通过执行程序来得到数学模型的解,从而达到系统仿真的目的。早期的数字仿真计算机则是一种串行仿真,因为计算机只有一个中央处理器(CPU),计算机指令只能逐条执行。

为了发挥模拟计算机并行计算和数字计算机强大的存储记忆及控制功能,以实现大型复杂系统的高速仿真,20 世纪 60—70 年代,在数字计算机还处于较低水平时,产生了数字模拟混合仿真,即将系统模型分为两部分,其中一部分放在模拟计算机上运行,另一部分放在数字计算机上运行,两个计算机之间利用模数和数模转换装置交换信息。

随着数字计算机的发展,其计算速度和并行处理能力不断提高,模拟计算机仿真和数字模拟混合仿真已逐步被全数字仿真取代。今天的计算机仿真一般指的就是数字计算机仿真。

3. 按仿真时钟与实际时钟的比例关系分类

根据仿真时钟与实际时钟的比例关系,系统仿真分为 3 类:实时仿真、亚实时仿真和超实时仿真。

实时仿真,即仿真时钟与实际时钟完全一致,也就是模型仿真的速度与实际系统运行的速度相同。当被仿真的系统中存在物理模型或实物时,必须进行实时仿真,例如各种训练仿真器,也称为硬件在回路中的仿真。

亚实时仿真,即仿真时钟慢于实际时钟,也就是模型仿真的速度慢于实际系统运行的速度。在对仿真速度要求不苛刻的情况下均是亚实时仿真,例如大多数系统离线研究与分析,有时也称为离线仿真。

超实时仿真,即仿真时钟快于实时时钟,也就是模型仿真的速度快于实际系统运行的速度,例如大气环流仿真、交通系统仿真等。

4. 按被仿真对象性质分类

根据被仿真对象性质,系统仿真分为两大类:连续系统仿真和离散事件系统仿真。

连续系统是指系统状态随时间变化的系统。连续系统的模型按其数学描述可分为两种:①集中参数系统模型,一般用常微分方程(组)描述,如各种电路系统、机械动力系统、生态系统等;②分布参数系统模型,一般用偏微分方程(组)描述,如各种物理和工程领域内"场"问题。需要说明的是,离散事件变化模型中的差分模型也归为连续系统仿真范畴。因为当用数字仿真技术对连续系统进行仿真时,其原有的模型必须进行离散化处理,最终也变成差分模型。

离散事件系统是指系统状态在某些随机时间点上发生离散变化的系统。它与连续系统的主要区别在于:状态变化发生在随机时间点上。这种引起状态变化的行为称为事件,因而这类系统是由事件驱动的。而且事件往往发生在随机时间点上,亦称为随机事件,因而离散事件系统一般都具有随机特性。系统的状态变量往往是离散变化的。系统的动态特性很难用人们熟悉的数学方程式加以描述,而一般只能借助于活动图或流程图,这样无法得到系统动态过程的解析表达。对此类系统研究与分析的主要目标是系统行为的统计性能而不是行为的点轨迹。

5. 按功能及用途分类

按功能和用途,可以将仿真分为 3 类:工程仿真、训练仿真和决策支持仿真。

工程仿真主要用于产品的设计、制造和试验。采用建模与仿真技术建立产品的虚拟样机、半实物仿真系统、工程模拟器等研究产品的性能,可以实现缩短产品开发时间、降低产品开发风险、提高产品质量、降低成本和减少环境污染的目标。

训练仿真是采用各种训练模拟器或培训仿真系统,对受训人员进行使用技能的训练、应急处理各种故障的能力的训练,以及对指挥和管理决策人员的指挥、决策能力的训练。使用训练模拟器及培训仿真系统均具有安全、经济、节能、环保、不受场地和气象条件的限制、缩短训练周期、提高训练效率等突出优点。

决策支持仿真是以复杂问题分析为目的的一类仿真活动。它通过对研究对象的不确定性因素进行探索仿真,获取大量的仿真结果数据,在此基础上采用恰当的数学分析方法对仿真结果进行综合分析,以理解和发现复杂现象背后数据变量之间的重要关系,找出它们之间所遵循的规律,从而获得问题的满意解,作为方案优化的重要手段,也是重大决策的支持工具。

6. 按仿真系统体系结构分类

按仿真系统体系结构,可以将仿真分为两类:单平台仿真和分布交互仿真。

仿真系统多是以一台计算机、一个仿真对象及相关的设备构成一个单平台仿真系统，其任务是利用该仿真系统对真实设备或系统进行仿真，以解决分析、设计、实验与评估问题，或是用于对使用该种设备或系统的人员进行操作技能的培训。

分布交互仿真是一种将分散在不同地域的人在回路仿真器及其他资源、设备联网，构造成一个人可以交互的虚拟环境的系统仿真技术。它的核心在于连接各个独立的计算节点，通过自然的人机交互界面，建立一种与人的感觉和行为相容的、时空一致的、与客观世界高度类似的、逼真的综合虚拟环境。

7. 按组成单元的性质分类

按组成单元的性质，可以将仿真分为 3 类：实况(live)仿真、虚拟(virtual)仿真和构造(constructive)仿真。

实况仿真是指在分布式仿真系统中，有真实的装备或设备作为一个仿真实体或仿真实体的一部分，并与其他类型的仿真实体互联完成统一的仿真任务。实况仿真即硬件在回路仿真，通常是实时运行的。

虚拟仿真是指在分布式仿真系统中具有各种仿真器和数字仿真实体[包括计算机生成兵力(computer generated forces，CGF)实体]，仿真实体的模型粒度较细，一般是进行平台级的分布式仿真时，是实时运行的。

构造仿真是指在军事仿真的较高层次上，以军兵种的粗粒度作战单元(如一个兵团、一个飞行大队、一个导弹旅等)为仿真实体，建立聚合级仿真模型，模型粒度较大，一般是进行体系对抗仿真。有时也将计算机生成兵力系统之间的对抗、演练归入构造仿真。构造仿真属于数学仿真，可以是实时的，更多是超实时运行。

实际上，这种分类方法并不完善，如虚拟人操作真实设备和系统(如智能车辆、无人作战飞机)的情况未包括在内。大规模的复杂军用仿真系统有时既包含真实的人员和设备，又包含虚拟的人员和设备。

8. 按系统数学模型方法分类

按系统数学模型描述方法，可以将仿真分为 3 类：定量仿真、定性仿真和智能仿真。

定量仿真是指仿真系统中的模型均为基于一定机理、算法建立起来的确定性或随机性模型，其输入/输出参数、初始条件也用数值表示，是定量的。如动力学系统、过程控制系统、电路系统等连续系统，数学模型主要是基于微分方程描述，仿真模型可以采用不同的离散算法；如果各种采样系统在时间点上是离散的系统，可以直接采用差分方程来描述。

定性仿真系统中的模型采用定性描述，是一种非数字化表示的建模方法。模型及输入和输出信息、行为表示与分析均采用有一定语义的、非量化的表示方法，比较符合人的思维过程。对定性仿真的研究起源于对复杂系统的仿真研究。定性仿真在处理不完备知识和深层次知识及决策等方面具有独特的优势，特别是符号定向图(signed directed graph，SDG)能揭示复杂因果关系的全局性能。

　　智能仿真是在原有的计算机仿真系统基础上,融入了知识以及人类思维。将人工智能与仿真技术相融合,构造出基于知识的开发途径,从而提升仿真效果。智能仿真需要对人的行为、综合、决策判断能力进行描述,如智能车辆、无人作战飞机仿真等。另外一类智能仿真可以通过建立专家知识与经验及人的行为描述的知识库,在仿真中通过相应的推理机制自动获取和更新所需知识,完成仿真的既定目标。

5.6.2　系统仿真的一般过程

　　仿真是对实际系统的一种模仿活动,是对实际系统的一种抽象的、本质的描述。仿真过程就是通过建立和运行计算机仿真模型,来模仿实际系统的运行状态及其随时间变化的规律,以及实现在计算机上试验的全过程。通过对仿真运行过程的观察和统计得到被仿真系统的仿真输出参数和基本特性,以此来估计和推断实际系统的真实参数和性能。通用的仿真过程也是仿真方法论的重要组成部分,是指导仿真活动的思维逻辑。系统仿真的一般过程包括问题定义、系统分析、系统建模、仿真建模、仿真程序开发、仿真模型校验、仿真运行与评估、确认等,参见图 5-1。

1. 问题定义

　　这一步是定义需要解决或回答的问题与定义系统(即问题相关的事实部分)。仿真是面向问题而不是面向整个实际系统的。因此,首先要在分析、调查的基础上,明确需要解决的问题以及仿真目标;确定描述这些目标的主要参数以及评价准则。根据以上目标,要清晰地定义系统边界,辨识主要状态变量和主要影响因素,定义环境及控制变量。同时,给定仿真的初始条件,并充分估计初始条件对系统主要参数的影响。

2. 系统分析

　　仿真是建立在控制理论、相似理论、信息处理技术和计算技术等理论基础上的。特别是相似理论,更是建模和仿真系统构建的原理基础。系统分析包括:分析仿真对象的特征、确定仿真对象的相似域、发现仿真的相似规律,特别是识别与问题相关的系统部分信息。系统的(部分)先验信息为构建机理模型做好了理论储备,如果对系统一无所知,则只能统计分析数据了。

3. 系统建模

　　系统建模是基于系统分析结果,根据系统的特点和仿真的要求选择合适的算法,建立系统模型。强调一点,在仿真建模前,应该试探能否得到一个可以用解析法来求解的模型。即使找到这种模型不太容易,也应该试探一下,因为这样做的结果会有助于仿真研究。当采用该算法进行仿真建模时,其计算的稳定性、计算精度、计算速度等应能满足仿真的需求。

4. 仿真建模

　　仿真建模是从仿真对象中抽取概念模型、数学模型并转化为可以在计算机上运行的计算机模型的过程。任何一个系统并非都只有单一的模型。在研究过程

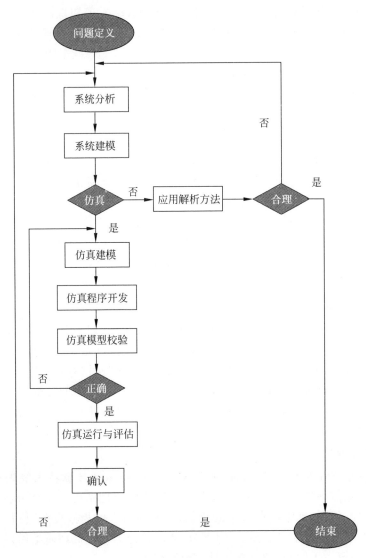

图 5-1　系统仿真的一般过程

中,为了了解系统的性能及其改善情况,可以建立多种不同的模型。

　　在离散系统仿真建模中,主要根据随机发生的离散事件、系统中的实体流以及时间推进机制,按系统的运行过程来建立模型。而连续系统仿真建模中,则主要根据系统内部各个环节之间的因果关系、系统运行的流程,按一定方式建立相应的状态方程或微分方程来实现仿真建模。仿真建模过程中,还必须收集与仿真初始条件及系统内部变量有关的模型数据。这些数据往往是某个概率分布的随机变量的抽样结果,因此需要对真实系统的这些数据作必要的统计调查,通过分布拟合、参数估计及假设检验等步骤,确定随机变量的概率密度函数。

5. 仿真程序开发

在建立系统模型之后,需要按照选用的仿真语言编制相应的仿真程序,并在计算机上完成仿真模型试验。仿真程序中还要包括仿真实验要求,如仿真运行参数、控制参数、输出要求等。模型试验过程包括仿真系统需求与功能分析、仿真系统总体设计、仿真系统详细设计、仿真系统的施工、仿真系统的验收等。因此,仿真模型的试验过程也就是仿真系统的构建过程。通常采用程序分块调试和整体程序运行的方法来验证仿真程序的合理性和正确性。

6. 仿真模型校验

在仿真运行之前要确认模型的有效性,它直接关系到仿真研究的效果可信性。为了使仿真运行能够反映仿真模型的运行特征,必须使仿真模型在内部逻辑关系和数学关系方面具有高度的一致性,使仿真程序的运行结果能精确地代表模型应具有的性能。经过确认和验证的仿真模型才可以在实验框架的指导下在计算机上运行,并获得所需的实验结果和数据。

7. 仿真运行与评估

该过程包括仿真试验(训练)设计、仿真试验(训练)实施、仿真结果生成与输出等子过程。

在正式仿真运行前,一般应先进行实验框架设计,也就是确定仿真试验方案,在试验计划和试验大纲的指导下,设计一个合理的仿真流程,选定待测量变量和相应的测量点,以及适当的测量工具。由于仿真的实验性质,应该通过主要参数的变化来制定仿真计划。该计划在仿真过程中要加以修订。经过确认和验证的仿真模型在试验框架指导下在计算机上运行,即对仿真模型进行试验,这是实实在在的仿真活动。根据仿真的目的对模型进行多方面的试验,相应地得到模型的输出。早期运行的结果用来对模型的合理性进行重新评价。常常需要对模型进行修正,剔除一些不必要的参数,然后重新运行。输出分析在仿真中占有十分重要的地位,特别是对离散事件系统来说,其输出分析甚至决定着仿真的有效性。输出分析既是对模型数据的处理(以便对系统性能做出评价),同时也是对模型可信性进行的检验。对于随机性模型,仿真输出结果是统计量。一次运行的结果,只是对研究对象的一次采样。需要多次、重复运行。至于需要多少次,要根据系统的性质和对仿真结果的要求而定。最后需要对仿真试验结果数据进行科学的分析,并对仿真结果的正确性进行判断。

8. 确认

这一步是要确认仿真过程得出的问题解决策略是否能够解决或回答实际系统问题。要记录仿真研究结果,并将模型及其使用方法写成文档,编写仿真总结报告。报表、图形和表格常常被用于进行输出结果分析。同时需要用统计技术来分析不同方案的仿真结果。一旦通过分析结果并得出结论,要能够根据仿真的目标来解释这些结果,并提出实施或优化方案。最后,向决策者提交仿真总结报告。

上述过程是系统仿真的一般过程，它是一个迭代的过程，如图 5-1 所示。从问题和系统(非整个系统)定义、系统分析开始，通过建立系统模型、仿真模型、采集模型数据、完成模型建立与确认、构建仿真程序，在试验设计的基础上，重复仿真模型运行，并对仿真结果进行统计分析，直到为决策者提供满意仿真结果的全过程。该过程中的步骤不一定严格按照串行过程执行，有些步骤可以并发执行，如仿真建模和仿真程序开发既可以同时进行，也可以交叉进行。

5.7　仿真运行的时空一致性

时空一致性，指在仿真运行过程中，各仿真对象的状态和行为必须同所仿真的实际对象的状态和行为保持时空上的一致性或保证其状态时空正确性，即各类事件的触发、实体间的相互影响和状态转移必须符合客观世界所规定的时序和空间关系。反之，仿真实体与真实对象在仿真过程中出现的时空信息上的差异叫做时空不一致性，这种不一致性将严重影响仿真结果的可信度。仿真系统中的很多事件有高度的因果关系，而时空不一致性往往造成仿真对象在同一时刻、同一位置的状态不一致，就可能造成时序、空间序或时空混合序产生差错，并在仿真系统中扩散，引发更多环节的差错，造成仿真过程展示出的不是被仿真对象的真实表现。时空不一致性分为 3 类：

(1) 时间不一致性。各仿真节点具有各自的时钟，这些时钟的不同步会导致仿真节点对时间的观测和理解的不一致。

(2) 空间不一致性。各仿真节点对仿真实体的空间姿态和位置的描述方法的不同，以及不同地形及环境数据库会导致仿真节点对空间信息的观测和理解的不一致。

(3) 时空不一致性。影响时空一致性的最根本因素是仿真系统不等于真实的系统，它以计算机为核心、模型为基础，可能有真实的人员或设备参与。其中，计算机时间的离散性、晶振频率误差造成的各计算机计时的快慢、各节点的本地时钟和仿真时钟不同步、网络堵塞导致节点间信息传输延迟、信息接收顺序或发送顺序处理不当、实体状态转移算法不一致，甚至信息丢失等因素，都会造成同一个仿真系统中同一事件出现了多个不同的时间、空间值，形成时间、空间的逻辑错误。

当研究整体性、独立性仿真时，无论采用何种时间管理方法，时间变量 t 都要由仿真中的所有模型共享。但是，当采用分布式仿真时，即一组为同一目标共同运行的仿真，问题就会变得复杂一些，因为包括的不同仿真(系统)不一定采用同样的时间管理方法。例如，有人(所以也是实时的)飞行模拟器可能会与用来拦截它的导弹飞行模型进行交互，而后者的逻辑时间采用步进式方法。这将会造成诸多的技术难题，尤其是在同步方面，即在两种仿真中，时间是以不同的方式推进的。有人飞机仿真可能在几秒之内就结束了，无法与导弹实现同步，这就使得仿真变得无意义,也将造成多种功能上的失效,包括因果关系问题。例如,尽管导弹实际上在 t-ε(ε 为某一小的时间量)时已经将飞机摧毁,但是飞机在 t 时刻可能会继续机动飞行,并实施对抗措施。这种功能失效很快就会使整个仿真变得没有意义。

正是由于这个原因,联邦层面的时间管理机制在使用分布式仿真时变得必不可少。IEEE1278 的分布交互仿真(DIS)标准实际上并没有这样一种时间管理机制,并且对联邦式仿真施加实时操作。由于时间管理机制的缺乏,使得 DIS 变得过时,并被 IEEE1516 高层架构(HLA)标准所取代。HLA 为联邦式仿真的同步提供了服务,很大程度上解决了联邦中的时间管理问题。但是,HLA 并不能使联邦的各方免去职责,各方都必须使自己与其他相关仿真协调一致。HLA 也无法阻止出现一些时间上的问题,如网络传输延时造成的问题。

在分布式仿真系统中,要保证时间的一致性,首先要确保时钟基点同步,其次是采用时钟管理策略实现时钟的同步。时间管理的核心是如何使仿真按照一致的时间推进或者确保在一个或几个帧周期内完成既定的解算任务。目前,仿真系统中有以下几种时间管理方法:

(1)按时间戳顺序处理。在仿真运行过程中,某个时间段内只处理同一时间戳的事件和参数,对过时的事件和参数不作处理。

(2)按时间的因果关系处理。按照事件在时间轴上发生的因果关系和顺序进行仿真,计算完成帧时即结束,并开始下一帧时计算,帧时不固定。

(3)按仿真对象的特性处理。根据仿真对象的动态特性确定帧周期,严格按照计时器计时,确保帧周期相同,保证实时性。

实现时空一致性的主要措施是采用合适的时间空间控制和管理算法,实现高强度的时间同步、减小仿真步长、采用回滚机制等。可采用基准授时、网络广播基准授时、硬件同步等多种方法使各时间源的起点误差达到极小。

由于各仿真节点可能采用不同的局部空间位置和姿态描述方法,因此,必须依靠相应的坐标变换算法对这些不同的空间描述进行变换,以获取对时空描述的一致理解。坐标变换算法涉及空间参考系、地球数学模型、大地水准面、投影方式、坐标定义和原点值等。为了减少变换次数,可引入对空间进行统一描述的公共坐标系。

自然环境对许多被仿真系统的运行过程具有重要影响。建立一致和比较逼真的自然环境模型可增加仿真系统的实用性和可信性。综合自然环境包括地形、大气及气象、海洋、空间 4 大领域。综合自然环境的建模有别于实体建模,数学模型一般是具有时空特性的场模型,这种场模型可用方程或数据来描述。建立一致的综合自然环境模型的共同要求是合理性、交互性、动态性和实时性。在建立一致的综合自然环境时,需注意以下问题:仿真模型表达的权威性、仿真模型的标准化、仿真模型的确认和验证、仿真模型应用的一体化以及仿真模型高效协调的组织管理。

复杂电磁环境是指在一定的空域、时域、频域上,电磁信号纵横交叉、连续交错、密集重叠，功率分布参差不齐，对相应电磁活动产生重大影响的电磁环境。例如，信息化战争条件下战场的复杂电磁环境，就是在一定的战场空间内对作战有影响的电磁活动和现象的总和。复杂电磁环境是战场电磁环境复杂情况在空域、时域、频域和能量域上的表现形式，主要表现在 4 个方面：信号的密集性、样式的繁杂性、冲突的激烈性和变化的动态交叠性。它可能妨碍信息系统和电子设备正常工作，从而对指挥、作战行动和武器装备运用产生显著影响。复杂电磁环境由多种要素构成，其中，人为电磁辐射是由人为使用电子设备而向空间辐射电磁能量的电磁辐射；自然电磁辐射是雷电、静电、太阳黑子活动、地磁场、宇宙射线等自然电磁辐射源产生的电磁辐射及其存在状态；辐射传播因素是各种传播介质及其他因素引起的电磁吸收、反射、折射和绕射现象，对人为电磁辐射和自然电磁辐射都会发生作用。

实现上述一致性的有效方法就是以仿真公共服务的形式，向系统中所有仿真对象提供统一、具有标准接口的服务。

5.8 分布交互仿真理论

分布式仿真是基于各个组成部分来构建仿真的技术，为复杂系统和体系的仿真开启了新的领域。分布式仿真的基本思想是，通过重用已有的仿真系统（这些系统往往是针对不同目标开发的）来构建新的仿真系统。分布式系统的组成在本质上可能会有非常大的差别，如包括以下类型：

(1) 数字仿真应用；

(2) 有人模拟器；

(3) 如 C3I 系统的真实系统或真实平台（如作战飞机或真实地形上的坦克）；

(4) 不同的软件应用。

分布交互仿真（distributed interactive simulation，DIS）是在计算机网络飞速发展之后，在军事需求（军事训练）牵引下，于 20 世纪 80 年代初产生的。分布交互仿真是在计算机网络得到很大发展以后，在军事需求的牵引下，使得异地、异构仿真系统可以通过网络形成规模更大、功能更齐全的仿真系统，从而实现了联合训练、联合仿真实验等功能。之所以经常使用"分布交互式"仿真，旨在说明操作人员在使用这些系统中的重要性，并强调这些人员也是系统组成不可分割的一部分。

分布交互仿真的发展经历了以下几个主要阶段：20 世纪 80 年代美国国防部（DoD）启动联网仿真（simulation network，SIMNET）；20 世纪 90 年代提出了基于协议数据单元（PDU）的分布交互仿真的 DIS2. x 标准和聚合级仿真协议（aggregate simulation protocol，ALSP）；20 世纪 90 年代中期出现了高层体系结构（high level architecture，HLA）；2000 年前后出现了基于 Web 技术的可扩展建模与仿真框架（extensible modeling and simulation framework，XMSF）；随后提出了基于网格的仿真（grid-based simulation），以及近几年提出的云仿真（cloud simulation），解决各种网络资源、仿真资源的充分共享，提供按需服务。目前，国内外的大型分布交互仿真系统大多采用基于高层体系结构/运行时间支撑（HLA/RTI）的体系结构。HLA 标准使用"联邦"表示分布式仿真系统。HLA 仿真系统（仿真系统、模拟器、真实系统及各种工具）组件则成为"联邦成员"。

5.8.1　分布交互仿真的定义

分布交互仿真起源于美国国防部高级研究计划局（DARPA）和美国陆军制订的 SIMNET 研究计划。分布交互仿真在军事领域的应用主要体现在 3 个方面：作战训练、战法研究和武器系统作战效能评估与发展论证。

分布交互仿真系统从结构上可以视为由仿真节点和计算机网络组成。仿真节点本身可以是一台独立的仿真计算机，甚至是一个仿真系统。与单独仿真计算机不同，分布交互仿真的仿真节点不仅要完成本节点的仿真任务（如运动学、动力学模型的计算，人机交互，仿真图形或动画的生成等），还要负责将本节点的有关信息发送到其他节点；同时，它也必须按一定的周期接收其他节点发送来的信息，并作为执行本节点任务时的输入或条件。

分布交互仿真是指采用协调一致的结构、标准和协议，计算机网络将分布在不同地点的仿真设备连接起来，通过仿真实体间的实施数据交换构成时空一致的合成环境的一种先进的仿真技术。其特点主要表现为分布性、交互性、异构性、时空一致性和开放性。

分布性包含功能及地理位置两个方面的分布。地理位置上的分布性通过网络实现其集成。而功能分布性表现在：在 DIS 中没有中央处理机，各仿真节点是平等的。每个仿真节点具有各自的资源，并负责对分配给它的仿真任务进行处理。DIS 中的节点一般具有自治性，即一个节点的加入与退出不会引起别的节点正常执行。DIS 的交互性包括：①节点内部进程交互、人机交互。②节点之间的交互作用。③不仅人机交互及节点之间的交互要求实时性，而且要保证空间一致性，即时空一致性。时空一致性是 DIS 的基本要求，也是 DIS 的本质特征。DIS 中的节点往往是任务各异的，这要根据仿真系统的任务分配而定；而且，也不要求计算机的类型、操作系统的类型、编程语言的类型一定相同。为了保证这种异构系统的信息共享与通信，需要在应用层定义信息交换的格式和内容。这些交换的信息单元成为协议数据单元（protocol Data units，PDU），使得交换的信息内容与通信硬件和软件无关，从而易于采用通用的商业网络软硬件环境（TCP/IP 协议）。

分布交互仿真主要解决两个问题：一是使大规模复杂系统的仿真成为可能；二是降低仿真成本。分布交互仿真可以实时计算生成一个反映实体对象变化的三维图形环境。实验人员可以"进入"这种虚拟环境（主要是视觉听觉环境），直接观察事物的内在变化并与其发生相互作用，还能通过开放式的中断处理来模拟各种随机事件,给人一种"身临其境"的真实感。

在 DIS 中,仿真网络从逻辑上看是一种网状连接。每个仿真应用都向网络上的其他仿真应用广播自身的状态信息,同时又接收来自其他仿真应用的信息。从网络管理的角度看,这种网络逻辑拓扑结构比较容易实现,同时,大量冗余信息充斥整个网络,使网络的扩展变得十分困难。与之形成鲜明对比的是,在 HLA 结构下,仿真网络呈现出一种星形逻辑拓扑结构。这种结构使仿真网络中的通信更加有序,仿真网络的规模扩展更为容易。

5.8.2　分布交互仿真的信息交换标准

为了生成时空一致的仿真环境,支持仿真实体间的交互作用,必须制定相应的信息交换标准,主要包括信息交换的内容、格式的约定以及通信结构、通信协议的选取。

1. DIS

DIS 的标准体系由 IEEE 1278.1(协议数据单元(PDU)标准)、IEEE 1278.2(通信体系结构标准)、IEEE 1278.3(演练控制与反馈标准)、IEEE 1278.4(DIS 校核、验证与确认标准)、IEEE 1278.5(DIS 逼真度描述需求标准)等构成。

DIS 中,网络传输的对象是 PDU,每种 PDU 都包含有大量预先定义好的信息,共 27 种。例如,实体状态 PDU 描述实体的位置、姿态、速度、角速度等位置和运动特性。DIS 网络是一种严格的对等的结构。如果实体有状态变化,就要随时向其他仿真应用广播状态信息;若实体无任何状态变化,也需要每隔一定的时间(即"心跳时间")广播其状态信息。即使是 PDU 中的一个数据发生变化,也要发送整个 PDU。

DIS 不只是因为在分布式仿真领域中扮演的历史角色而显得重要,而且也是一组在实践中经过证明为有效的技术。注意到 DIS 的局限性很重要,这也是在过去造成对 DIS 误解的原因,即认为 DIS 只能适用于实时仿真,实体之间的交互只在有限空间内进行。在概念上,DIS 显然缺乏底层的架构,但是 DIS 的支持者却否认这一点。DIS 最大的缺点是 PDU 将仿真和底层建模服务混淆在一起。这使得标准化工作很难开展,因为每个新的应用都会借口已有的 PDU 缺乏通用性,而趋向于开发自己专用的 PDU。

2. HLA

1996 年 10 月,美国国防部规定 HLA 为国防部范围内仿真项目的标准技术框架,并替代原有的 DIS、ALSP 等标准。2000 年 9 月,HLA 成为国际标准 IEEE 1516。HLA 的演化版(IEEE 1516—2010)于 2010 年发布。HLA 是一个用来构建分布式仿真系统的架构,提高了各种不同类型的模型和仿真应用之间的互操作性,增强了仿真软件模块的重用能力。与其他架构不同的是,HLA 不用于开发某一具体类型的模型,例如 ALSP 的构造性逻辑时间模型、SIMNET 和 DIS 的虚拟实时模型,也不用于开发具体类型的应用,例如 TENA 的测试与训练应用。相反,HLA的设计方案是要提供一个通用的分布式仿真架构,能够适用各种模型和各类应用,包括训练、采办、分析、试验、过程以及测试与评估。HLA 支持虚拟、构造以及实况模型,并且既能执行实时仿真,又能执行逻辑时间仿真。

在 HLA 标准的文档中,没有说明使用的具体平台,即操作系统、开发环境、网络协议等都没有提到。这便是 HLA 所谓"高层"的原因。这也意味着,HLA 自身对于模型和仿真的开发,并未提供底层的技术架构,即一旦选择了 HLA,开发人员必须基于自己的目标和约束,在遵循标准的前提下,选择各自的底层架构。

HLA 是一个分布仿真系统,包括一组基本的仿真程序,称为联邦成员,它们之间相互交换信息。HLA 联邦成员不一定必须是仿真程序,也可以是联邦中的任意参与方,无论硬件还是软件。HLA 标准将联邦分成 3 类组分:联邦成员、运行时间框架(runtime infrastructure,RTI)和统一接口。

RTI 是 HLA 接口规范的计算机化实现,由一组采用给定编程语言编写的计算机过程组成,扮演着简化的分布式操作系统的角色。RTI 允许构成联邦成员的多个联邦成员在仿真过程中通过本地或远程网络交互数据。RTI 可以实现联邦成员"干干净净"地进行通信,并且在联邦内部使各种变化实现同步。这个分布式程序尤其向用户"隐藏"了底层的操作(网络和通信)。RTI 也实现了联邦成员间的时间同步这一艰巨任务,可以保障实施模拟器和非实时构造仿真之间的正确运行。目前,存在多个不同的 RTI,分别由国家、大学或公司的不同团队开发。这些 RTI具有不同的质量、性能和价格,但都必须遵守标准规范的规定。

HLA 是一个架构,它由 3 个文件规范组成。

(1) HLA 规则(Rules):定义了联邦成员(仿真、支持附件、与真实系统的接口)和联邦(由联邦成员构成)应当承担的责任(IEEE,2010a)。HLA 规则揭示了联邦成员所必需的互操作期望与性能。有两个主要原理尤为明确:①所有的建模(对真实系统的表示)都在联邦成员中,而不在 RTI 中;②所有联邦成员的信息交互和同步都只能通过 RTI 实现。

(2) 接口规范(IS):定义联邦成员之间的接口……以及分布式仿真支持联邦成员之间通信的底层软件服务(IEEE,2010b)。接口规范对仿真应用在仿真运行过程中可能执行的或被要求执行的互操作的相关动作做了精确规范。

(3) 对象模型模板(OMT):将面向对象思想和方法引入分布交互仿真,用来描述 HLA 对象模型的框架结构,定义 HLA 对象模型中记录信息的格式和句法,包括对象、属性、交互行为和参数(IEEE,2010c)。可在此基础上,定义仿真对象模型(simulation object model,SOM)和联邦对象模型(federation object model,FOM),对象模型模板是使仿真系统具有互操作性与重用性的重要机制之一。对象模型模板不定义具体仿真数据,它是一种格式和符号规则,并且按照对象类、属性、对象间交互及其参数的层次结构来详细说明仿真数据。

要想理解 HLA 标准，必须详细研究这 3 份文档及其实际应用。虽然标准的一般原理相对容易理解，但人们普遍认为距离实际使用还需要相当强的技术能力。正是由于这个原因，2003 年的标准增加了一个方法指南——联邦开发和执行过程（federation development and execution process，FEDEP），实际上是一个适用于仿真系统开发的工程过程。

HLA 采用客户端-服务器（client-server，CS）机制，只有当实体的状态信息发生变化时才发送信息。每个联邦成员都可以制定自己能发布的信息、想接收的信息、数据的传输形式、传输机制等，由此严格保证只发送变化的信息和只发送接收方需要的信息。RTI 先判断服务请求所要求的通信机制，再按照所要求的通信机制与响应的联邦成员通信。在 HLA 中，网络传输的数据源于联邦成员与 RTI 之间的各种服务请求和应答。当实体的某些参数发生变化时，就只传送这些参数的值。尽管在传输过程中需要附加一些标识信息和与 RTI 服务相关的信息，但总的数据传输量比在 DIS 下小很多。

HLA 是最先进的分布式仿真标准，并且根据用户的反馈仍在持续发展。HLA 带有一个具体的系统工程过程和 VV&A 方法。此外，美国国防部还资助 RTI 校核过程的开发，保证尽可能与标准保持一致。同时，还向北大西洋公约组织提供资助，使其能够鉴定联邦成员与 HLA 之间的一致性，促进那些在初始设计时未考虑在一起运行的模型和仿真之间的互操作。HLA 还得益于大量的工具基础（既有商业的，也有免费的），可以使实现过程全面而有效。

HLA 也有缺点。HLA 是提供了能力（如协同时间管理）数量最多的标准，结果导致其很复杂，具体使用需要高级别的专业经验和用户培训。HLA 的费用也很高，原因在于如果没有支撑工具，会很难使用。少量可用的 RTI 免费程序只支持旧版本标准，而且常常不具备完整的功能供真正的专业应用。虽然 HLA 是唯一提供协同时间管理和优化数据分发的标准，但这些服务也是以性能为代价的。

3. TENA

未来的作战概念需要基于互操作和重用为试验和训练界提供一种新的技术基础。国家不可能完全重建整个试验和训练靶场，必须保证已有的靶场能力得到重用，并且未来的投资能支持互操作。因此，迫切需要一种能克服当前靶场烟囱式设计，能实现靶场资源之间的互操作、重用和可组合的机制。这就是美国国防部开发试验训练使能体系结构（test and training enabling architecture，TENA）的原因。TENA 由美军自 2001 年开始开发，在术语"试验"之后又加上了"训练"二字。TENA 的初衷是，为实现基于通用 HLA 的多个试验中心互联，开发一个专用的架构（这个目标从未真正实现）。TENA 与 DIS 或 HLA 不同，它不是一个开放标准，也没有计划在诸如 SISO、ISO 或 IEEE 这样的标准化组织中进行研讨。创建 TENA 是为了解决从美国国防部到其他国家的各类军事仿真需求。美国国防部分布在美国及世界各地的范围内有一系列武器,这些武器被用来进行武器系统试验和训练任务。

TENA 被认为是一个广泛基于 HLA 的仿真框架,但它的灵感实际上更多地来自 CORBA(common object request broker architecture,公共对象请求代理体系结构)。TENA 比 HLA 更容易采纳面向对象的概念。在 HLA 标准的第一部分文档中,明确说明了与软件工程中面向对象技术有关的对象概念的局限。与 HLA 类似,TENA 也包含数据模型(用于数据交互)和中间件,以保证分布式仿真系统中各组件之间的互操作。

TENA 的主要目标是"为试验(和训练)领域定义一个公共架构"。更确切地说,TENA 的目标是建立一个供所有试验中心使用的公共 OM(object model,对象模型),并基于该模型定义和开发公共中间件程序,实现各试验中心之间的互操作和重用。

TENA 用元模型进行描述,其中按照架构术语定义"类"和"对象"。通信由定义公共 OM 和 TENA 中间件实现,分别类似于 HLA 的 FOM 和 RTI。TENA 与 HLA 不同,完全采用了面向对象的概念,使之在交互方面表现出一定的优点,例如可以在不同应用之间调用方法,而这在 HLA 中是不可能的。TENA 提供了在开发新对象时,可自动生成代码的标准对象库和工具,而且是个完全成熟的标准,拥有一系列优选的工具。HLA 与此相反,它不提供标准对象库,只关注互操作问题。在这种原理下,所有模型都有应用开发人员,而不是架构负责考虑(应用的重用留给了使用 HLA 的组织考虑。虽然 HLA 倡导重用,但却不提供此方面的专门工具)。HLA 提供协同时间管理机制,而 TENA 只应用于实时仿真,提供时间定义,但没有时间管理机制。

从概念上而言,TENA 给予的是传统的、严格的面向对象技术。这拓展了先前标准的互操作概念,但是付出了代价——TENA 的通用性相对较前的标准要差。较精巧的 HLA 元模型可以用于任何应用(虚拟的、构造的或实况的),无论是否面向对象。TENA 的设计实质上只针对实时应用,这与 DIS 一样。只有 HLA 提出了协同时间管理,使得实时和非实时应用可以组合在一起。TENA 从未开放作为国际标准,仍然是美国国防部的专利。另外,支撑 TENA 的软件和资源库也都属于美国政府,没有商业或免费的替代产品。

5.8.3　时间管理

在仿真中,时间是一个非常重要的变量,决定了状态变量的演化(如物体的位置取决于其速度和时间),并且是事件的诱因(如在时间 t 投放炸弹)。在仿真中,可能会看到不同的时间:一种是"真实"时间(墙上挂钟时间),另一种是仿真时间,即仿真系统的时间。这两种时间可以是同步的(不考虑取样因素影响),也可以完全不相关。在分布式仿真中,即一组相互关联的仿真中,可能会碰到第三种时间,即联邦时间。联邦时间假定与每个联邦式仿真使用的时间相同步,但是考虑到每个联邦式仿真可能会采用不同的时间管理策略,所以不必完全一样。

在仿真系统中,时间的推进可以用不同的方式表示。某些逻辑根本不需要对时间进行建模,而其他一些系统则假定仿真过程实时推进。无论哪种情况,当部分系统在联网但自治的计算机上运行时,同步将成为一个必须解决的问题。并行仿真采用了不同的方式推进时间,在经过同样的执行时间之后,仿真时间可能大为不同。在这种情况下,在系统之间维持一致的时间会变得十分棘手。因此,在分布式仿真环境中,时间管理将十分必要。时间管理在本质上可以确保始终将消息按顺序发送,通常使用带逻辑时间的时间戳,所有参与的仿真系统都遵循该逻辑时间。

时间管理描述仿真运行过程中各成员仿真时间的推进机制,而且这种机制必须和成员之间的数据交换相协调,确保成员发送和接收消息在时间逻辑上完全正确。在理想情况下,仿真运行过程中模型计算的延时、网络传输的延时等与被模拟的系统完全一致,但实际上这几乎是不可能的,如果没有好的时间管理服务支持,可能导致实际系统中的因果关系倒置。因此,时间管理是分布交互仿真运行的重要基础。例如,HLA 的时间管理服务提供联邦成员控制其逻辑时间推进的手段,共 4 组 23 个。HLA 允许不同时间推进机制的仿真应用实现彼此间的交互作用。HLA 允许实时、超实时、欠实时,以及完全由事件驱动的仿真的共同参与,并保证它们之间的互操作性。

当考虑时间时,必须将分布式仿真分为两大类：实时联邦、非实时联邦。如果联邦中只包含实时联邦成员,那么该联邦就是"实时的"。在这种情况下,可以认为每个联邦成员在功能上独立运行,同时保证在仿真开始时,所有网络节点都采用相同的时间参考基准进行同步。作为一条通用规则,如果在仿真中严格要求因果关系和重现性,合理可行的做法是使用同步机制和伴有频繁校准的共享参考时钟。实时仿真的这种模式是 DIS 标准的典型情况,该标准可以使用户构建这些方法并理解其局限。TENA 和 HLA 标准也允许此类操作。

实时和非实时(或只是非实时仿真的联邦)的混合仿真较难实现。据我们所知,唯一能够成功支持这种运行模式的标准只有 HLA。只要有一个联邦成员的运行是实时的,那么该联邦就是实时的。HLA 引入了"受约束的"联邦成员和"调节"联邦成员的概念,分别指运行速度取决于外部的同步和将其节奏强加给其他联邦成员的情形。

分布式仿真的一个特点是,每个联邦成员都可能具有与其他联邦成员不同的本地时间(逻辑时间)。所有方法的目标都是减少这些本地时间的差异。一个常见的错误观点是,认为所有联邦都有同一个参考时间。

5.8.4　虚拟环境技术

通常而言,系统的环境由外部事物、变量和过程等组成,它们会影响系统的行为。为了保证仿真的真实性,需要生成虚拟的陆地、海洋、天空等地理环境,风、雨、雷、电等自然现象,以及电磁环境。地形环境仿真的主要对象包括坡度、地物植被、通行性(道路等级、土质)、隐蔽性(影响搜索、发现、杀伤),以及人工环境(化学污染、弹坑、架桥)。海洋环境仿真的主要对象包括海洋自然环境(海底地形地物、地表文化特征)以及水波或海浪。大气及气象环境仿真的主要对象包括气温、气压、大气密度、空气湿度和风的时空分布,云、雨、雪、雾的宏微观结构及其时空分布和演变,雷暴、台风和暴雨等危险天气系统生成、移动、发展和消亡的四维演变过程,大气能见度、昏暗度和透明度的场景描述,以及霾、沙尘和烟尘污染(包括和生化武器的再生环境)环境定量描述等。电磁环境仿真对象是有意电磁辐射,主要描述辐射源类型、数量、位置分布、工作状态(辐射信号的功率、频率、样式、发生时间、持续工作时间)等基本参量及由辐射源产生的电磁信号的状态。

实际自然环境的表示对于训练和使命演习中,获得高质量的综合环境至关重要。这是决定准确性和逼真度水平的最为重要的因素之一。需要注意的是,在工程仿真中,很少要求逼真度,而准确性更为重要,例如对天气状况对红外传感器工作的影响进行建模时。完成仿真环境数据库(simulation environment data base, SEDB)所需的数据会变化非常大,具体取决于仿真的目标。在环境数据库中,存在大量的对象。这些对象之间的一致性和逼真性可能受多种误差因素影响(精度不够、精度过高、数据错误、不完整的数据、违背物理规律、概念上存在歧义等)。这些错误对仿真结果产生直接影响。例如,在第一个使用 SIMNET 的分布式仿真系统中,这种像飞行的坦克、地面上行驶的飞机等惊人现象的出现,就是由于在 SEDB 中缺乏一致性,即在每个仿真中使用的地形都不相同。

5.8.5　运行管理技术

通过对仿真开始之前、初始化、运行过程的记录与监控、运行结束后的分析与回放等,进行全面的管理,可将整个仿真在管理系统的监控下运行。管理的主要内容有:仿真开始之前,包括硬件监测、网络维护、资源加载、系统启动等;初始化阶段,包括仿真任务的分解与加载、时钟同步、环境的初始化;仿真运行过程中,包括数据记录、状态监控、态势显示、人工干预和运行控制(开始和终止、暂停和恢复等);仿真运行结束后,包括运行回放、结果统计、分析与评估、形成报告、资料归档等。

HLA RTI 定义了在仿真系统运行过程中,支持联邦成员之间互操作的标准服务,分为联邦管理、生命管理、对象管理、所有权管理、时间管理和数据分发管理 6 部分。此外,HLA 还提供有管理对象模型(management object model, MOM),实现对联邦执行的监控。

5.8.6 分布式仿真的优点和局限

分布式仿真引起的广大兴趣,甚至是热情,在某种程度上"隐藏"了其局限性。在这些局限性中,性能不高一直是在不同标准的倡导者间多次讨论的问题。这不是一个特定标准问题,而是在基本原理上具有一个明显的弱点,即对于分布式仿真的性能,无论怎样精心设计,都没有一项标准能够解决带宽和延迟方面的网络性能障碍。所有分布式系统都会产生大量的通信,需要相当大的带宽。如果延迟过高,实时系统将无法运行。从 20 世纪 90 年代中期开始,已经开发了一些降低信息交互的技术,如公布/订购和数据分发管理,但是所有这些技术都有各自的局限性。

第二个局限是所用技术固有的复杂性。这很快就会凸现出来,因为很难实现那些并非针对此目的设计的已有仿真系统互联。一个仿真系统与其他仿真系统、真实系统的互联是一种通用的服务,这是仿真系统与其他可视化或数据管理一并提供的服务。当系统的最初设计并非针对的是互联模式下的运行时,在分布模式下的功能降低风险显然会很高。这会对已有系统的重用带来明显的局限。

虽然注意到这些局限很重要,但是不应该忘记分布式仿真为分布式训练带来的巨大好处,即将活动进行分散,使之更接近于操作人员。经济性方面研究已经表明,当在试验领域中由于资源不足而妨碍共享使用时,分布式的好处也是相当可观的。

5.9 建模与架构语言

模型是仿真的基础,建模是仿真中必不可少的重要环节。进行仿真研究时,一般会依次建立被研究对象的概念模型、数学模型、计算机模型和评估模型。在给研究对象建模时,需要采用通用的符号语言,这种描述模型所使用的语言称为建模语言(modeling language)。各行各业相继形成了自己的建模语言,如虚拟现实建模语言(virtual reality modeling language,VRML)、服务建模语言(service modeling language,SML)、设备建模语言(device modeling language,DML)等。在仿真科学与技术发展的早期阶段,并没有通用的建模语言,出现了专门用于仿真研究的计算机高级语言,称为仿真语言。随着多个行业业务的交叉、多个学科研究内容的交融,需要跨行业、跨学科的仿真支撑技术与工具来满足各个行业、领域的需求,描述仿真模型的语言逐渐向更抽象的方向发展。

为了在利益相关方(如客户、产品的潜在用户和工程师之间,以及活跃在仿真生命周期不同阶段的仿真工程师之间)进行模型和实现的沟通,特别需要更为通用的建模和架构语言。例如,仿真语言、统一建模语言(unified modeling language,UML)、系统建模语言(systems modeling language,SysML)和美国国防部架构框架(the department of defense architecture framework,DoDAF)。当然,它们只是一个非常有限的子集。但是,为了应用可以比较的解决方案以促进实际工作,它将用于描述仿真工程师必须知道的主要思想。UML 和 SysML 是密切相关的,它们都由对象管理组织(OMG,2011)进行管理并为许多团体的标准奠定了基础。由于 SysML 被定义为 UML 的一个子集,为更好地支持系统建模而进行了扩展,而 UML 的主要用途是支持软件工程(虽然 UML 也同样用于许多其他领域,如业务建模),两者有很大的交叉。UML 也用来描述 DoDAF 的几个产品。

5.9.1　仿真语言

仿真语言是一类重要的仿真软件编程语言。随着仿真语言支撑软件发布,在系统仿真时应用仿真语言,不要求用户深入掌握通用高级编程语言的细节和技巧,因此用户可以用原来习惯的表达方式来描述仿真模型,把主要精力集中在仿真研究上。仿真语言按被仿真系统的特点分为连续系统仿真语言、离散系统仿真语言和连续离散混合仿真语言。按数学模型的形式分为面向框图的仿真语言和面向方程的仿真语言。按运行方式分为交互式仿真语言和批处理式仿真语言。

仿真语言不同于一般通用的高级语言,它具有以下几个特点:①仿真语言使用户可以采用习惯的表达方式来描述仿真模型。②仿真语言具有良好的并行性。在实际的连续系统中,过程都是并行发生的,而一般数字计算机都是串行的。因此,用仿真语言编写的源程序都有自动分选排序的功能,通过编译将源程序排列成正确的计算顺序,供计算机按顺序计算。③仿真语言与顺序型的通用编程语言有兼容性,可扩展仿真语言的功能。④仿真语言备有多种积分方法可供用户选用。⑤仿真语言配有常用输入输出子程序。⑥用仿真语言编制的源程序,便于实现多次运行仿真的研究。⑦用仿真语言编制的源程序,在程序运行的不同阶段,可以给出诊断程序错误的信息,帮助用户查找程序错误。

在连续系统仿真方面,1955 年出现了第一个框图式仿真语言,称为数字模拟仿真(digital analog simulation,DAS)语言。20 世纪 60 年代初在 DAS 语言的基础上做了改进,出现了改进型数字模拟仿真(modified digital analog simulation, MIDAS)语言。1967 年美国计算机仿真学会提出了一种兼有框图表示功能的面向方程的仿真语言,称为连续系统仿真语言(continuous system simulation language,CSSL),成为连续系统仿真语言的规范。此后又出现了许多符合 CSSL 规范的仿真语言。其中,应用较广的有连续系统建模(continuous system modeling program,CSMP)语言和微分分析器置换(differential analyzer replacement, DARE)语言。现在符合 CSSL 规范的仿真语言有许多版本。

在离散系统仿真语言方面,1959 年出现了第一个离散系统仿真程序包 MONTECONE。1961 年提出了进程型仿真语言——通用系统仿真语言(general purpose systems simulator)。1963 年出现了事件型仿真语言 SIMS-CRIPT。20 世纪 70 年代以后,仿真语言开始向多功能的方向发展。在离散系统仿真语言中引入连续系统仿真语言,产生混合系统仿真语言。将仿真语言与控制系统计算机辅助设计软件包配合使用,使计算机仿真系统成为控制系统设计研究的有力工具。近年来出现的仿真软件系统和专家系统进一步扩展了仿真语言的功能,成为仿真语言发展的新方向。

复杂系统建模与仿真语言是复杂系统建模与仿真技术的重要组成部分,它是一种面向问题的高级语言,通常由描述语言、编译器、模型库、算法库和运行控制程序组成。仿真语言本质上是仿真建模方法的一种软件化体现。现有仿真语言多是侧重于复杂系统特性的某一侧面,如发展最为成熟的连续、离散建模语言,但缺少对复杂系统连续、离散及定性等多领域混合特点及其一体化建模的支持,即目前还没有一套真正意义上全面支持复杂系统对象建模与仿真问题的通用仿真语言。

为了适应这些需求,文献[72]提出了一种基于模型驱动体系(model driven architecture,MDA)的复杂系统高性能建模仿真与优化语言系统——CSMSL。CSMSL支持连续系统、离散系统、定型系统、优化系统、半实物系统及其混合系统和变结构系统的建模与仿真。提供模块化及其复合的组件式、层次式、多粒度建模,有利于多学科异构复杂系统的一体化建模描述及模型的重用及维护等。

5.9.2　统一建模语言

20世纪80年代末至90年代中,随着面向对象的分析与设计(object orient analysis & design,OOAD)方法的快速发展,出现了50多种面向对象建模语言。众多的建模语言虽然大都雷同,但仍存在某些细微的差别,极大地妨碍了用户之间的交流。因此,极有必要在比较多种不同建模语言的优缺点的基础上,开发一个统一建模语言,于是UML诞生了。

UML起源于20世纪90年代形成的Rational软件,该软件将Grady Booch,Ivar Jacobson和James Rumbaugh的建模理论进行集成,以推进UML方法和开发基于UML的模型工具。UML又称为标准建模语言,于1997年被对象管理组织(Object Management Group,OMG)采纳。它是一个支持模型化和软件系统开发的图形化语言,为软件开发的所有阶段提供模型化和可视化支持,包括由需求分析到规格,到构造和配置。自1997年11月17日被OMG批准为标准以来,UML已经获得工业界、科技界和应用界的广泛支持。同时UML自身也在不断地发展和完善,目前的最新版本是UML 2.0。虽然UML的设计初衷是为软件开发提供一种标准建模语言,但OMG标准化过程也支持为特殊领域定制UML,如系统工程领域。

作为一种建模语言,UML包括UML语义和UML表示法两个部分。UML语义描述基于UML的精确元模型定义。元模型为UML的所有元素在语法和语义上提供了简单、一致、通用的定义性说明,使开发者能在语义上取得一致,消除了因人而异的最佳表达方法所造成的影响。UML表示法定义了UML符号的表示法,为开发者或开发工具使用这些图形符号和文本语法进行系统建模提供了标准。

UML 的图用于解释结构或行为。UML 的主要内容可以由 5 类图来定义:

第一类是用例图,从用户角度描述系统功能,并指出各功能的操作者。

第二类是静态图(static diagram),包括类图、对象图和包图。其中,类图描述系统中类的静态结构。不仅定义系统中的类,表示类之间的联系如关联、依赖、聚合等,也包括类的内部结构(类的属性和操作)。类图描述的是一种静态关系,在系统的整个生命周期都是有效的。

第三类是行为图(behavior diagram),描述系统的动态模型和组成对象间的交互关系。其中,状态图描述类的对象所有可能的状态以及事件发生时状态的转移条件。通常,状态图是对类的补充。在实际应用上并不需要为所有的类画状态图,仅为那些有多个状态且其行为受外界环境的影响并且发生改变的类画状态图。活动图描述满足用例要求所要进行的活动以及活动间的约束关系,有利于识别并行活动。

第四类是交互图(interactive diagram),描述对象之间的交互关系。其中,顺序图显示对象之间的动态关系,它强调对象之间消息发送的顺序,同时显示对象之间的交互。合作图描述对象间的协作关系。合作图跟顺序图相似,显示对象间的动态合作关系。除显示信息交换外,合作图还显示对象以及它们之间的关系。如果强调时间和顺序,则使用顺序图;如果强调上下级关系,则选择合作图。这两种图合称交互图。

第五类是实现图(implementation diagram)。其中,构件图描述代码部件的物理结构及各部件之间的依赖关系。一个部件可能是一个资源代码部件、一个二进制部件或一个可执行部件,它包含逻辑类或实现类的有关信息。部件图有助于分析和理解部件之间的相互影响程度。

从应用角度看,当采用面向对象技术设计系统时,第一步描述需求;第二步根据需求建立系统的静态模型,以构造系统的结构;第三步是描述系统的行为。其中,在第一步与第二步中所建立的模型都是静态的,包括用例图、类图(包含包)、对象图、组件图和配置图等 5 个图形,是标准建模语言 UML 的静态建模机制。第三步中所建立的模型或者可以执行,或者表示执行时的时序状态或交互关系,它包括状态图、活动图、顺序图和合作图 4 个图形,是标准建模语言 UML 的动态建模机制。因此,标准建模语言 UML 的主要内容可以归纳为静态建模机制和动态建模机制。

UML 已经应用于各种各样的团队。在软件领域,UML 的推广使用提出了一种规范的、无二义性的形式化描述语言,并被大家所接受,成为软件设计的标准。因此,仿真工程师至少需要能够阅读和理解这一产品。虽然 UML 也可以很容易用案例支持其他系统,但经常暴露出其软件工程的根基。这些促使了 SysML 的产生和发展,SysML 的发展也得益于对象管理组织的支持。

5.9.3　系统建模语言

系统建模的语言已有许多，如行为图、IDEF0 等，但它们的符号与语义不尽相同，彼此间不能互操作与重用。为了满足系统工程的实际需要，国际系统工程学会（INCOSE）和对象管理组织（OMG）在对 UML2.0 的子集进行重用和扩展的基础上，提出了一种新的系统建模语言——SysML，作为系统工程的标准建模语言。SysML 是 UML 在系统工程应用领域的延续和扩展。和 UML 用来统一软件工程中使用的建模语言一样，SysML 的目标是"为系统工程提供一种标准化的建模语言进行复杂系统的分析、描述、设计与校验，以提高系统的质量、改进不同工具之间进行系统工程信息交互的能力，并且帮助建立系统、软件与其他工程学科之间的语义连接"（OMG，2003）。

SysML 是一种图形建模语言，支持对包含人员、硬件、软件、过程、控制等在内的复杂系统进行说明、分析、设计、验证与确认，且独立于具体的方法与工具。在继承 UML 图形表示的基础上，SysML 包含的基本建模图形及其关系如图 5-2 所示。标准框的图表示与 UML 保持一致，并使用相同的名字；黑体框的图表示经过了修改；虚线黑体框的图表示为新增。SysML 特别对以下内容进行了修改：

（1）需求图代表系统需求的可视化建模，这是系统工程的关键所在。

（2）参数图显示系统组件在所有水平上参数之间的关系。它们还提供用于衡量系统性能的指标。需求定义了什么是需要的，参数则定义这将如何测量和评估。

（3）块定义图基于类图，但它们使用系统模块，而不是类。系统方框图为系统工程师所熟知，很容易映射到类表示。

（4）内部块图通过约束和扩展，对系统组件交互和相互关系进行管理，从而扩展 UML 复合结构图。

（5）活动图被扩展到允许连续流建模，这是许多系统经常需要的。另一个扩展则是支持控制和控制操作员建模。最后，活动图引入了逻辑操作符，从而允许常用于系统工程扩展的功能流程框图。

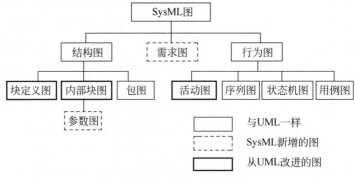

图 5-2　SysML 图的层次

　　在运用 SysML 进行建模时,主要是对系统结构、行为、需求与属性进行建模。其中,结构模型侧重于对系统的层次以及系统间不同对象的相互联系关系建模,主要通过块定义图、内部块图和包图来完成。行为模型主要针对基于功能的行为、基于状态的行为,以活动图、序列图、状态机图和用例图的形式表示。需求模型强调用户需求的层次关系、需求间的追溯关系及设计对需求的满足情况等。参数模型主要强调系统或系统内部部件间的约束关系。

　　SysML 为系统的结构模型、行为模型、需求模型和参数模型定义了完整的语义和相应的图形表示。结构模型强调系统的层次以及对象之间的相互连接关系。行为模型强调系统中对象的行为,包括它们的活动、交互和状态历史。需求模型强调需求之间的追溯关系以及设计对需求的满足关系。参数模型强调系统或部件的属性之间的约束关系。

　　SysML 作为系统工程的建模语言,一方面继承了 UML 的基本特性,借鉴了它作为软件工程统一建模语言的优点;另一方面又根据系统工程特性进行扩展,以提供对系统工程的标准化支持。对于带有系统工程特性的 DoDAF 来说,SySML 能够很好地支持其产品的生成,尤其是部件图和活动图满足了 DoDAF 对结构分解、功能分析的需求。

　　SysML 面向系统工程的扩展模型弥补了 UML 对系统体系结构表达上的不足,进一步支持 DoDAF 产品的描述。SysML 与 UML 有大量的重叠部分,SysML 是 UML2.0 的扩展,复用了基本 UML 建模元素的子集,不需要的 UML 元素从扩展中剔除,包括时序、通信、交互概览、组件、对象、扩展和部署图,因为这些元素对于 SysML 提供的构造是冗余的。SysML 关注系统,而不是软件。因此,SysML 剥离了 UML 所有“软件相关的”图,根据需要修改其他图以及增加所需的“系统相关的”图。值得强调的一个事项是,所有图都必须具有框架和标题。标题明确声明了图类型、模型元素类型、模型元素名称,使图易于识别并置于总体的架构模型的背景环境中。

　　SysML 的定义包括 SysML 语义和 SysML 表示法两个部分。它不仅解决了系统工程过程的质量和效率,同时也解决了不同符号和语义的建模语言和技术,如行为图、IDEF0、N^2 图等,导致彼此之间不能互操作和重用的问题;消除了因使用不同方法在表达法和术语上的差异,避免了符号表示和理解上不必要的混乱。SysML 能对系统工程的各种问题建模,适用于系统工程的不同阶段,特别是在系统工程的详细说明阶段和设计阶段,使用 SysML 来说明需求、系统结构、功能行为和分配非常有效。

　　SysML 建模功能仍然在不断完善。佐治亚理工学院(George Tech)的 Thomas A.J. 等在现有 SysML 功能的基础上,分析探索了如何将 SysML 的功能扩展到对连续系统进行建模。为支持仿真,他们还提出了基于图的双向映射机制,探索如何基于 SysML 的块图、内部块图及参数图来表示连续系统动力学及相关模拟所需的信息，以在 SysML 模型和 Modelica 间进行双向转换。乔治梅森大学（George Maon University）的 SysML 研究小组深入、系统地研究了 SysML 的所有功能，包括需求提取、系统定义与设计、可执行模型的开发以及系统分析，他们甚至给出了基于 SysML 进行复杂系统建模的标准流程。为具体研究分析 SysML 对超复杂系统建模的支持，INCOSE 德国分会、欧洲南部气象台（ESO）等以超大型望远镜的系统建模为基础，探索了 SysML 在结构、行为、参数等多方面的建模能力。通过深入研究发现，SysML 目前对一些深层次的复杂系统建模问题，如嵌套接口、多层抽象、关联块图重用等还缺乏有效支持。

5.9.4　美国国防部体系架构 DoDAF

为什么需要参考架构和框架？简单地说，是为了沟通。国防部的特点是其体系项目都非常庞大。大而复杂的系统之间需要接口相连，这些系统又与其他大型系统、不同类型的网络、各种安全设备等相连。参考架构可以帮助我们理解这一切。架构框架为架构形式化描述的开发和表现提供了基础，该形式化描述支持在机构、军种以及国家之间进行标准化的产品与通信架构的交流。DoDAF 是美国国防部所需的建模技术，也是美国国防部组织架构所需的建模技术："美国国防部组件在部门内部架构的开发过程中应尽可能符合 DoDAF 的一致性要求，以确保信息、架构构件、模型的共享。"近年来，基于 DoDAF 而发展出来的有：英国国防部提出的 MODAF 和北大西洋公约组织的 NAF（NATO architecture framework）。所有这些架构框架对定义一个架构的所有方面提供了不同的视角和观点，如需要在框架内完成以及由谁来完成（作战视图），什么样的系统和服务提供功能来实施这些想法（系统视图），以及哪些技术标准支持这些系统间必要的合作（技术视图）。它们还需要一个共同的词汇表，以包含在其中至少一个架构产品中使用过的术语的定义。

美国国防部使用各种活动的模型——从概念表达到网络设计、到接口规范和代码生成，DoDAF 可能是最全面的建模构架。它不是一个工具，而是一系列模型开发的规范。DoDAF 是美国国防部的 US Undersecretary of Defense for Business Transformation 工作小组制定的系统体系结构框架。其前身是 C^4ISR（command, control, communication, computers, intelligence, surveillance and reconnaissance，指挥、控制、通信、计算机、情报、监视和侦察）体系结构框架。DoDAF 专注于为不同的军事系统提供互操作。通过通用建模，该框架语言支持 C^4ISR 系统的开发，使利益相关方在大型复杂系统的开发上有效地开展工作。为了完成这个任务，DoDAF 解决了 6 个核心问题：①联合集成与开发能力；②装备采办；③系统工程；④规划、编制、预算和执行；⑤投资组合管理；⑥作战。

DoDAF 建立的正式流程和模型可作为架构开发和 SoS 集成的指南。为了支持 DoDAF，一些商业建模与仿真工具支持一个或多个 DoDAF 模型，有些还为具体的军事需要提供专门的工具。

DoDAF 是一个积累过程,其框架不断更新,并成为将其他参考架构包含在内的新框架,以适应和满足美国国防部客户的具体需求。DoDAF 已经演化了几代,随着更广泛的新参考框架的创建,DoDAF 能够实现快速响应——采用新的重要的建模概念并将其集成到框架中。

DoDAF 根植于早期的系统工程方法。指挥信息系统框架是随着克林格-科恩法案的通过而建立的,并在 1995 年美国国防部长指令(国防部必须通过广泛的努力来定义和开发更好的手段和过程,确保指挥信息系统的互操作以满足作战人员的需求)中得到阐述。最初的版本发布于 1996 年 6 月,随后很快于 1997 年 12 月升级到 2.0 版本。第二版本是指挥信息系统架构工作小组持续开发的结果,并在 1998 年 2 月的备忘录中作为所有指挥信息系统的框架描述强制执行。

2003 年 8 月,DoDAF 1.0 发行,它重构了指挥信息系统框架版本 2.0,并通过两卷索引和一本明细来提供指导、产品描述和补充信息,目的是将体系结构原则和实践的适用范围扩大到所有的任务领域,而不仅限于指挥信息系统。

2007 年 4 月,作为第一版本的改进,DoDAF 1.5 发行,它反映和利用了国防部在开发和使用架构描述方面已经获得的经验。然而,它仅是一个设计上的过渡版本,旨在为如何反映架构描述上的网络中心概念提供额外指导,并包含信息结构的数据管理和通过国防部形成联合结构。第二版本还包含了核心结构数据模型,该数据模型统一地描述了所有建模方面,反映在各类产品之中,并以数据库的形式提供支持。它还强调了使用基于 UML 产品来表述不同视角需求从而描述系统。

2009 年 5 月,DoDAF 2.0 开始实施,这一版本被定义为首要的、综合的框架和概念模型,有效地促进了框架开发,为国防部各级管理人员提供便利,通过有组织的信息共享从而更有效地做出重要决定,范围涵盖到国防部、联合功能域、组件和项目边界。这个新版本提供了一整套包罗万象的结构概念、指导、最佳例子和方法,以促进和支持结构的开发。

DoDAF 2.0 以数据为中心,引进了国防部体系结构的元模型(meta-model)的概念。元模型由概念数据模型(conceptual data model)、逻辑数据模型(logical data model)和物理交换规范(physical exchange specification)组成,是构成国防部体系结构框架整体的重要组成部分。元模型取代了国防部体系结构框架以前版本中的核心体系结构数据模型(core architecture data model)。

DoDAF 2.0 大大地扩展了视图类别。此版本使用术语"视角"来强调视图不是产品,而是通过各个视角来表示的数据。在 DoDAF 2.0 版本中,最初的系统视图已经被分解成系统视角(SV)和服务视角(SvcV),来适应系统和软件/服务工程扩展。各种(概念的、逻辑的和物理的)数据模型已转移到新的数据和信息视角(DIV)类别中。作战视角(OV)现在可为任何功能提供规则和约束的描述(业务、情报、作战等)。技术视图已经更新为标准视角(StdV),除了技术标准外,增加了行业、商业和条令标准的描述。全景视角（AV）并没有明显地修改。由于新的视图支持企业界跨系统分析和一致性决策，能力视角（CV）更关注于能力数据，以支持能力发展和有关数据的标准化。此外，项目视角（PV）重点关注文件管理信息，以详细绑定体系数据和项目成果。

为了支持 DoDAF，一些商业建模与仿真工具可支持一个或多个 DoDAF 模型，有些还为具体的军事需要提供专门的工具。选择正确的工具来设计和开发模型至关重要。

5.10 小结

1998 年，Rosen 将建模描述为"科学的本质和所有认识论的栖息地"。建模本身已经在很大程度上帮助我们更好地理解系统的设想，更好地对系统进行分析。此外，我们还可以通过仿真得到数值结果，了解复杂系统或体系的动态行为。

仿真能够建立模型，并赋予其生命力，但这有时候也会需要非常强的处理能力（相应的投资也不可忽视）。除此之外，仿真已经成为确保工程过程成功的关键，成为在解决复杂系统集成问题的多学科团队间开展协同工作的桥梁工具。在项目的定义、评估、生产和支援中，会有不同的人员参与其中。他们在试验和仿真中，必须共享信息和生成的数据，以便开展各自的评估、验证、鉴定和准备活动。为了做到这一点，他们在过程中还必须尽早地确定试验和仿真方面必需的信息。这就是美国国防部最早定义的基于仿真的采办（SBA）方法，即完整的采办过程以项目所有者和项目经理的职能为基础，采用紧密配合、集成一体的方式持续、协同运用仿真技术，并且贯穿于规划的各个采办过程。

仿真对于理解贯穿于系统全生命周期的复杂性是必需的工具。这里的逻辑是，在项目以及不同项目之间（尤其对体系而言），从整个运用角度对系统的分解，都要使用或重用仿真工具和已有的技术。因此，可以对仿真赋予如下的期望：从能力的视角，可以将仿真用于作为体系一部分的系统的采办，而不是简单地限于逐个替代各部分构成。

随着计算机科学技术的飞速发展，多媒体技术、虚拟现实、人工智能、面向对象方法、可视化与图形界面等方面都取得了巨大进展，对建模与仿真技术的发展亦相应地产生了广泛与深刻的影响。因而，近年来在建模方法研究、仿真技术研究、系统仿真应用等方面都取得了显著的成就和效益。实际上，仿真还很年轻，刚从"手工"阶段过渡到"工业"阶段，还远未发挥出全部的潜力，在未来几十年里肯定会发生很大变化。我们完全有理由相信，建模与仿真技术在国防建设和国民经济建设中将发挥越来越重要的作用。

第6章

复杂产品虚拟样机工程

近年来,在新产品研发的需求牵引下,在相关学科技术发展的推动下,以系统建模与仿真技术为核心的虚拟样机技术得以迅速发展。目前,以各类 CAX(如CAD、CAE、CAM 等)和 DFX(如 DFA、DFM 等)技术为代表的虚拟样机技术已在机械、电子、控制、软件等各个学科/领域中取得了许多研究成果与成功的应用实践。与此同时,一类以支持多领域协同 CAX/DFX 技术为特征的复杂产品的虚拟样机技术已成为制造行业产品研究、开发的热点。

虚拟样机技术成功应用的经典范例首推波音公司 777 飞机研制,并首飞一次成功(首发即中)。20 世纪末,波音公司在全球率先采用虚拟样机技术对 777 飞机进行整机的结构样机设计。在整个设计过程中没有采用传统的图纸方式,而是通过软件事先"建造"了一架虚拟的波音 777,让工程师基于虚拟的波音 777 进行数字化预装配和相关的分析。这样做能及早发现设计错误,使得飞机上成千上万的零件在被制成昂贵的实物前就确保了准确性,大大节省了开发时间和成本。波音777 飞机基于虚拟样机技术实现了原型机主要部件一次性对接成功,引领了以建模与仿真技术为核心的虚拟样机技术的迅速发展,尤其是以各类 CAX/DFX 技术为代表的虚拟样机技术,在产品开发的各个领域和不同阶段获得了大量的研究成果与成功经验。波音 777 研制的成功,标志着一类支持多学科/领域协同的复杂产品虚拟样机工程技术正步入人们的视野。

6.1 复杂产品虚拟样机工程的概念

虚拟样机技术是指利用虚拟样机代替物理样机对产品进行创新设计、测试、评估和人员训练。该技术的成功应用,使得虚拟样机技术逐步成为各类制造企业缩短产品开发上市周期、降低成本、改进产品设计质量、提高面向客户与市场需求能力的重要手段。其成效在以航天器、飞机、汽车、复杂机电产品、武器装备等为代表的复杂产品制造行业尤为显著。复杂产品示意图参见图 6-1。

复杂产品是指客户需求复杂、产品组成复杂、产品技术复杂、制造过程复杂、试验维护复杂、项目管理复杂、工作环境复杂的一类产品。[80]复杂产品中数量众多的零部件由分布在异地的不同设计/生产厂完成。在传统模式下,需要各部件分别完

复杂产品
虚拟样机
工程

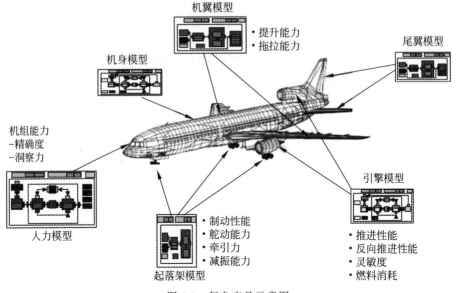

图 6-1   复杂产品示意图

成物理实体生产后再进行集成组装试验与测试，如果发现问题则需要重新返工。而在虚拟样机模式下，基于模型开展单学科和多学科的设计、验证与测试，努力将差错和问题在物理实体生产之前降到最低。传统产品开发模式与虚拟样机开发模式的对比参见图 6-2。

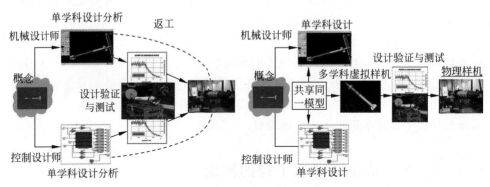

图 6-2   传统产品开发模式与虚拟样机开发模式对比

　　复杂产品虚拟样机技术是在各领域 CAX/DFX 技术基础上发展，进一步融合先进建模与仿真技术、现代信息技术、先进设计制造技术和现代管理技术的综合技术，是应用于复杂产品全生命周期、全系统，并对它们进行综合管理控制，强调虚拟化并从系统的层面来分析、模拟复杂产品的一种系统化的工程设计与管理方法。

　　复杂产品虚拟样机将不同工程领域的开发模型结合在一起，从各个角度来模拟真实产品，采纳并行工程哲理、方法、工具，实现了多学科/领域的协同设计与仿真验证。利用虚拟样机(部分)代替物理样机对产品进行设计、测试和评估，在缩短开发周期、降低开发成本、提高产品设计质量等方面发挥了巨大的作用。利用虚拟样机技术进行复杂产品开发的一个很重要步骤(阶段)是在产品概念设计阶段,它将决定产品是否具有创造性和竞争力,成为竞争的一个制高点。在这一阶段,设计师的创意构思可以得到充分发挥,设计方案具有很大的可塑性。产品概念设计涉及产品总体设计方案,产品的功能、原理、外形、布局等。产品概念设计是极富创造性的一项活动,也是复杂产品设计过程中最有价值的阶段,这一阶段的工作集中地体现了设计的创造性、复杂性和不确定性。

　　复杂产品虚拟样机的主要特点是在设计、建模等不同过程中涉及机、电、液、控等大量学科(专业)领域知识,模型是由分布的、不同工具开发,甚至异构模型组成的模型联合体,包括产品CAD模型、功能和性能仿真模型以及环境模型等,涉及的仿真类型多、学科领域多,应用范围广。该样机可应用于产品开发制造的全生命周期,包括需求分析和定义、概念设计、详细设计、生产制造、测试评估、使用、维护训练直至报废等所有阶段。

　　复杂产品虚拟样机(模型集)本身是一个复杂系统,它不但组成关系复杂、与外界环境的交互关系复杂,而且开发过程也复杂。复杂产品仿真的类型包括全数字仿真、半实物仿真和混合仿真,涉的专业领域包括机械、电子、软件和控制/动力学等学科领域。复杂产品虚拟样机可被应用于多级别的仿真,例如工程级、交战级、任务使命级和体系级。

　　复杂产品虚拟样机开发需要采用系统工程方法,融合虚拟样机技术,形成复杂产品虚拟样机工程。[80-81]复杂产品虚拟样机工程以开发满足客户需求产品的虚拟样机为目标,综合运用先进建模/仿真技术、现代信息技术、先进设计制造技术和现代管理技术,基于集成化的支撑环境,优化组织虚拟样机开发全过程中的团队/组织、经营管理、资源和技术,支持复杂产品开发过程各类活动中的信息流、工作流和物流集成优化运行,进而改善产品开发的上市时间(T)、质量(Q)、成本(C),提高企业的创新能力与市场竞争能力[81]。复杂产品虚拟样机工程体系轮图详见图6-3。

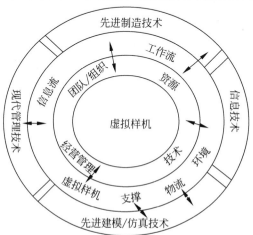

图6-3　复杂产品虚拟样机工程体系轮图

　　复杂产品虚拟样机工程对原有的产品开发方法、技术、工具等方面提出了一系列新的挑战：①强调在系统的层次上模拟产品的外观、功能和在特定环境下的行为；②虚拟样机可应用于产品开发的全生命周期，并随着产品生命周期的演进而不断丰富和完善；③支持不同领域人员从不同角度对同一虚拟产品并行地进行测试、分析与评估活动。

　　复杂产品虚拟样机工程涉及系统工程、建模与仿真、项目管理等技术，支持产品全生命周期的虚拟研制。复杂产品虚拟样机开发的过程，就是在复杂产品的全生命周期中对虚拟样机模型不断提炼与完善的过程。

6.2　复杂产品虚拟样机工程技术体系

　　在李伯虎院士率领下，笔者所在团队在复杂产品虚拟样机领域深耕多年，在分布交互仿真、虚拟现实、虚拟样机、集成平台/框架等研究、开发的基础上，结合复杂产品研制需求，研究提出了复杂产品虚拟样机工程技术体系[81]，如图 6-4 所示。

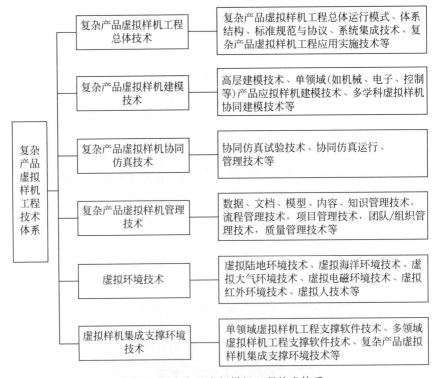

图 6-4　复杂产品虚拟样机工程技术体系

1. 复杂产品虚拟样机工程总体技术

复杂产品虚拟样机工程总体技术解决方案涉及系统全局的问题，考虑构成虚拟样机工程的各部分之间的关系,规定和协调各分系统的运行,并将它们组成有机的整体,实现信息和资源共享,实现总体目标。主要包括复杂产品虚拟样机工程总体运行模式、体系结构、标准规范与协议、系统集成技术、复杂产品虚拟样机工程应用实施技术等。

2. 复杂产品虚拟样机建模技术

复杂产品虚拟样机建模技术提供一个逻辑上一致、可描述产品全生命周期相关的各类信息的公共产品模型描述方法,支持各类不同模型的信息共享、集成与协同运行,实现不同层次上产品的外观、功能和在特定环境下的行为的描述与模拟。主要包括高层建模技术、单领域(如机械、电子、控制等)产品虚拟样机建模技术、多学科虚拟样机协同建模技术等。

3. 复杂产品虚拟样机协同仿真技术

复杂产品虚拟样机协同仿真技术是指异地、分布的建模和仿真分析人员可在一个协同、互操作的环境中方便、快捷和友好地采用各自领域的专业分析工具,对构成系统的各子系统进行建模与仿真分析,或从不同技术视图进行功能、性能的单点分析,并透明地支持它们参与整个系统的联合仿真,协作完成对系统仿真的一种复杂系统仿真分析方法。主要包括协同仿真实验技术和协同仿真运行、管理技术等。

4. 复杂产品虚拟样机管理技术

复杂产品虚拟样机管理技术实现对涉及的大量数据、模型、工具、流程以及人员的高效组织和管理,使其优化运行,做到在正确的时刻、把正确的数据、按正确的方式、传给正确的人,做出正确的决策,实现了信息集成和过程集成。主要包括数据、文档、模型、内容、知识管理技术,流程管理技术,项目管理技术,团队/组织管理技术,质量管理技术等。

5. 虚拟环境技术

虚拟环境是由计算机全部或部分生成的多维感觉环境,通过虚拟环境,人们可进行观察、感知和决策等活动。主要包括虚拟陆地环境技术、虚拟海洋环境技术、虚拟大气环境技术、虚拟电磁环境技术、虚拟红外环境技术、虚拟人技术等。

6. 虚拟样机集成支撑环境技术

虚拟样机集成支撑环境技术提供一个支持分布、异构系统基于"系统软总线"的即插即用环境,实现分布、异构的不同软硬件平台、不同网络和不同操作系统环境的互操作。主要包括单领域虚拟样机工程支撑软件技术、多领域虚拟样机工程支撑软件技术、复杂产品虚拟样机集成支撑环境技术等。

6.3 复杂产品虚拟样机支撑平台/工具集开发

为了支持复杂产品全生命周期的虚拟研制，必须构建支持复杂产品虚拟样机的建模与仿真支撑平台。笔者认为，复杂产品虚拟样机支撑平台/工具集的功能至少覆盖以下方面：

(1) 支持复杂产品开发制造的全生命周期，包括产品论证、设计、开发、制造、运行、评估/训练，直至报废等全生命周期的各个阶段。复杂产品虚拟样机支撑平台/工具集是一个集成的、支持复杂产品虚拟样机工程开发全生命周期的软件套件。

(2) 复杂产品虚拟样机是由分布的、不同工具开发的，甚至异构的子模型组成的模型联合体，包括产品的结构模型、产品的功能和性能模型以及环境模型等，因此，复杂产品虚拟样机支撑平台/工具集需要集成众多商品化 CAX/DFX 工具、企业特有的专业工具，同时采用系统工程和 V 字形开发模式，实现复杂产品虚拟样机的多学科协同设计、仿真及系统级优化，支持系统设计、验证与集成的迭代式开发。

(3) 复杂产品虚拟样机系统涉及的仿真类型多、学科领域多，应用的范围广。涉及的仿真类型包括虚拟仿真(硬件在回路中的仿真/半实物仿真和人在回路中的仿真)和构造仿真；涉及的学科/领域包括机械、电子、软件和控制/动力学等，可用于工程系统仿真、体系仿真、作战仿真等。因此，复杂产品虚拟样机支撑平台/工具集可以采用模型驱动(OMG/MDA)的体系结构，实现仿真应用、仿真运行支撑平台与仿真模型的三分离和独立发展，支持面向不同中间件(如 HLA、CORBA、WebService 等)的仿真应用部署与互操作，实现基于服务的多学科虚拟样机(复杂仿真系统)集成方法，支持不同粒度虚拟样机组件模型的重用与快速组装。

(4) 复杂产品虚拟样机系统是团队/组织、技术、管理 3 个要素和工程设计技术、建模/仿真技术和虚拟现实(virtual reality，VR)/可视化技术 3 类技术有机集成与优化的系统，并且涉及复杂的管理技术，包括各类数据、模型、工具、人员以及过程的管理与优化调度，因此，复杂产品虚拟样机支撑平台/工具集要以项目管理为核心，基于数据管理、模型管理等，实现 3 个要素和 3 类技术的有机集成与优化，支持复杂产品虚拟样机全系统、全生命周期的协同研发和管理控制。

(5) 复杂产品虚拟样机支撑平台/工具支持复杂产品全生命周期虚拟样机模型的版本控制、模型结构树管理、技术状态管理，实现虚拟样机模型状态可控和历史回溯。

经过多年的努力，笔者所在团队成功地开发了具有自主版权的复杂产品协同仿真平台/工具集(COllaborative SIMulation，COSIM)，其组成见图 6-5。COSIM是一种基于并行工程思想，它综合运用现代管理技术、先进设计/制造技术、先进建

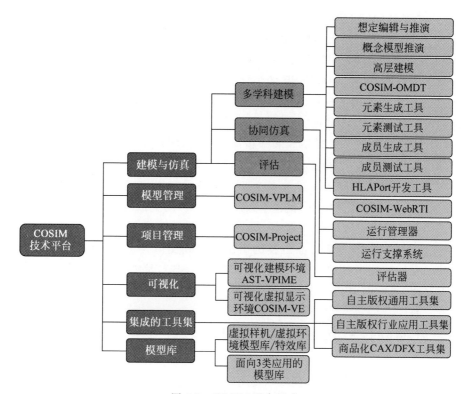

图 6-5　COSIM 平台组成

模与仿真技术、多学科优化技术,并将管理、技术与人三者进行有机集成,形成一体化的复杂产品协同开发环境。在复杂产品研制过程的整个生命周期,该平台支持采用多学科虚拟样机技术进行产品创新设计、仿真验证,从而可缩短研制周期,降低研制成本与研制风险,提高研制质量。COSIM 的特点如下:

(1) COSIM 平台采用模型驱动(OMG/MDA)的体系结构,基于组件技术,实现了仿真应用、仿真运行支撑平台与仿真模型的三分离和独立发展,支持面向不同中间件(如 HLA、CORBA、WebService、Grid 等)的仿真应用部署与互操作,实现基于服务的多学科虚拟样机(复杂仿真系统)集成方法,支持不同粒度虚拟样机组件模型的重用与快速组装,具有通用性、开放性和可扩展性。

(2) COSIM 将各类建模、分析软件集成起来,提供一个支持 3 类仿真(构造仿真,虚拟仿真,实况仿真)应用集成的综合仿真环境,实现不同领域/类型的模型。仿真应用之间的分布、协同建模仿真,提供对产品、过程、人员、组织、资源、资金等的管理与集成。例如,高层建模工具是可视化的建模工具,支持系统概念建模,并且自动生成 C 代码。

(3) COSIM 针对具有连续、离散、定性混合和涌现等特点的复杂系统建模仿真需求,形成了支持连续、离散、定性、优化等问题的仿真语言文本规范,并基于文本规范形成了完善的图形用户界面,实现可视化建模、编译和执行。

(4) COSIM 协同仿真平台支持异地分布建模、协同仿真，支持对不同领域仿真分析工具（MATLAB、ADAMS、EASY5、Pro/E、CATIA、iSight、PATRAN、NASTRAN 等）的集成与互操作，对产品虚拟样机集成系统进行建模、分析、仿真以及结果后处理，解决了复杂产品的多领域协同仿真问题。

(5) COSIM 管理工具实现了项目计划、团队人员、研制过程、所需资源的统一管理和配置优化。与此同时，基于 PDM（product data management，产品数据管理）技术，进一步拓展了对模型库和知识库的管理，实现了复杂产品全生命周期各阶段的虚拟样机的版本、模型结构、技术状态管理和控制。

(6) COSIM 提供基于先进分布交互仿真技术和虚拟现实技术的综合仿真系统，在逼真的综合仿真环境下，支持复杂产品（系统）的虚拟研制和性能评估。

迄今为止，COSIM 已经在航空、航天、船舶等行业进行了多个项目的推广应用，为 COSIM 从面向复杂产品工程的研制拓展到支持复杂系统（体系）的建模仿真奠定了坚实的技术基础。未来，将进一步融入 SBA 理念、技术、工具，全面支持复杂系统/体系的综合集成开发。

6.4　延伸阅读：基于仿真的采办

武器装备采办是指开发、获取和使用高新技术武器装备的全过程，包括需求分析、设计、研制、实验、生产、部署、保障、改进、更新和退役处置等活动。武器装备采办是一项复杂的工程项目，具有高费用、高风险、面向未来、面向对抗的特点。高技术环境条件下，尤其是在体系对抗条件下，武器装备采办过程中面临费用、进度、风险、战技指标和作战效能等多方面的挑战，这就要求采办部门必须采用先进的技术、先进的管理方法和管理手段，提高武器装备采办的水平。当前，武器装备采办面临的主要问题包括：①缺乏从体系对抗的层次进行武器装备需求分析论证的有效手段；②缺乏对武器系统研制和生产过程的有效管理和控制手段；③缺乏对未来武器装备作战使用和后勤保障能力进行测试和评估的有效手段；④管理思想落后，且缺乏有效而先进的采办管理支撑平台。

实践表明，由于现代战争对武器装备性能的要求越来越高，按照传统的武器采办方法，现代武器系统的开发时间和开发成本将呈指数上升的趋势，即使是成功的项目，采办周期也经常超过 20 年，最终交付给使用者的大都是技术落后的装备，而且许多大型系统都是超过了预算才交付使用，并存在功能和性能方面的缺陷。因此，传统武器系统开发模式难以满足新形势下军事用户的需求，必须寻找一种能够解决这些问题的方法。信息技术、先进制造技术，特别是建模与仿真（M&S）技术的迅速发展，为解决上述问题提供了良好的契机。基于仿真的采办（simulation based acquisition，SBA），又称虚拟采办，就是在这样的背景下提出的，并迅速成为各国的研究热点。

SBA 是美国国防部于 20 世纪 90 年代中期率先提出的武器系统采办思想,它是对传统武器采办方法改革的重要举措。1994 年,美国海军首先提出"以分布式仿真为基础的采办过程"。1997 年,美国国防部接受了"基于仿真的采办"概念。1998 年,美国国防部在"A Roadmap for Simulation Based Acquisition-Report of Joint Simulation Based Acquisition Task Force"报告中正式提出 SBA 的概念和体系结构,并为国防部范围内实现 SBA 提出了若干建议。1999 年,美国国防部在装备及自动化信息系统采办管理策略(DoD 5000. 2-R change 4 of May 1999)中确定了 M&S 在项目采办决策中的关键地位。最高采办指南(DoD 5000. 1)修订版中将 SBA 视为采办的基本策略和原则。其他国家也越来越重视对 SBA 以及 M&S 技术的研究与应用工作,澳大利亚、英国、荷兰等国,以及北大西洋公约组织等都相继成立了国家级的建模仿真办公室,制订了相关的建模仿真发展计划。

SBA 的定义:SBA 是一种跨采办职能部门、跨采办项目阶段、跨采办项目的各种仿真工具和技术的集成。它强调充分利用 M&S 技术,对新型武器系统的采办全过程(全生命周期)进行研究,包括需求定义、方案论证、演示与验证、研制与生产、性能测试、装备使用、后勤保障等各个阶段。SBA 的核心思想是协同工作,是对传统采办在文化、过程和支撑环境上的变革与创新。虚拟采办构成示意见图 6-6。

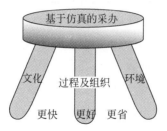

图 6-6　虚拟采办构成示意

SBA 的目标:"更快、更好、更省"地实现武器系统采办,切实有效地降低武器系统的开发成本,缩减开发时间,提高管理效率,减小采办过程中的风险和压力,增强武器性能。

SBA 的过程是高复杂度的系统工程过程,其研究与开发活动依赖于构建一种 M&S 技术使能的协同工程环境/平台体系,使采办主体可以在此环境提供的适用性资源和有针对性的技术工具支持下,协作完成采办客体生命周期全过程,获得用户所需的系统。从采办前期的需求定义开始,构建产品全数字模型历经方案论证、技术开发与演示到生产与部署的阶段定型,再经使用与保障,退役与处理,完成整个生命周期各阶段的连续演化过程。因为采办的投入资源、中间和最终产品、采办过程的多阶段输出的实体分别表征为不同类别的模型,因此 SBA 是在模型环境中构造模型、演化模型的工程。SBA 是真实世界实物采办过程基于 M&S 技术,在数字世界中的本质再现。SBA 就是我们今天熟知的基于模型的系统工程(model based system engineering,MBSE)。

SBA强调用数字化技术建立产品的虚拟样机,并将基于仿真的设计(simulation based design,SBD)、智能产品模型(smart product model,SPM)等概念和技术用于导弹、飞机、卫星等复杂产品系统的设计制造和验证中。例如,美国陆军战术导弹计划执行办公室在"标枪"(Javelin)反坦克导弹系统和陶式(TOW)导弹发展中引入了SBA/SMART概念,并已收到成效。美国陆军已于2007年建成了"一体化的虚拟试验靶场",可提供支持装备系统试验、训练和SBA过程。美国的联合攻击战斗机(JSF)项目也利用SBA的思想,建立了仿真评估测试环境(SAVE),在实际部件制造之前即通过M&S,以虚拟方式进行数千次的设计和建造,成功地实现了从系统需求分析、工程仿真、飞行品质仿真、虚拟制造、硬件在回路仿真至系统集成试验的虚拟样机开发全过程,并在试飞之前通过仿真终端进行了数千小时的虚拟飞行演练。JSF验证机试飞结果表明,在性能方面,仿真结果与实际飞行结果之间的误差小于2%。波音公司研制的无人作战飞机(UCAV)项目,由于采纳了SBA的思路,综合了现有多种类型作战飞机的成熟技术,从而节省了资金和时间,减小了风险。此外,美国国防部弹道导弹防御局(BMDO)研制的大型仿真系统"WarGame 2000"(代号WG2k),可以为军事部门提供在作战环境下开发、演练弹道导弹防御作战方案。由BMDO研制的战区导弹防御(TMD)系统的训练仿真系统(TMDSE)具有能提供实时的、动态的、在地理上分布的半实物仿真的试验能力,支持由爱国者PAC-3、海上宙斯盾、中程增程防空系统(MEADS)、战区高空区域防御系统(THAAD)和海军宽域战区弹道导弹防御系统组成的美国战区导弹防御体系的论证、试验、训练和评估。

SBA具有如下优点：

(1) SBA采用跨职能部门、多学科的集成产品团队(integrated product team,IPT)的组织模式。IPT包括了产品全生命周期中与武器系统开发相关的所有人员,如设计、生产、制造、采购、维修等采办部门的人员。武器系统演化开发过程强调小组成员合作、信任和共享的价值,要求IPT成员必须以统一产品概念模型(由DPD工具生成,其中DPD为Digital Production Definition的缩写)为一致性准则,采用一定的数据交换格式(deta interchange format,DIF),以实现产品信息跨职能部门、跨采办阶段、跨采办项目的无缝流动。

(2) SBA着重强调的是工具、资源和人的可重用性,采纳分布、交互、并行、协同、系统工程、标准化等新思想。通过资源重用、并行工程,可以缩短采办时间,减少资源消耗,降低采办风险；采纳系统工程、标准化思想,借鉴过去的成功经验,可以提高产品质量,增强军事性能,加强系统可保障性,降低全生命周期成本；在装备采办的全过程贯穿一体化产品和过程开发(integrated product and process development,IPPD)方法,可以实现各种资源的有效应用,促进产品与其他相关资源的协调性。

（3）SBA 是一种并行的、螺旋式的开发方式，M&S 作为一种可重用的资源在采办过程中得到更加有效的管理和应用，从而达到优化设计的目的。通过 M&S 技术，研究人员可以将系统置于虚拟的战场环境下进行运行评估，在设计之初就可以考虑到未来作战的需要；通过虚拟样机技术，可以评估、决策多种系统方案，而不需要建立大量物理样机进行单个设计的验证（可以避免不必要的物理样机测试，减少应用物理样机进行测试所付出的昂贵代价），从而使项目管理办公室能提出更好的系统开发方案；SBA 在武器系统设计之初就吸收军方各级人员参与，不仅可以及时沟通用户与研制方的认识，而且可以了解武器系统的使用环境和维护需求，从而极大地减少系统的运行和维护费用。

（4）SBA 沟通了国防或政府部门和工业部门、工业部门之间、政府部门之间的信息交流，政府部门能清楚地向工业部门表达其需求，工业部门也能有力地响应政府部门的需求而明确地提出解决方案。

（5）SBA 采用体系（systems of systems，SOS）思想，充分利用现有系统的可靠性，吸收旧系统的优点，改进旧系统的不足，这样既避免了重复开发和重复投资，从而节省成本和时间，又在很大程度上减少了新系统开发所面临的风险。

（6）SBA 的支撑环境是一种基于先进信息技术的分布式虚拟支撑环境，先进的 SBA 系统工程环境运用有效的方法及自动化来支持高效的设计合成、设计获取、设计评估以及其他复杂系统生命周期中的活动。

近年来，为了适应联合作战的需求，实现新的防务战略，美军改变了"基于需求"的武器装备采办策略，确立了"基于能力"的武器装备采办策略。借助于 SBA 技术，在方案论证、研制和生产等阶段加强了基于仿真技术的能力需求验证，使装备研制过程与能力需求更紧密地结合在一起，从而使国防采办工作更好地满足联合作战能力要求。近年来，美国国防部发布了新版采办程序文件，对政策体系、业务领域等做出重大调整。主要变化在于采办程序更加灵活多样，确定了新的 6 种采办路径，包括应急能力采办、中间层采办、重大能力采办、软件采办、国防业务系统采办、服务采办等。新的采办程序有助于美军快速形成作战能力，增加采办敏捷性，有效阻止大国威胁，对采办周期长、管理环节多、政策适应性差等问题快速回应和破解。目前，SBA 的概念、方法、工具体系等已经十分完善，已在美军多项武器装备采办过程中取得了良好的效果。

6.5　小结

随着先进设计/制造、计算机、建模与仿真、信息通信等技术的发展，针对复杂产品优化设计制造的需求，虚拟样机技术已经从单学科/专业领域的建模与仿真走向多学科的协同建模与仿真,在理论研究与应用实践的基础上,逐渐形成了一整套多学科虚拟样机技术,用于解决复杂产品多学科协同设计与联合仿真所面临的问题。随着研究对象(工程系统)日趋复杂,复杂系统的建模与仿真任务本身已成为大型的工程项目。建模与仿真人员的有效组织与管理,建模与仿真资源的优化调度与配置,仿真试验计划的合理安排与动态调整,以及生产过程的建模与仿真等需求,都迫使我们不得不将系统工程、项目管理、并行工程、虚拟采办等理念和工具,融入复杂产品全生命周期的虚拟样机开发过程中,将复杂产品虚拟样机开发等同于大型工程系统的研制,从而形成一套支撑复杂产品全生命周期的系统工程方法、工具(集),支持复杂产品(系统)的快速、低成本、高质量研制。这些工作为未来智能制造技术与系统的应用夯实了理念、方法、技术/工具等基础。

随着云计算、大数据、人工智能、工业互联网等新技术的不断发展,以及复杂产品(系统)虚拟样机应用需求的不断升级,虚拟样机技术与新技术的结合不断增强,将大力推动复杂产品虚拟样机工程技术/工具集的广泛、深入应用。

第7章

数字孪生与数字主线

美军将数字主线(digital thread)和数字孪生(digital twin)视为"改变游戏规则"的颠覆性机遇,并从 2014 年起组织洛克希德·马丁、波音、诺斯罗普·格鲁门、通用电气和普拉特·惠特尼等公司开展了一系列应用研究项目。数字主线能够量化并减少系统生命周期中的各种不确定性,有效支撑装备生命周期中关键决策点的决策,大幅降低复杂系统开发生命周期各阶段迭代的时间和成本。美军认为,系统工程将在基于模型的基础上进一步经历数字主线变革。美国空军研究试验网站 2021 年 1 月 21 日报道,美国空军研究实验室弹药管理局最近在虚拟弹药模拟平台上进行了"武器一号"(WeaponONE,W1)演示验证工作,演示验证中应用的数字孪生技术发挥了重大作用,基于数字孪生实现了复杂产品的虚实结合及智能演进。这一演示首次将复杂产品研制引入数字工程时代。

IBM 的研究报告指出:目前数字孪生技术主要应用在"高价值"领域,如火箭制造、石油和天然气等开采系统(停机成本高)。根据 Gartner 技术发展趋势分析,数字孪生技术在未来 5～8 年将趋于成熟。随着 5G 和工业物联网平台的普及应用,全球数字孪生技术必然会得到大规模应用。

7.1 数字孪生的概念

数字孪生近年来风生水起,成为一个炙手可热的概念。孪生体(twins)概念在复杂系统研制领域的应用,最早可追溯到美国国家航空航天局(National Aeronautics and Space Administration,NASA)的阿波罗登月计划项目。在该项目中,NASA 需要制造两个完全相同的空间飞行器,留在地球上的飞行器被称为孪生体,用来反映(或作镜像)正在执行任务的空间飞行器的状态/状况。在飞行准备期间,留在地球上被称为孪生体的空间飞行器大量用于训练;在任务执行期间,使用孪生体进行仿真实验(半实物仿真实验,其运行环境是模拟的),该孪生体尽可能精确地反映和预测正在执行任务的空间飞行器的状态,从而辅助太空轨道上的航天员在紧急情况下做出最正确的决策。从这个角度可以看出,孪生体实际上是通过仿真,实时反映真实运行情况下的样机或模型。它有两个显著特点:①孪生体与其所要反映的对象在外表(指产品的几何形状和尺寸)、内容(指产品的结构组成及其宏观微观物理特性）和性质（指产品的功能和性能）上基本相同；②允许通过仿真等方式来镜像/反映真实的运行情况/状态。需要明确指出的是，那时的孪生体还是实物。

业界普遍认为，数字孪生是 Michael Grieves 教授针对产品全生命周期管理（product lifecycle management，PLM）提出的一个概念，当初并不叫 Digital Twin，而是叫镜像空间模型（mirrored space model，MSM），但这种说法并没有书面文献或资料佐证。真正有据可查的"数字孪生"概念的提出者是美国空军研究实验室（Air Force Research Laboratory，AFRL）。2011 年 3 月，美国空军实验室结构力学部门的 Pamela A. Kobryn 和 Eric J. Tuegel 做了题目为 "Condition-based Maintenance Plus Structural Integrity（CBM＋SI）& the Airframe Digital Twin（基于状态的维护＋结构完整性 & 战斗机机体数字孪生）"的报告，首次明确提到了数字孪生。当时，AFRL 希望实现战斗机维护工作的数字化，而数字孪生是他们想出来的创新方法。2011 年，Michael Grieves 与美国国家航空航天局 John Vickers 合著的《几乎完美：通过 PLM 推动创新和精益产品》将其正式命名为数字孪生。美国空军研究实验室于 2011 年明确提出在未来飞行器中利用数字孪生实现状态监测、寿命预测与健康管理等功能；美国空军在 2013 年发布的《全球地平线》顶层科技规划文件中，将数字孪生和数字主线视为"改变规则"的颠覆性机遇。2015 年，美国通用电气公司计划基于数字孪生，并通过它自己搭建的云服务平台（Predix），采用大数据、物联网等先进技术，实现对发动机的实时监控、及时检查和预测性维护。美国国防部于 2018 年 6 月公布了《数字工程战略》，通过整合先进计算、大数据分析、人工智能、自主系统和机器人技术来改进工程实践，在虚拟环境中构建原型进行实验和测试。Gartner 公司从 2017 年起连续 3 年将数字孪生技术列为十大战略技术趋势之一。

随着数字孪生备受关注，其概念也不断发展与演变。迄今为止，数字孪生还没有实现定义的统一。以下列出几个数字孪生的定义，供大家借鉴和思考。

（1）NASA 认为：数字孪生是充分利用物理模型、传感器更新、运行历史等数据，集成多学科、多物理量、多尺度、概率的仿真过程，在虚拟空间中完成对物理实体的映射，从而反映物理实体的全生命周期过程。

（2）Gartner 在十大新兴技术专题中对数字孪生的解释：数字孪生是实物或系统的动态软件模型（2017 年）。数字孪生是现实世界实物或系统的数字化表达（2018 年）。数字孪生是现实生活中物体、流程或系统的数字镜像（2019 年）。Gartner 对于数字孪生的理解也有一个不断严谨的过程，而数字孪生的应用主体也不局限于物联网来洞察和提升产品的运营绩效，而是延伸到更广阔的领域，例如过程的数字孪生、城市的数字孪生，甚至组织的数字孪生。

（3）全球著名 PLM 研究机构 CIMdata 认为：数字孪生模型不能单独存在；可以有多个针对不同用途的数字孪生模型，每个都有其特定的特征，例如数据分析数字孪生模型、MRO（maintenance、repair、operation，维护、维修、运行）数字孪生模型、财务数字孪生模型、工程数字孪生模型以及工程数字孪生仿真模型；每个数字孪生模型必须有一个对应的物理实体，数字孪生模型可以而且应该优先于物理实体而存在；物理实体可以是工厂、船舶、基础设施、汽车或任何类型的产品；每个数字孪生模型必须与其对应的物理实体有某些形式的数据交互，但不必是实时或电子形式。

（4）GE Digital 认为：数字孪生是资产和流程的软件表示，用于理解、预测和优化绩效以改善业务成果。数字孪生由 3 部分组成：数据模型，一组分析工具或算法，知识。

（5）西门子认为：数字孪生是物理产品或流程的虚拟表示，用于理解和预测物理对象或产品的性能特征。数字孪生用于在产品的整个生命周期，在物理原型和资产投资之前模拟、预测和优化产品和生产系统。

（6）SAP 认为：数字孪生是物理对象或系统的虚拟表示，但其远远不仅是一个高科技的外观。数字孪生使用数据、机器学习和物联网来帮助企业优化、创新和提供服务。

（7）PTC 认为：数字孪生（数字映射）正在成为企业从数字化转型举措中获益的最佳途径。对于工业企业，数字孪生主要应用于产品的工程设计、运营和服务，带来重要的商业价值，并为整个企业的数字化转型奠定基础。

上述定义或解释的关注点是不尽相同的，也正应了中国的一句俗语"站在哪山唱哪山的歌"。例如，NASA 关注的重点是产品全生命周期的虚实映射；CIMdata 强调模型与实体是多对一的关系；GE Digital 关注资产和流程的软件表示，等等。不管如何定义，有一点是共同的：数字孪生是物理对象的虚拟模型，都至少包含 3 个组成部分：物理对象、虚拟模型以及两者间的链接数据。

在借鉴多种定义的基础上，充分吸收笔者所在团队多年来研究、实践建模与仿真、虚拟样机、系统工程、项目管理等技术的经验，笔者认为，数字孪生是根据特定目的，对物理实体（含对象、过程、环境等）进行抽象、形式化描述而生成的模型。该模型通过接收来自物理实体的数据而协同演化，从而与物理实体在全生命周期中保持状态协调一致。基于数字孪生可进行分析、预测、诊断、训练等（以下统称为仿真），并将仿真结果反馈给物理实体，从而支持对物理实体进行优化和决策。模型与物理实体不是一对一的关系，因目的不同，同一个物理实体可以有多个模型与它对应。

从研究的对象看，数字孪生研究的对象是现实世界中的物理实体，更准确地说是物理实体的某个或某些侧面的逼真映射。未来，数字孪生可以模拟现实世界中的任何实体，例如工业互联网、企业组织、大型装备体系、装备系统、工厂、生产线、零部件，以及产品生产、运行使用的环境等。

从应用价值和目标看，数字孪生的应用价值是通过虚实融合、虚实映射，持续改进产品的性能,提高产品运行的安全性、可靠性、稳定性,提升产品运行的"健康度",从而提升产品在市场上的竞争力。同时,通过对产品的结构、材料、制造工艺等各方面的改进,降低产品成本,帮助企业提高盈利能力。例如,美国 GE 公司在其工业互联网平台 Predix 上利用实物的数字孪生技术,对飞机发动机进行实时监控、故障检测和预测性维护;在产品报废回收再利用的生命周期中,可以根据产品的使用履历、维修物料清单和更换备品备件的记录,结合数字孪生模型的仿真结果,判断零件的健康状态。NASA 国家先进制造中心主任 John Vickers 认为:数字孪生模型的最终目标是在虚拟环境中创建、测试和生产所需设备。只有当它满足我们的需求时,才进行实体生产。然后,又将实体生产过程数据通过传感器传递给数字孪生模型,以确保数字孪生模型包含我们对实体产品进行检测所获得的所有信息。

从对建模与仿真系统功能的需求角度看,应根据数字孪生研究对象的需要,提供系统架构设计能力,具备多层次、形式化表示功能,模型覆盖元素、子系统、系统、体系等,并支持流程、过程、环境等建模;接收生产和运行使用过程中的数据,进行分析、预测、诊断、训练等,支持对物理实体进行优化和决策;具备支持异地、异构、分布交互仿真能力;支持多分辨率、互操作、可重用等模型的构建;支持体系联邦、复杂系统联邦及联邦成员的建立与管理;具有仿真运行管控的能力,支持实时仿真评估、信息交互,支持对组织、系统、产品等决策;具备模型结构树管理、版本控制、技术状态控制等功能,保证模型的一致性、可追溯性;支持仿真过程和结果的逼真显示以及仿真报告的自动生成等。

从产品和生产角度看,数字孪生可在虚拟环境中"复现"产品和生产系统,使得产品和生产系统的数字空间模型和物理空间对象处于实时交互中,使二者能够及时地掌握彼此的动态变化并实时做出响应。首先,数字孪生能够实现快速构思,即不仅能够对直接看到的物理对象进行形式化描述,弥补思维过程中丢失的信息,而且能够基于看到的物理产品和虚拟产品的信息,了解和优化物理对象。其次,数字孪生能够实现虚实对比,即数字空间与物理空间是否是精准映射和共同进化的,有助于不断积累相关知识,以便发现理想特征与实际趋势之间的误差,并进行定量和定性监测。最后,数字孪生能够实现广域的协同,即以数字化方式模拟物理空间的实际行为,并将其叠加到数字空间(模型)中,从而突破个体数量和地域分布的限制,实现远程控制生产系统的制造执行。

不管数字孪生可以做什么,也不管它的价值所在,重点强调指出的是:必须建立与物理实体对应的、可以在虚拟空间运行的模型,即建模是数字孪生落地应用的引擎。数字孪生不仅需要使用人类已有理论和知识来建立,而且可以在孪生模型上进行试验(仿真),以便发现和寻找更好地解决问题的方法和途径,不断激发人类的创新力,不断追求对象系统的综合优化,乃至预测现实世界的未来走向。

自从数字孪生的概念提出以来,已经应用于诸多工业领域,特别是军事工业领域,并展现出了巨大的潜力。2012 年,面对未来飞行器质量轻、负载大、寿命长的严苛研发需求,NASA 和美国空军合作并共同提出了未来飞行器的数字孪生范例。[91]美国空军研究实验室通过将超高保真的飞机虚拟模型与影响飞行的结构偏差和温度计算模型相结合,开展了基于数字孪生的飞机结构寿命预测。美国海军通过虚拟化宙斯盾系统的核心硬件,构建了宙斯盾系统的数字孪生,并在托马斯·哈德纳导弹驱逐舰上利用虚拟宙斯盾系统发射了一枚导弹并成功命中目标,实现了美国海军武器系统形态以及升级模式的重大变革。美国通用电气公司基于数字孪生,利用云服务平台实现了对航空发动机的实时监控和预测性维护。国外传统PLM/CAX 厂商也纷纷基于数字孪生规划下一代软件产品。例如,ANSYS 借助于在数值仿真领域的优势,推出了 Twin Builder,可以基于多学科的数值仿真模型,在虚拟空间构建产品系统仿真和数字孪生,支持接入 PTC ThingWorx 中的实时物理数据,对物理产品进行设计优化和预测性维护等。

　　笔者所在智能制造系统技术国家重点实验室,结合复杂产品研制的需求,基于在系统工程、建模与仿真、虚拟样机、人工智能等技术上取得的成果和积累的经验,重点选取复杂产品部分生产环节开展了初步尝试。例如,以智能集成装配线为对象,构建物理生产线和虚拟生产线,在业务流程的驱动下,生产厂的工程师在线开展工艺设计和工艺仿真,并调度平台上的虚拟生产线进行加工生产。支持数字产品设计仿真与物理生产线的同步运行及反馈,通过物理生产系统和数字孪生之间信息和控制指令的传递,对当前生产过程进行诊断、控制。复杂产品数字孪生演示验证系统参见图 7-1。

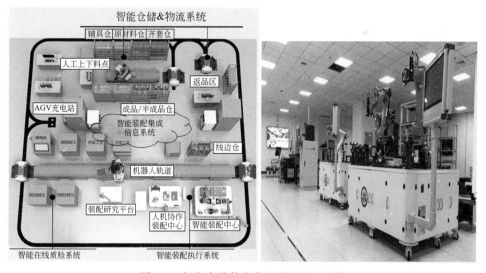

图 7-1　复杂产品数字孪生演示验证系统

　　智能装配中心/人机协同装配中心是智能集成装配产线的核心部分,由多个机械臂构成。智能集成装配生产线难点之一是要实现多机械臂的协同优化。针对当前机械臂调校时间长,敏捷化、柔性化不足等问题,我们以多机械臂协同作业(装配)为应用示范场景,开展了基于数字孪生的机械臂智能运动控制研究。首先构建了双机械臂协同装配场景的软硬环境,针对装配任务要求,建立了双机械臂运动学中的避碰模型、协同模型,以及路径规划、任务规划、协同操作约束等模型,并且基于物理机器人(UR5 和 ROS)进行协同装配数据采集和分析。在此数字孪生调试过程中,同时引入人工智能算法,大大地缩短了机械臂调校时间,并实现了多机械臂的协同作业。机械臂数字孪生演示验证系统见图 7-2。

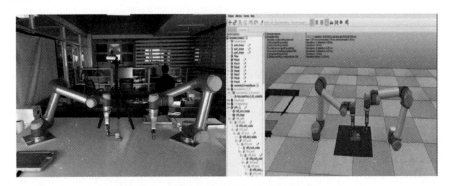

图 7-2　机械臂数字孪生演示验证系统

通过研究与应用验证,进一步厘清了多学科虚拟样机与数字孪生的关系,即数字孪生是继多学科虚拟样机之后,建模与仿真技术在新一代信息技术和人工智能技术下的延伸应用。虚拟样机从产品概念设计阶段开始形成,在物理样机投产之前,实现对设计方案的多次迭代、优化,以确保物理样机的一次制造成功(从虚向实)。随着物理样机(或产品)的成功制造和使用运行,虚拟样机与物理样机(或产品)之间持续进行数据交互,并保持相互作用及同步演化,这时候虚拟样机就演变成了数字孪生。数字孪生的应用是从复杂产品运行维护阶段开始的(从实向虚)。笔者认为,数字孪生是多学科虚拟样机与基于仿真的采办融合的必然产物。伴随着云计算、大数据、人工智能、工业互联网等技术的发展,数字孪生将牵引建模与仿真技术的发展,建模与仿真技术的进步反过来进一步支撑数字孪生的发展,形成互动的良性循环,而且其覆盖的主题领域越来越广泛。

目前,我们对数字孪生必须保持清醒的认识。数字孪生的异军突起,名字通俗易懂、朗朗上口固然重要,但更主要的是西门子、GE Digital、达索、PTC、SAP 等行业大鳄们的商业炒作和各大媒体的肆意宣传,外加个别学术大鳄的推波助澜。其实,大家只要稍微留意就会发现,各大公司纷纷打着新概念的旗号,兜售的主要还是原有的 CAX/DFX,以及 PLM 系统/工具,只不过此时这些产品都贴上了闪闪发光的新标签。解决方案供应商提供的所谓最佳实践和成功案例也不过是以往数字化项目的改头换面,实际应用范围、应用水平同宣传报道之间的差距非常大。我们在理解数字孪生概念的同时,要防止在概念上把数字孪生的内涵随意放大,赋予越来越多的能力,避免与其他技术大幅度交叉,甚至重叠。

再次强调一下,建模与仿真技术作为数字孪生的理论基础,其技术体系中很多都可以直接用于数字孪生的研究和应用,包括理论、方法、标准、工具和平台,因此没有必要在数字孪生的名义下重复构建。事实也证明:NASA 提出到 2027 年实现数字孪生的目标,但并未提及重新构建数字孪生的技术体系。笔者认为,在建模与仿真技术体系上进行适当的补充和完善是必然的选择。

7.2　数字主线的概念

近年来,美军积极推进虚拟武器研发系统的建设与应用。虚拟武器研发系统建立在一套权威的武器装备数据、模型基础上,是现实武器装备的数字镜像。2019年 3 月,美国海军进行虚拟宙斯盾系统首次实弹拦截试验,作战人员利用该系统发射了 1 枚"标准-2"导弹,成功地拦截了 1 枚巡航导弹靶弹。该系统能够在虚拟空间进行武器装备的快速迭代、升级与验证,并具备控制物理装备共同完成作战任务的能力,可大幅缩短舰载宙斯盾系统升级部署周期,并降低升级成本,体现了美国在数字主线与建模仿真等方面的最新成果。有文献指出,数字主线的概念最先是美国空军和洛克希德·马丁公司在研制 F-35 时提出的。数字主线实现了前所未有的设计数据和制造数据的打通,从而极大地提升了战斗机制造的自动化程度。

查阅相关文献,可以看到数字主线(也称数字线索)多种版本的定义,目前还没有统一。以下列出几个典型的定义,供大家参考。

(1) 美国空军 SAF/AQR 在 2013 年的定义:数字主线是指对武器装备研制过程中,通过一种基于物理的技术描述,可以对武器装备系统当前和未来具备的能力进行动态的、实时的评估,辅助完成能力规划即分析、产品初步设计、详细设计、生产制造、运营维护过程中的诸多问题的决策。

(2) CIMdata 认为:数字主线是一种信息交互的框架,能够打通原来多个竖井式的业务视角,连通设备生命周期数据(也就是其数字孪生模型)的互连数据流和集成视图。数字主线通过强大的端到端的互联系统模型和基于模型的系统工程(MBSE)流程来支撑和支持。

(3) 埃森哲认为:数字主线是贯穿于公司各个职能部门和产品生命周期的信息流,涵盖产品构思、设计、供应链、制造、售后服务等各个环节,乃至外部的供应商、合作伙伴和客户产生的数据,赋能数字孪生的开发和更新。数字主线使得产品设计、制造和运维过程中所使用的流程以及产生的数据能够连接、追溯和管理;而数字孪生是在产品设计至运维的整个生命周期内,使用经过数字主线管控的数据对产品进行建模,对产品的性能、行为进行仿真、预测、诊断和反馈。

(4) 百度百科的定义:数字主线是指利用先进建模与仿真工具构建的,覆盖产品全生命周期与全价值链,从基础材料、设计、工艺、制造以及使用维护全部环节,集成并驱动以统一的模型为核心的产品设计、制造和保障的数字化数据流。

数字主线旨在通过先进的建模与仿真工具建立一种技术流程，提供访问、综合分析系统生命周期各阶段数据的能力，使用户和工业部门能够基于高逼真度的系统模型，充分利用各类技术数据、信息和工程知识的无缝交互与集成分析，完成对项目成本、进度、性能和风险的实施分析与评估。

数字主线是一个可拓展、可配置和组件化的企业级分析框架。基于该框架可以构建覆盖系统生命周期与价值链的全部环节的跨层次、跨尺度、多视图模型的集成视图，进而以统一的模型驱动系统生存周期活动，为决策者提供支持。数字主线的目标是在系统的全生命周期内实现在正确的时间、正确的地点，把正确的信息传递给正确的人，做出正确的决策。具体措施如下：

（1）统一数据源，产品有关的数字化模型采用标准开发的描述，可以逐级向下传递不失真，可以回溯。

（2）集成并驱动现代化的产品设计、制造和保障流程，以缩短研发周期并实现研制一次成功。

（3）在整个生命周期内，各环节的模型都能及时进行关键数据的双向同步和沟通，基于这些形成状态统一、数据一致的模型，从而可动态、实施评估系统当前和未来的功能及性能。

（4）贯穿产品创新设计环节、制造环节的价值链，以及运营维护的资产管理环节，是整体而非局部，是集成而非孤立，是包含物料、能量、价值的数字化集成，即垂直、水平、端-端的数字化集成。

形象地讲，如果把产品全生命周期各类数字孪生比喻为珍珠，那么将一颗颗珍珠穿起来的链子，就是数字主线。数字主线不仅可以串起各个阶段的数字孪生，也包括产品全生命周期的信息，确保在发生变更时各类产品信息的一致性。

美军及美国武器装备研制部门将数字主线作为 MBSE 实施的重要内容，通过数字主线的构建与应用为武器装备虚拟采办、数字孪生等创造了良好的数据支撑环境。美国空军通过数字主线首次具备了在早期的需求生成阶段，分析评估体系、网络、架构等要素对飞行系统平台互用性和互依赖性影响的能力。雷神公司通过工具集成在型号需求、设计、试验等阶段建立了数据、模型之间的关联，构建了覆盖产品全生命周期的数字主线，具备了在武器装备整个生命周期不同阶段端到端信息流的获取能力。NASA、波音公司基于 OpenMBEE 与 OpenCAE 建立了基于模型的工程环境，实现了系统模型与多学科模型的数据集成、统一存储以及对模型数据版本、流程和权限的管理，建立了模型数据交换的标准体系。

强调一点，美国武器装备研制应用数字主线的背后完全仰仗于多年来在高性能计算、建模与仿真、工程采办工具与环境等项目中持续攻关与大量的资金投入。例如，美国国防部开发的 CREATE-AV，通过数字主线导入其中的飞行系统模型架构，可构建支持启动、动态稳定性和控制以及结构仿真的高逼真度物理特性模型,高效执行分析优化,支持航空装备概念开发和设计。

7.3　数字孪生与数字主线的关系

数字孪生作为一种"虚拟世界多次迭代,物理世界一次成功"的有效手段,其核心价值在于构建高置信度、高逼真度模型,能够实现模型和实物样机的同源产生、异步成长、赛博互动。数字孪生的同源产生、异步成长和赛博互动来自数字主线、虚拟样机、人工智能等技术。通过数字主线能够对复杂产品全生命周期各类数据、模型、知识进行统筹管理、关联集成、挖掘分析和有效重用,从而打通复杂产品从设计到制造、装配和检验、交付使用、维护保障等过程的正向信息通道,将全生命周期后期阶段获取的物理数据反馈到虚拟空间中的逆向信息通道。通过虚拟样机+人工智能实现对物理产品的反馈、评估及优化。数字孪生技术是复杂产品建模与仿真,尤其是复杂产品虚拟样机技术,在新一代信息技术与人工智能技术背景下的进一步延伸发展。

通过研究与实例验证,我们认识到:数字主线是在充分借鉴系统工程、并行工程等思想,借助 PLM 技术/工具、系统建模语言/工具的基础上提出的,它支持复杂产品(系统)从需求分析开始直至报废全过程的数字孪生的管理与控制,包括模型的技术与管理流程、版本控制、技术状态管理、历史回溯等,可实现虚实世界的双向互动。

数字主线是创建和使用反映复杂产品物理特性的、跨领域的、公共的数字替身(仿真模型、试验模型、工艺模型和检测模型等),支持模型信息在物理空间与数字空间的双向沟通,一方面保证从基于能力的规划、方案分析、工程和制造开发、生产和部署,到运行和支持的全生命周期数据、模型和信息的连续统一,从而实现动态、实时评估产品当前及未来的功能和性能;另一方面将物理空间的信息反馈到虚拟的产品开发之中,并建立支持跨地域协议接口的、与过程知识管理系统集成的统一技术框架,提供一个集成的复杂组织体视角,加强对产品性能的边界和不确定性的定量分析和确认,有效支持复杂系统生命周期中关键决策点的决策,大幅降低复杂系统开发生命周期各阶段迭代的时间和成本。

数字主线围绕复杂产品生命周期模型的表达和分类开展研究,实现全业务过程中数据、流程及分析的结构化分类管理,形成贯穿生命周期的流程、模型、分析方法及应用工具,支持在概念层级应用架构方法,模型化表达运行概念、复杂产品能力及需求之间的多层级、多视角及多组织的一致性理解,实现在复杂产品研制之前验证和确认客户需求对未来复杂产品能力要求的满足度;在需求层级,承接复杂产品能力,开展复杂产品运行意图/场景、需求定义与管理、功能分析与建模、设计综合以及验证确认等业务的研究,提升需求管理和复杂产品架构管理能力;在研制层级,将仿真分析数据传递到产品模型上,再传递到生产系统加工成物理产品,最后再将生产现场信息反馈到产品定义模型中，优化设计与仿真模型。

数字主线作为方法、通道、连接、接口，为数字孪生提供访问、整合和转换能力，实现贯通复杂产品从运行概念、解决方案和研制的全生命周期业务过程的数字空间和物理空间信息的双向共享／交互和全面追溯。

现阶段，我们仅能看到和／或听到这些新概念、成功案例的介绍（大多数是PPT、论文或 DEMO），根本无法观看到真实的应用系统。因为这些新概念的应用大都源于武器装备研制的大型企业，普罗大众根本没有参观现场的机会。为此，提请大家注意：①如果没有多年来系统工程、项目管理、建模与仿真等技术的研发积累，没有在复杂系统建模与仿真综合集成环境方面的建设投入，数字主线和数字孪生只能作为概念搁置在人们的头脑或书本中，成为海市蜃楼般的幻想。②没有多年收集的海量数据和积累的大量机理模型的支持，实现基于模型或数据驱动的复杂产品动态演进是根本不可能的。

7.4　小结

"孪生"是生理学概念，其内在关系可以追溯到生物的基因层关联，同卵的双生儿不仅长得像，其生理的内质也有密切的关联。数字孪生不仅借用生理学概念，更强化了这种对应关联。因此，随着技术的发展，数字孪生强调从物理产品到虚拟产品之间的本质联系，而数据是反映这些本质信息的核心。数字孪生的作用不仅在于得到可视化的效果，更重要的是得到物理产品与数字孪生产品之间内在的关联性。数字孪生不仅可以加速产品开发过程，提高开发和生产的有效性和经济性，更能精准地将真实使用情况反馈到设计端，实现产品的持续有效改进。

实现复杂产品（系统）的数字孪生并不是一件容易的事，需要成千上万的人参与，涉及数不清的物理对象、流程、环境需要构建模型。如何组织和管理这些模型、数据，确保构建的虚拟世界与现实世界协同一致，是摆在我们面前的大问题。数字主线是一条切实可行的技术路线，其背后隐藏着系统工程、建模与仿真、数字孪生、MBSE、工业互联网等技术，可为复杂产品（系统）全生命周期的各类模型提供必要的服务支持，确保物理实体、虚拟模型、数据的相互关联、协同演化，进而增强我们对客观世界的认识能力。

在实践中，千万不要夸大数字孪生、数字主线等的作用。我们知道一切才刚刚开始，实现数字孪生的路依然很漫长，不是光凭一两个新概念、新工具就能迅速解决的，需要脚踏实地、持之以恒的不懈努力，不断丰富和完善建模与仿真、数字主线、MBSE 等关键技术、工具／平台，才能创造出更加形象、逼真，与现实世界完美联动的虚拟世界。

第 8 章

基于模型的系统工程

近年来,基于模型的系统工程(MBSE)研究、开发和应用正如火如荼地进行。一瞬间,MBSE 作为"全新的"技术、方法和手段,宛如一剂"救世良药",拯救各种大型工程项目于"水火之中"。众多文献千篇一律地复述:MBSE 和传统系统工程最大的区别在于是否采用模型的方法进行系统(产品)设计。更有甚者,国外一些学者认为:MBSE 是对系统工程的"颠覆性"革命。

迄今为止,MBSE 概念的提出已经有 20 多年了,大量文献中介绍的众多成功案例大都局限在系统概念设计阶段,其影响力与以"阿波罗"登月计划为代表的系统工程取得的巨大成功相比,是不可同日而语的。笔者认为,MBSE 是 SE 与 M&S 融合发展的必然产物,是对现阶段 SE 的重新定义,不是从 0 到 1 的突破,而是从 1 到 N 的进化,当然不应该、也不能够从根本上改变 SE 的本质,原因在于进化仅仅发生在局部——系统建模语言/工具(SysML),当然还包括一些配套的技术流程引入。某些公司、学者巧借 INCOSE 重新梳理给出的 MBSE 定义,提出所谓"催生 MBSE 的理由",不免有大张旗鼓地商业炒作和夸大其词的宣传鼓噪之嫌。

8.1　MBSE 的概念内涵

MBSE 并不是 21 世纪才出现的新名词,早在 20 世纪 80 年代末,美国系统工程界奠基人之一 A. Wayne Wymore 教授(他于 1961 年创立了世界第一个系统工程系——亚利桑那大学系统工程系)一直致力于建立一个系统工程的数学理论,他花了 6 年时间(1987—1993 年)完成了《基于模型的系统工程》一书,提出了通过严格的数学表达式对系统工程中各种状态和元素进行抽象表达的方法,并且还以数学形式的模型体系建立了系统工程中各种状态元素之间的联系,并在书的附录中给了一种 MBSE 建模语言。与 INCOSE 在 *Systems engineering vision 2020* 中对 MBSE 下的工程定义不同,Wymore 教授的 MBSE 是要建立系统工程的数学基础。10 年后,工程意义上的 MBSE 崭露头角。1996 年,ISO 和 INCOSE 启动了系统工程数据表达及交换标准化项目,其成果即后来的 STEP AP233。INCOSE 于 1996 年,成立了模型驱动的系统设计兴趣组。1998 年,*INSIGHT* 杂志出版了《MBSE:一种新范式》专刊,探讨信息模型对软件工具互操作的重要性、建模的技术细节、

MBSE 的客户价值、跨领域智能产品模型等议题。2001 年年初，INCOSE 模型驱动的系统设计工作组决定发起 UML 针对系统工程应用的定制化项目，即 SysML 的缘起；2001 年 7 月，INCOSE 和 OMG 联合成立了系统工程领域专项兴趣组，并于 2003 年发布 UML 针对系统工程的提案征集。又过了 10 年（相较于 STEP AP233 问世），2007 年 9 月 SysMLv 1.0 发布；2007—2008 年，INCOSE 发布了两版《MBSE 方法学调研综述》，从构成一个完整方法学的各个要素之间关系的角度，对 MBSE 方法学的解释为：MBSE 方法学是包括相关过程、方法和工具的集合，以支持基于模型或模型驱动环境下的系统工程。2009 年，*INSIGHT* 杂志在第二个《MBSE：这个新范式》专刊中宣称：MBSE 已经具备一定条件正式登上历史舞台。MBSE 应用领域拓展到体系工程，而应用行业拓展到航空航天军工以外的汽车、轨道交通和医疗器械等民用行业。

INCOSE 给出的 MBSE 的定义（*Systems engineering vision 2020*）：MBSE 是建模方法的形式化应用，以使建模方法支持系统需求、设计、分析、检验与确认活动，这些活动从概念设计阶段开始，贯穿整个开发过程及后续的生命周期阶段。*Systems engineering vision 2020* 接着阐述：MBSE 是向以模型为中心的一系列方法转变这一长期趋势的一部分，这些方法被应用于机械、电子和软件等工程领域，以期望取代原来系统工程师们所擅长的以文档为中心的方法，并通过完全融入系统工程来影响未来系统工程的实践。

INCOSE 英国分会在 2012 年发布的 MBSE 的定义（第一版）中除引用了 INCOSE 的标准定义外，还解释如下：MBSE 使用建模方法分析和记录系统工程全生命周期的关键方面，它有广泛的适用范围，横向跨越整个系统生命周期，纵向跨越从体系到单一组件；2015 年发布的定义（第二版）中引用了《系统工程中 SysML》一书中的定义：MBSE 是由逻辑连贯一致的多视角系统模型驱动进而实现成功系统的一种方法。

基于模型的系统工程用系统建模语言构建系统架构模型。在 MBSE 方法中，用系统建模语言来描述系统架构，系统架构模型作为系统开发全过程中首要的工件，对其进行管理、控制，并且和系统技术基线的其他部分进行集成。用面向对象的图形化、可视化的系统建模语言描述系统的底层元素，进而逐层向上组成集成化、具体化、可视化的系统架构模型，增加了对系统描述的全面性、准确性和一致性。借助相关的软件环境及模型和数据交换标准，可以对系统架构模型进行存取操作：系统架构模型存储在一个共同的数据库中，相关参数之间自动关联。各学科的专业工程师、各种角色都可以基于这个系统架构模型来工作。从共同的数据库中取数，并用本学科的模型及软件工具来分析。要实现上述目的，MBSE 需要相应的理论基础、建模语言及工具，包括来自软件工程领域的面向对象的分析与设计思想、系统建模理论、系统建模语言、扩展标记语言元数据交换标准（XMI）、系统工程数据的交换标准（AP233）等。基于模型的系统工程是开发和维护复杂系统的关键,它提供支持系统需求分析、架构设计、需求确认和验证活动所需的形式化建模方法和模型执行手段。MBSE 引入综合系统模型的概念,通过系统用例、功能、时序、状态、架构和接口等模型全面反映系统各方面的属性信息(包括要求、性能、物理结构、功能结构、质量、成本和可靠性等),为系统工程人员提供了一种以图形化的系统建模语言(SysML)为基础的系统行为描述规范,对系统的各种需求进行可视化的表达和分析,确保不同专业、不同学科、不同角色的工程设计人员基于同一模型快速准确地理解、识别、定义、分析、确认、分配需求。该方法论强调在产品开发周期的早期阶段,就着手翔实地定义系统的需求与功能,并进行设计综合和系统验证,其输入是利益相关者的需求。再经过需求分析、系统功能分析和设计综合,输出系统需求规格、产品规范,以及系统的下一个或多个层级元素对应的子系统模型。基于模型的系统工程方法论强调"场景驱动"的需求捕捉和分析,通过模型执行实现需求的确认和验证,并在流程执行过程中实现需求的跟踪管理,并使用规范的建模语言,实现从系统工程到软件工程及其他专业工程的无缝衔接。

　　MBSE 并不专注于解决某个具体学科设计问题,它强调面向系统工程过程的建模,将系统需求、系统分析、系统设计、系统验证等过程中涉及的分析要素进行模型化并且形成有机联系,以再现系统论证与设计思路,保持全生命周期系统信息的一致性与可追溯性。就 MBSE 的概念内涵而言,MB 是手段,属于介质范畴,SE 是业务范畴,所以,MBSE 不是一种取之即用的通用化方法,在具体应用 MBSE 的过程中需要将建模理念结合实际业务进行深度化的定制设计,通过明晰的系统工程业务流程的指导,用模型作为工作介质,对系统工程工作流进行合理组织,并以模型化的产出来表示系统工程各个工作节点(里程碑)的成果和结论,从而最终实现建模方法的落地。

　　MBSE 建模方法是用于支持在"基于模型的"或"模型驱动的"背景环境中系统工程学科诸多相关流程、方法和工具的集合。通过标准的系统建模语言构建需求模型、功能模型、架构模型,实现需求、功能到架构的分解和分配,通过模型执行实现系统需求和功能逻辑的"校验"和"确认",并驱动仿真、设计、测试、综合、校验和确认环节。MBSE 传递的模型,包括需求、结构、行为和参数在内的动态信息。模型使整个组织中各类专业工程和技术领域人员更加直观地理解和表达系统,确保全程传递和使用的是基于统一模型。

　　MBSE 的核心仍然是系统工程,层层分解、综合集成的思路并没有改变,变化主要体现在形式化、图形化和关联化的系统建模语言和相应建模工具的进化上,增补了系统工程的相关技术过程,充分利用了计算机、信息技术的优势,开展建模工作,为系统实现、验证奠定了更为坚实的、统一模型的基础,从而提升了整个研制过程的效率。实践证明,只有具备扎扎实实的系统工程基础知识,MBSE 的实施才能事半功倍。

　　当前,大多 MBSE 最佳实践活动都基于系统开发早期(即概念设计阶段)开展，且对象管理组织(OMG)的系统建模语言 SysML 已成为事实上的架构模型描述标准被广泛采用。但在详细设计阶段，各专业领域所用的具体工具不尽相同，有产品生命周期管理、应用生命周期管理(application lifecycle management，ALM)、需求管理、仿真环境、项目管理、计算机辅助设计(computer aided design，CAD)、计算机辅助工程(computer aided engineering，CAE)、电子自动化设计(electronic design automation，EDA)等。多年的实践表明，尽管目前的 MBSE 实践可以通过具有含义的模型来表达系统或产品的功能架构，实现基于模型的系统架构设计，但缺乏对整个系统生命周期各类模型进行管理的能力和手段；系统模型与各个领域模型的集成问题仍然没有解决。这也是 MBSE 当前实践大多停留在系统概念阶段且仅在部分大型制造企业展开而没有被大规模采用的原因之一。

8.2 对 MBSE 的深入剖析

当前，大多数 MBSE 最佳实践活动都是基于系统开发早期阶段(即概念设计阶段)而展开的，并且对象管理组织(OMG)的系统建模语言(SysML)已成为事实上的架构模型描述标准被广泛采用。这种集中于小范围的应用误导了大家对 MBSE 的理解和把握。除系统开发早期概念建模外，在系统详细设计、系统建造、运行使用和退役阶段，需要的建模语言/工具都不尽相同。例如，产品生命周期管理、应用生命周期管理、需求管理、仿真模型管理、实验数据管理、项目管理、面向学科领域的 CAX、面向产品性能的 DFX、维护保障工具等，都是 SysML 自身无法替代的，而且也不存在全部替代的必要性和可能性。因此，有厘清 MBSE 概念、认识其本质的必要。笔者给出以下几点粗浅的认识，供读者参考。

1. MBSE 是 SE 从 1 到 N 的进化

数千年以来，SE 在解决系统问题方面发挥了巨大的作用，使人类的生产、生活方式发生了巨大的改变，人类社会从农耕时代迈入了当今以工业 4.0 为代表的智能时代。如果说 SE 解决复杂系统问题是从 0 到 1 的突破，那么 MBSE 则是 SE 从 1 到 N 进化过程中的一个阶段。MBSE 并不是 SE 中的一项活动(例如概念设计)，而是所有 SE 活动都该用到的方法。换言之，MBSE 不是 SE 的一个子集，但与 SE 一脉相承。MBSE 有自己的过程，但并不取代 SE 现有的过程。MBSE 并不是对 SE 的"颠覆性"革命，因为 MBSE 继承了 SE 的精髓，只是发扬和光大了 SE，具体地说就是在系统建模语言/工具方面有一定的进展。实施 MBSE 可以以更高效率、更低成本改善和提升现有过程。MBSE 与 SE 的根本区别不在于是否构建模型，而是强调了形式化建模、建模过程和方法的标准化、规范化，以便更好地保证跨领域模型间的协同。

2. MBSE 是 M&S 与 SE 融合发展的阶段产物

几千年来，模型方法一直是 SE 的基本方法，特别是建模与仿真这门科学问世以后,SE 如虎添翼,大大增强了 SE 解决系统问题的能力。大家都知道,在构建原本不存在的复杂系统时,特别是在构建复杂系统的早期阶段,已知的信息少之又少,迫使我们不得不利用仅有的先验知识和信息,对研究对象进行简化、抽象,构建系统概念模型,在由概念模型转换的计算机模型上进行多次仿真试验,从而进一步了解系统的功能、结构和行为。如果没有 M&S 的支持,SE 则很难发挥其应有的作用。同样的道理,没有 M&S 和 SE 的支撑,MBSE 则失去了理论基础,也就烟消云散了。完全可以肯定,MBSE 是 M&S 与 SE 深度融合的产物。

3. MBSE 贯穿系统的全生命周期

目前,在国内外的相关研究和实践中,大量文献介绍的 MBSE 应用都局限在系统的概念设计阶段,通过系统建模语言工具来支持系统需求分析,系统功能、结构和架构设计,以及建立系统的概念模型等。软件公司这样做是为了配合其软件产品的销售,而大量用户撰写的论文也局限于此,想必是受了商业宣传的影响而随波逐流。事实上,MBSE 是一种系统工程方法论,是不受系统处于什么阶段限制的。单从 MBSE 的定义就可以看出:MBSE 贯穿于整个系统(产品)研制的全过程。值得关注的是,按照大型工程系统的阶段划分,有许多子系统和专门学科都需要建模与仿真,而仅仅使用一种系统建模语言是绝对不够的。已有的大量建模与仿真系统,没有理由、也不可能全部被抛弃,而使用单一的系统建模语言重新开发,也根本做不到。

4. 应用 MBSE 杜绝以点带面

在宣传 MBSE 应用的案例中,一些专家和公司不厌其烦地宣讲 SysML,反复介绍某个支持 SysML 的软件如何好,可以解决上述诸多方面的问题。今天,我们使用的系统建模工具主要用于系统需求分析、系统概念设计、系统验证与确认等,对于复杂系统问题的全面解决,仅仅靠一个系统建模软件是远远不够的。换句话说,MBSE 不等于 SysML,反过来也一样,即 SysML 不等于 MBSE;SysML 只是一门语言/工具,不是方法学,而且与方法学无关;SysML 不过是一种通用的可视化标准建模语言,是开展 MBSE 的工具之一。事实上,MBSE 所用的建模语言并不仅限于 SysML,即开展 MBSE 不一定非要用 SysML,这只是 INCOSE 提出的一种规范而已,其他还有 AP233、BPMN、UPDM 等,SysML 并不打算、也无法取代其他建模语言在各自专业领域的贡献。SysML 只是实施 MBSE 的起点,绝非终点。除去系统概念设计之外,复杂系统全生命周期还有多个阶段,需要使用多种不同的建模工具,后续阶段的建模任务还很多。目前,系统建模工具还缺少与专业仿真工具的接口,系统概念模型还无法贯穿系统的全生命周期。

5. 正确处理数字孪生与 MBSE 的关系

数字孪生的概念是为了获悉、知晓系统在运行使用中的健康状态而提出的。互联网、传感器技术的发展,为及时获取系统运行使用数据提供了便利条件,人们可通过采集的大量数据建立系统的健康模型（理想中），并实现虚实双向关联、互动，从而能够及时准确地开展系统维护活动。当然，数字孪生应贯穿于系统全生命周期，从系统需求设计到系统退役。数字孪生离不开建模与仿真技术，而建模与仿真技术又是 MBSE 的基础，可以说，数字孪生技术是 MBSE 技术体系的组成部分。

6. 实施 MBSE 本身需要系统工程方法论

实施 MBSE 项目本身是一个复杂的工程项目，需要采用系统工程的方法、过程和手段，其目的是在充分考虑性能、费用、进度和风险等因素的基础上，设计、建造和运行使用覆盖 MBSE 的集成系统。设计、建造这样的集成系统，需要进行行业业务需求梳理、过程再造、组织形式设计等，多学科项目团队协同工作，通过建模与仿真，对多种方案进行比对，确定最优设计方案，力争 MBSE 系统的设计、建造目标一次成功。强调一点，构建支持 MBSE 的系统并不是建设一个全新的系统，而是在已有信息系统上增加新功能或局部改造已有的某个系统，要确保建造过程不影响现有系统的正常运行。

7. 实施 MBSE 是循序渐进的过程

全面贯彻实施 MBSE 将面对大量的人力、物力、财力的需求，例如采购全新的系统建模工具和人员培训等，涉及企业的人/组织、经营流程、技术/工具等诸多方面。对于大企业来说，由于惰性和惯性，让领导层和全体员工统一认识将是十分艰巨的任务。实施 MBSE 需要对现有信息系统进行改造，同时又不能让已有系统停止运行，并在系统切换时确保平稳过渡。总而言之，实施 MBSE 注定是一个循序渐进的过程，需要优化调配项目资源，控制项目的进度，稳步推进，不可能一蹴而就。

MBSE 是在 SE 和 M&S 融合基础上而对 SE 进行的重新定义，系统工程的核心本质并没有发生改变，变化的仅是系统建模语言/工具、部分技术流程等。基于模型开发的形式化架构方法论的强大功能，用以诠释系统多维度、行为和组件，这一观点早已被广为认可。需求定义、分析、分配、确认和验证本身就是 SE 的重要职责。模型是整个 SE 的基础，这也使得 MBSE 可以被接受。MBSE 强调基于模型使 SE 形式化、规范化，支持：①确保 SE 流程的严谨性、可重复性和可创造性。②提高系统的设计质量、完整性和正确性。③降低需求分析、设计、集成测试以及其他活动中的风险。④加强跨组织和跨学科活动的沟通和同步。

8.3　当前推广 MBSE 面临的困难

首先提醒大家，在工程管理界为了确保方法的成功，有 3 件事情是必须思考的：①建议的解决方案的技术成熟度，如果它不能正常工作，下次就不能再使用；②支持管理流程，如果管理人员不支持使用，它就不会用很长的时间；③一支受过良好教育的团队,如果所有人都不知道如何使用它,它的使用就不会超出有限的专家组范围。为此,我们应该经常用这 3 条规则来检视新技术、新方法和工具在企业的落地情况。

接受新工程范式的准备度及新工程范式所带来的经济利益,关键取决于其实施工具的质量和可用性。当前的现实是,尽管在 MBSE 端到端流程的各个阶段都存在出色的单一工具,但高效且集成的工具环境仍处于开发之中。需求分析、架构建模、性能和时序分析、测试规划和数据分析、配置管理、风险管理以及其他流程,通常都有独立的工具支持,对其中的自动信息交换或工作流的支持十分有限。将 UML 和 SysML 工具中的架构模型链接到方程求解器或仿真引擎就是一个典型的问题。有时,系统分析师不得不使用另一个架构工具来创造系统架构(第二个架构模型)。显而易见,只有实现鲁棒而灵活的工具集成和互操作性,才能实现 MBSE 的全部作用和效能。

目前,任何综合 SE 环境都面临两个重要的局限。Cole 等人在美国喷气动力试验室(JPL)的 MBSE 试点项目中,深刻阐述了这两个重要的局限。[122] 首先是技术问题,是由于工具集成的不成熟导致的。这就需要大量的手工数据传输和重新格式化,并通过一系列工具传递模型内容和其他信息,这增加了流程开销成本。因此,谨慎挑选构成 MBSE 环境的工具,并留意它们之间的交互方式非常重要。其次是文化问题。使用不熟悉的工具、制品、格式和技能,人们在短时间内可能很难接受向新的、截然不同的方法过渡,而对多数资深工程师和系统架构师而言,则更是难以接受。

有一点共识需要强调:对于将基于模型的工具和技术带入已建立的组织及其流程中,精心的准备以及采用渐进、无威胁的方式则是必不可少的。主要表现在以下几方面:

(1) 技术人员的教育;

(2) 展示 MBSE 本质属性和益处的试点项目;

(3) 对过渡的充分支持,尤其是专家帮助开发新工具;

(4) 高层管理人员始终如一的自上而下的支持。

虽然各大公司为了推广自己的(SysML)软件/工具,采用了各种各样的宣传方式,将(SysML)软件/工具的功能和适用范围夸大,但是推广(SysML)软件/工具的过程将会是相当漫长的。做个形象的比喻,如果我们把 SysML 比作人类的语言文字,那么它就像是一种世界语。即便大家都有学习世界语的意愿,普及世界语也将是一件十分漫长、艰难困苦的工作。另外,由于世界语没有源远流长的民族历史、文化积淀,它只能是一种语言符号,缺乏内涵和语言魅力,更没有知识积累,所以人类需要将积累的知识融入世界语环境,即通过某种方式方法,将人类积累了几千年的知识都转化为世界语版本,人类才有统一使用世界语的可能。

大家熟知的标准系统建模语言 SysML,作为一种图形化建模语言,具有严谨的语法语义,为 MBSE 的推广应用提供了语言上的坚实基础,确保了建成的模型具有正确性的可能。然而需要明确指出的是：SysML 仅是一种通用的建模语言,虽然可以直接用于复杂系统(装备)的概念建模,但由于 SysML 不包含涉及任何领域的知识,所以针对不同领域的问题每次建模均需从零开始,其建模难度极大且不方便,效率很低。因此,需要将领域知识固化至系统建模语言中,一方面能降低使用门槛,方便建模。抛开用户不谈,短时间内要求每位系统设计师对系统建模语言都十分熟悉也是不现实的,让系统设计师用其熟悉的专业术语描述系统依然至关重要。另一方面,假如建模语言中已有固化的领域知识,那么就很容易实现模型的重用,进而提高设计效率和设计质量,但如何将独特的领域知识整合至 SysML 中去,从而形成面向领域的特定建模语言是一个值得关注的挑战。SysML 的语义语法都比较复杂,精准掌握 SysML 就已不易,如何进一步对其扩展则是难上加难。

现阶段 MBSE 的新工具还仅停留在系统建模语言/工具方面,虽然对概念建模与模型管理十分规范,但是这些概念模型与已有的许多仿真系统的接口问题急需解决,否则,这些新语言/工具除了便于交流之外,对快速构建(重建)解决复杂系统/体系问题的仿真系统没有多大的帮助。对象系统的后续不同开发阶段需要很多学科领域的建模与仿真工具,与它们集成还存有大量的工作要做。现有的技术流程和管理流程是否满足应用 MBSE 的需求也是值得研究的问题。当然,我们在承认推广 MBSE 工具存在困难的同时,仍应充满乐观地准备迎接未来。我们相信,随着时间的推移,工具和框架将不断演进,它必将帮助我们大幅提高复杂系统/体系设计的质量和正确性。

8.4　小结

正确认识 MBSE 的本质,目的是彻底摆脱商业上大肆炒作带来的干扰,消除对 MBSE 的误解,揭开 MBSE 的神秘面纱,还原 MBSE 的本来面目,从而帮助我们更好地运用 MBSE 来研究、开发复杂系统/体系。仔细想来,MBSE 在我们身边已潜伏多年,其思想方法早已在人类应用 SE 和 M&S 的过程中使用。伴随着系统工程、建模与仿真技术、人工智能的深度融合,系统建模语言/工具越来越强大,与专业领域知识的交汇越来越多,MBSE 的应用水平会越来越高,解决复杂系统问题的能力将不断增强。

有专家和学者预测说：系统工程的未来是"基于模型的"。鉴于对系统工程、仿真科学与技术等学科产生、发展过程的掌握,以及运用经验的积累,笔者认为：系统工程的过去、现在和未来都是"基于模型的"。随着人工智能技术的发展,系统和专业领域的建模工具、模型的智能化水平、解决复杂系统问题的能力必将呈指数型跃升。

第9章

智能制造系统中的建模与仿真

信息物理系统(cyber-physical systems, CPS)作为智能制造的核心技术系统, 一经提出便引起了学术界及产业界的广泛重视并保持快速发展。CPS与未来人类社会的生产、生活息息相关,具有广泛的应用前景,各国政府及组织纷纷开展CPS相关领域的研究探索。尤其在制造领域,发展CPS已经成为美国、德国、日本等发达国家实施"再工业化"战略、抢占制造业新一轮科技革命和产业变革制高点的重要举措。《中国制造2025》也将智能制造作为未来的主攻方向,而构建制造企业的CPS也必然是中国制造业的目标。期望能充分利用CPS帮助中国的制造企业实现数字化转型升级。

CPS的核心就在于虚拟(信息)空间与实体(物理)空间水乳交融般的深度融合,虚拟系统的价值在于对实体系统的状态和活动进行精确评估(从实向虚)。实际上,虚拟系统实现对实体系统的精确评估是一个渐进的过程。虚拟系统作为实体系统的映射,不可能从一开始就十分逼真、完美。基于对物理世界的认知而建立的虚拟系统需要经过不断地精炼、细化、优化,才能逐步逼近实体系统,直到最终看起来像两个孪生兄弟(姐妹)一般(永远都不会一样,因为模型是对现实世界的目的性抽象、形式化描述)。与此同时,利用积累的大量数据和日渐丰富的领域知识,人类创造全新系统的能力也将日益加强(从虚向实)。从虚向实是人类创造想象中系统的最常用方式,是人类智慧的体现。CPS中的建模与仿真系统正是用人类智慧来进行创造的必备工具。

9.1 CPS是复杂自适应系统/体系

智能制造系统的存在形式是CPS,即构建一个虚实融合的数字化、网络化、智能化的制造系统。CPS桥接了原来完全分割的虚拟世界和现实世界,使得虚拟网络世界智能化,并基于物理世界与虚拟世界的相互连接,有机地实现信息交互,并且能够优化物理世界设备之间的控制、操作和传递,构成一个泛在、绿色、智能、高效的物理世界,使得现实世界更加丰富多彩。对CPS认识的较为详细的阐述可以参见笔者2021年在北京大学出版的《制造业数字化转型的系统方法论:局部服从全局》一书中的7.2节。

制造业数字化转型之殇

对制造业而言,其 CPS 的组分既可以是制造业生态圈头部核心企业的制造系统,也可以是生态圈中盟员的制造系统。这里的"制造"是"大制造"的概念,即覆盖复杂产品/系统研制的全生命周期,包括设计、试验、生产、使用与维护,乃至报废的所有活动。CPS 是复杂的、开放的、自适应的复杂系统/体系,其复杂性体现在:连接了成千上万种智能装备,采用了数不清的人工智能算法(软件)、工业 APP,而且还必须有人在回路中,构成了庞大的、多层次、群体智能的网络复杂系统/体系;其开放性表现为:系统运行中有大量的信息、能量和物质交换;其自适应性体现在:CPS 由智能体(人＋智能机器)集群组成,自主响应周围环境的变化。由于 CPS 的运行环境存在着大量不确定和不可控因素,无法预测的问题很可能出现,因此,CPS 需要具备自主性,基于一定的策略,达成既定的目标。从生态圈整体的角度看,构成智能制造系统(体系)的每个系统既可以独立运行,也可以联合运行,从而涌现出整体的、更强大的制造能力。

制造企业未来的 CPS 如图 9-1 所示。该系统是一个多层次的、横跨虚实两个世界的集成系统,可以由多个制造企业的 CPS 综合集成而构成。其中:

(1) 基础设施为服务层(IaaS):主要负责整合云、边缘、端的制造资源、产品和能力,形成虚拟化、服务化的基础设施。对于各企业本地的各类 APP,主要是通过连接进行整合;对于云端发布的各类 APP,主要是通过部署进行整合。

(2) 数据为服务层(DaaS):主要负责产品全生命周期数据管理、分析与增值服务。各企业本地及云端发布的各类 APP 的数据都将在该层积累与存储、治理与规范、交换与提取,并支持主题分析与融合分析,为各类 APP 提供服务。

(3) 平台为服务层(PaaS):主要负责基于微服务与软总线实现 APP 的动态集成与协同。基于微服务,各类 APP 都可互不干扰地注册、发布和发现;基于软总线,各类 APP 都能够公布订购数据、接口支持动态、柔性的互操作。

(4) 协同为服务层(COaaS):主要负责基于场景的业务动态集成与协同。支持不同工作场景下按需链接、访问各类人、机、物、环境、信息,并有望借助"智能＋"将人、机、物、环境、信息自动推荐给用户,真正实现以人为中心。

(5) 软件为服务层(SaaS):主要负责实现基于模型的定义、分析与传递。支持全生命周期的建模与仿真,在此基础之上联合其他各类 APP,完成数字化产品论证设计、加工生产、试验、运行维护支持、经营管理等活动。

(6) 最后是门户层:以人为本,通过功能划分,形成多个中心,包括体验中心、研发中心、生产中心、销售与服务中心、回收中心等。生态圈内的客户、企业、供应商、销售商共同创造价值。

从横向看,CPS 覆盖从概念需求、工程设计、生产、售后维护,乃至报废的全生命周期;从纵向看,覆盖信息基础设施、数据服务、平台服务、协同服务、软件服务等多个层次;各利益相关方通过云端互联,端到端集成实现了消费者(消费者社团)、制造商、供应商、销售商等共同参与创造价值。

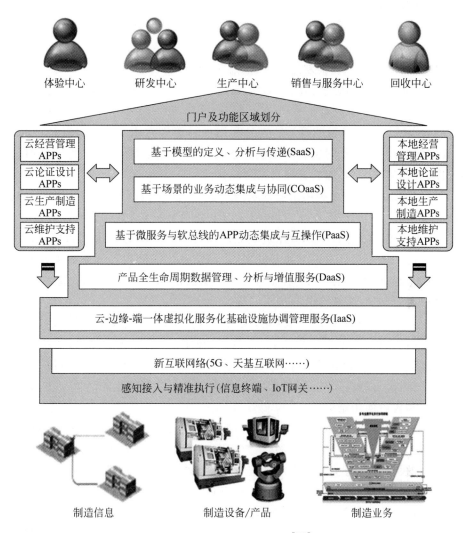

图 9-1　未来的 CPS 示意图[125]

9.2　CPS 中的建模与仿真系统

　　建模与仿真系统是 CPS 不可或缺的重要组成部分，它是由多个子系统构成的复杂系统（体系），包括研究对象的建模子系统、模型知识库、环境建模与显示子系统、模型库管理子系统、仿真运行与评估子系统、仿真资源管理子系统、仿真项目管理子系统等。该系统支持生态圈内的制造企业进行全系统、全过程、全方位（三全）的建模与仿真，及早发现和解决存在的问题，实现虚实两个世界的互联互动、协同演化。可以这样说，没有建模与仿真系统，就不会有实体世界的数字孪生，也无法实现 MBSE,更无法构成完整的 CPS。

笔者认为,CPS 中的建模与仿真系统应遵循如下(但不限于)技术理念和基本功能。

(1) 技术理念:以智能制造哲理、思想为指导,融合复杂系统科学、系统工程、并行工程、项目管理等思想、方法、工具,支持复杂产品/系统的智能化设计、生产和服务。

(2) 建模与仿真项目的管理:充分利用项目管理技术/工具,对复杂产品(系统)开发的不同阶段、不同层级的建模与仿真项目实施项目管理,并且实现项目计划进度、资源的动态、智能的管理与调度优化。

(3) 虚拟组织管理:利用工业互联网平台和生态圈的 CPS,实现无边界的、跨地域的多学科团队的协同建模与仿真,完成生态圈内各类建模与仿真任务。

(4) 价值创造:今天大部分制造企业仅在内部进行建模与仿真,价值也仅由企业自身决定。未来将会通过工业互联网,将制造业生态圈内各利益相关方所有人员连接在一起,按需组建产品/系统的建模与仿真团队,为管理、产品/系统决策提供仿真结果的支持,实现价值的共同创造。

(5) 覆盖范围:从需求分析开始,领域主题专家、模型专家和编程人员使用形式化、规范化、统一的系统建模语言/工具、领域工具,开展概念建模、系统方案设计,通过多次仿真确定构建系统的最优方案;在工程研制、使用维护阶段,使用领域、学科的建模与仿真工具,实现产品/系统全生命周期智能化的建模与仿真,支持产品研制和售后使用维护。

(6) 应用方向:今天的建模与仿真主要围绕产品,是"从虚向实"单一方向驱动的产品研制,即实现了基于仿真的设计(SBD)。虽然使用实测数据修正产品的模型,但这些模型并不与实际的生产系统、运行维护过程双向关联,也不根据运行使用过程产生的数据对生产系统、产品的状态进行预判。未来智能制造系统中的建模与仿真系统将通过智能化建模与仿真工具,实现虚实两个世界的双向互联互动,实时掌握产品生产系统的健康状态、产品运行使用的状态,支持制造企业及早做出决策。

CPS 中的建模与仿真系统应支持以下功能:

(1) 从研究对象看,支持体系级、系统级、子系统、组件级、元素(要素)级的建模与仿真。

(2) 从学科/领域角度看,支持多学科、单学科、专业领域的建模与仿真。

(3) 从系统生命周期看,支持复杂产品/系统从概念设计、工程设计、生产、交付与运维、产品报废等全生命周期。

(4) 从建模角度看,支持多分辨率建模、模型的重用、模型的互操作、模型的VV&A 等,实现复杂系统/体系的快速创建、重构,支持复杂系统/体系的快速、低成本开发。

（5）从管理模型角度看，构建模型库管理系统，对全生命周期中产生的各类模型进行管理和控制，包括模型版本、模型树结构管理、模型技术状态管理以及模型历史的可回溯，并确保模型与所需数据协同一致。

（6）从时空管理看，利用时间、空间管理工具，实现复杂系统/体系仿真的时空有效管理，确保系统仿真的时空一致性。

（7）从基础设施部署看，根据系统仿真的需求，支持分布交互仿真和集中式仿真等。

（8）从系统仿真类型看，支持多种类型的仿真（详见 5.6.1 节），例如连续系统、离散系统仿真，军事领域的实况、虚拟、构造仿真等。

未来的 CPS 中，建模和仿真技术/工具应覆盖制造业生态圈价值共创的方方面面，拟实现以下（但不限于以下）功能：

（1）使用通用的企业结构、机制建模工具，建立企业总体模型。企业总体模型将所有的企业部门和业务过程集成到一起，并随时根据业务活动的变化，做出快速的响应。

（2）基于模型、智能化、具有自修正能力的学习系统将根据企业外部环境的变化，实时、准确地做出响应。在准确的数据基础上，对出现的形势、机遇和风险做出快速的分析评估，然后对企业预期行为将产生的结果做出一个可靠的预判。

（3）自动地将产品和过程模型集成到系统中，从而实现所有系统和过程之间能进行畅通无阻的互操作。实时或几乎实时地自动分析产品的可生产性、经济可承受性以及其他一些重要因素，并做出智能化的决策支持，保证获取最优的产品和过程。

（4）在产品和工艺设计的最初阶段，充分利用智能化的建模与仿真工具，及早发现和解决设计缺陷，实现对新产品设计、生产工艺和生产设备以及业务运行过程的快速优化，减少各种浪费，从而获得最大的生产效率和收益。

（5）建立关于即插即用模型、仿真和支持工具的综合性（全球/跨地域）知识仓库，帮助企业极大地降低获取 M&S 能力的成本。更加快速、更加准确地发掘出更多的产品与过程设计方案，创造出更多的客户价值，降低从概念设计到投入生产的时间和成本。

（6）创建数据收集的标准和框架，将各类传感器或环境与产品支持的分析模块嵌入产品，通过实时的数据建立产品、过程、运作等模型。产品模型考虑了产品整个生命周期，包括产品概念设计、产品工程设计、产品生产、产品回收、分解和报废处理等环节。

（7）逼真的产品和过程模型将与所有相关的制造信息及企业信息动态连接，实时、准确地反映产品的进展状况和智能制造系统的健康状态。过程模型控制整个生产过程，将生产现场的每一部分都紧密连接起来，实现生产过程的自动调整，并提高其适应性。

（8）在产品运行使用维护阶段，实时获取产品与运行环境的信息，并对产品的健康状态进行仿真预判，对产品运行状态的管控和决策提供仿真结果支持，确保产品安全、可靠地运行与维护。

CPS中建模与仿真的流程与现有系统的建模与仿真流程差别不大，区别只是CPS越来越壮大，价值创造网络越来越复杂，流程的种类和使用范围不断增加。这些流程依然需要与系统工程的技术过程和管理过程相结合，根据系统工程技术流程的进展，反复进行建模与仿真迭代，直至达到系统仿真的目标。系统仿真的一般过程参见5.6.2节，此处不再赘述。

9.3　小结

通过研究、实施智能制造技术（系统），基于工业互联网，建设一套丰富、透明、互联的基础设施，能打破功能和地理限制，使制造业生态圈内的利益相关方都能够及时接触到他们的业务、数据。在该系统中，所有企业的知识资源都将映射到一个主企业模型当中，而该企业模型则是一个反映每个成员企业功能和业务的虚拟框架。企业通过这套系统明确其功能定位和需求，能够与不同的伙伴协作以支持广泛的动态业务关系，支持生态圈内各企业进行产品创新和服务创新，及时进行产品决策、服务支持决策。未来的制造企业将实现其内部所有功能以及外部伙伴和投资人的无缝互联，这将打破地域的限制，使复杂的分销供应网以及扩展企业集成在一起，从根本上降低生产产品所需的成本、时间、资源，同时提高产品的质量、可靠性及经济可承受性。

第10章

建模与仿真的未来

由于技术发展、全球互联和政治变化的加速,未来正以前所未有、越来越快的脚步向我们走来。在日益不确定和多变的世界上,我们比过去更加难以预测未来将会发生什么。人们常常忽略所做预测可能是错误的这个事实,而做出更多的预测——当然又错了。人们沉迷于做出预测,并根据这些预测做出长期的决策。与此同时,人们又有可能完全拒绝接受客观现实,坚定维护他们最终能够预知未来的信念。这种经典例子如经过规划论证的工程项目和工程计划,要在未来延伸 5 年、10 年甚至 20 年。这样的规划通常刚制定完就过时了,但我们还是不断自作聪明地制定它们,并根据它们做出重要的投资决策。我们甚至到了采用计划评审技术(PERT)来形成项目计划,并且每周和每月都对项目计划进行变更的程度。我们心中虽然清楚,我们缺乏预测未来数周和数月将会发生什么的能力,但是我们仍然坚持对今后数年相关项目的产出、成果、最终版本、时间表、绩效、成本效益等进行预测。

我们的环境及其中各种相互作用的系统,似乎在混沌地变化着——不是以确定性混沌形式,更多是以弱混沌形式。不同于随机和混沌行为,弱混沌行为是间接接续的,其含义是下一个时段的状态条件依赖于上一个时段的状态条件。例如,天气变化就是弱混沌的:从平均意义上看,第二天的天气只是在前一天天气的基础上稍微有些变化,而在天气是随机变化的假设条件下当然不会如此。然而,从今往后 10 天的天气并不可知,至少不能具体预报。不论问哪个气象学家都是如此。这意味着大部分事物都有可知的范围(一个短暂的未来阶段),对此期间即将会发生什么事情我们可以做出合理的展望。超出这个时间范围,事物发展的不可知性大大提升。

对于预测未来,难道人类的智能/智慧一点价值都没有吗?事实并非如此,虽然不确定性确实限制了人类通过智能决策得出良好的未来前景,但正如德内拉·梅多斯在《系统之美》一书中明确指出的:"未来是不可预测的,但它可以被想象,并在人的脑海中栩栩如生、呼之欲出;系统不可以控制,但它们可以被设计和重构。"

10.1 传感器、网络与蛮力计算

当我们把传感器连接到网络上时，网络就能够把信息传递出去。现在，这两个行业都正在经历着爆炸式的发展。当前世界上的智能手机和平板电脑的拥有量已经超过百亿部。所有这些设备都是传感器的"混合体"——触摸屏、麦克风、加速器、磁力仪、陀螺仪、摄像机，等等。随着技术的更新换代，传感器的种类和数量就会变得越来越多。不只是通信设备，类似的模式将在我们所有的"物品"里反复上演。因此，过去那个被动而无声的世界将变成一个主动而智能的世界。早在2012年，通用电气公司（它制造和租赁飞机发动机给国际上所有主要的航空公司）租赁出去的5000台飞机发动机中，平均装了250个传感器。有了这些传感器，它们就可以实时监控发动机的"健康状况"，甚至在飞行途中也是如此。

今天，汽车里的传感器能够帮助我们驾驶；道路上的传感器能够帮助我们避免交通拥堵；停车场里的传感器能够帮助我们找到空余的停车位。几乎所有的家电都装有不同种类的传感器和/或摄像头，通过无线连接到网络，将我们的使用操作信息及时传递回制造商的手中。正如黑客哈拉兰博斯·杜卡斯（Charalampos Duckas）所说的，到了未来，当传感器价格急剧下降时，唯一的限制因素就是你的想象力。根据2013年斯坦福大学发布的一份报告，到2023年，全世界传感器的数量将增长到"1万亿"的级别。

不管是在传输速度上，还是在连接设备的数量上，网络也正在经历着同样的爆炸式增长。传输速度从1991年的1G到今天的5G，发展了5代，6G设备也在研发中。例如，星链是美国太空探索技术公司的一个项目，该公司计划从2019年至2024年，在太空搭建由大约1.2万颗卫星组成的"星链"网络提供互联网服务，并从2020年开始工作。卫星互联网将颠覆现有的光纤敷设网络架构，对于海洋、山川等可实现全面覆盖，并彻底解决城乡覆盖等固有难题。在连接方面，2013年，思科公司首席技术官兼战略官帕德马·沃里奥说："每秒钟内都有80个新设备连接到互联网上。2014年，这个数字达到了几乎每秒100个。到2020年，这个数字将会增加到每秒250个，或者每年78亿个，将有超过500亿个设备连接到互联网上。"这就是连通性的爆炸，它正在构建出一个物联网。

在以往的时代，由人类的创造构成的世界，或者说，那个所谓的"被设计出来的世界"，是人们思考的产物——由于计算能力的稀缺而使思维受到了限制。今天，计算能力几乎接近了无限计算（infinite computing），我们现在可以用成千上万的CPU核来解决同一个问题。今天，高性能的计算能力十分富足、唾手可得，并且极为廉价。这就是所谓的"蛮力"——利用无限计算去轻松解决我们周围的问题的能力。这是一种新发现的能力。随着无限计算的发展，我们可以借助"蛮力"计算来运行设计模拟，尝试多种可行的方案，直至最终找到最优设计。无限计算导致了设计潜力的巨大提高,尽管要真正发挥这种潜力仍然需要事先收集数据,并将数据输入到计算机中,然后再对计算方法进行编程以分析数据。如果你的计算机能够根据你的意愿,为你收集数据,用某种能够帮你解决问题的方法来分析这些数据,这也是一种能力,它涉及人工智能。现在,人工智能也正在进入爆炸性发展的阶段。

　　传感器、互联网和蛮力计算等技术融合在一起,不仅可以为未来的建模与仿真系统提供大量的数据,而且可以为复杂系统/体系的建模与仿真提供无比强大的计算环境,且成本极低。通过利用这些技术和工具,加上人工智能的加持,针对复杂系统/体系的问题,我们可以进行更多方案的反复试验,通过不断尝试,逐步积累经验和获取知识,从而找到解决问题的最佳方案。

10.2　机器智能

　　尽管当前最先进的人工智能系统能在完成某些特定的细分领域的任务上拥有比肩人类的能力,甚至在某些情况下的表现已经超越了人类,比如信息分类、细节记忆、棋类竞技、大规模计算等,但这些系统都缺乏理解人类在感知、语言和推理上赋予的丰富意义的能力。现在的智能机器还不能像人类一样去想象、创造,至少不能在没有参照原型的情况下提出新颖的想法。这一理解力的缺乏主要表现在非人类式错误、难以对所学到的内容进行抽象和迁移、对知识的缺乏、面对对抗式攻击时所呈现的脆弱性等。今天,基于大数据和深度学习,无法保证现实世界中的系统能在你迫切需要时为你提供正确的答案,更不能保证在系统无法给出正确答案时帮助你想出办法找到问题所在,继而排除故障。从某种角度来看,深度学习更像是一门艺术,而非科学。我们真正想要的,则是让机器拥有对世界的连贯理解,即通过常识和推理上的突破,使智能机器获得对世界的深刻理解。

　　人类天生具备一些核心知识,就是我们与生俱来的或很早就学习到的最为基本的常识。常识是人们普遍掌握的知识,也就是普通老百姓都具备的基本知识。常识最大的讽刺,实际上也是人工智能的最大讽刺,就在于常识是每个人都了解的,但似乎没有人确切地知道常识究竟是什么,以及如何建造出具备常识的机器。无论是传统的人工智能还是深度学习,都没有迈进多少步。深度学习缺乏直接整合抽象知识的方法,基本对这个问题保持完全忽略的态度;经典的人工智能曾经付诸努力,尝试了许多方法,但并没有成功。为了实现技术进步,需要从两个方面做起:一是对通用人工智能应具备什么样的知识进行盘点;二是理解如何在机器内部以一种独立的方式清晰而明确地表征这些知识。我们不希望人工智能系统针对每一个彼此相关的事实进行逐个学习,而是希望系统能理解这些事实是怎么联系在一起的。

　　我们可以将超级智能简单定义为:在几乎所有领域远远超过人类的认知能

力。根据这个定义，AlphaGo 并不能算作超级智能，因为它只在棋类这一狭窄的领域内展现出智能，尽管在某个特定领域内展现出智能也是很重要的。虽然目前在一般智能方面，机器远不如人类，但笔者相信，未来总有一天机器会变得超级聪明，即会产生人工超级智能（artificial super intelligence，ASI）。到了那一天，一台先进的计算机就能做到一个经过严格训练的人类团队所能做到的任何事情，甚至能做到人类无法做到的事情。我们有理由认为，人工智能的认知革命将像工业革命一样，点燃社会革命的燎原大火。下面简要介绍几种构建超级智能的可能途径，供大家参考。

（1）人工智能：科学家预见进化的可能性及人体工程学终将创造出人工智能。一种将进化理论应用于人工智能的方法是在足够快的计算机上运行遗传算法，以便得到类似生物进化的结果，这种进化理论为创造人工智能提供了独特的方法。研究结果表明，用来简单复制地球上进化出人类水平智能的过程所需的计算机能力严重不足，而只要 21 世纪内摩尔定律不被打破，计算能力在短时间内仍会处于不足状态。另一种实现人工智能的可行方法是研究人类大脑，以大脑作为机器智能的模板。大脑模板的可用性证明，机器智能最终是可行的。然而，由于很难预测未来脑科学的发展进程，因此也就很难预测机器智能实现的具体时间。

（2）全脑仿真：在全脑仿真中（也被称为“上载”），要通过扫描和对生物大脑仔细建模的方法制作智能软件。全脑仿真可能是解决人工智能控制问题的一种风险最小的选择。全脑仿真路径不要求我们了解人类认知的原理或者构造人工智能的程序，我们只需要了解大脑的基础计算元素所具有的基本功能和特征即可。速度更快的计算机会使建造机器智能变得更容易。目前，我们离全脑仿真还有多远？尽管还有很多不确定性，但最近的评估已经描绘出一种技术路线图，并推断到 21 世纪中叶时（雷·库兹韦尔等预言），就能达到作为前提的能力。

（3）脑-机接口（brain computer interface，BCI）：使用直接的人脑-计算机交互界面，特别是植入技术，可以让人类利用数字计算的长处——完美的记忆、快速而准确的数字计算水平和高带宽数据变速器，形成完美的混合系统，其功能远超没有强化过的大脑。2020 年 8 月 29 日，埃龙·马斯克自己旗下的脑机接口公司利用“三只小猪”向全世界展示了可以运行的脑机接口芯片和自动植入手术设备。

（4）网络和组织：实现超级智能的另一种可能途径是通过逐渐地增强网络和组织，这些网络和组织使得人类个体的大脑相互连接，并且同各种各样的人工产品和机器人连接起来。类比于蜂群、蚁群，一些由个人组成然后连成网络进行组织的系统，可能会获得某种形式的超级智能。

实现超级智能有很多可能的途径，这一事实增强了我们的信心。即使一条途径受阻，我们依然可以通过其他途径取得进步。真正的超级智能可能首先会通过人工智能的途径得以实现，这个猜想比较自然、合理。然而，由于不确定性的存在，我们很难估计这条路究竟有多长、有多艰难。

任何发展中的技术都是一把双刃剑,机器智能也是如此。如果人类做不到未雨绸缪,那么,人类的命运将会任由智能机器摆布,甚至被智能机器消灭。恰如尼克·波斯特洛姆所说:"如果有一天我们发明了超越人类大脑一般智能的机器大脑,那么这种超级智能将会非常强大。并且,就像现在大猩猩的命运更多地取决于人类而不是它们自身一样,人类命运将取决于超级智能机器的行为。"

我们不必太在意未来会有一个还是多个超级智能,也不必过于关注机器智能发展的快与慢,它终归会朝着目标前进的,而且能够帮助我们从数以 10 亿计的传感器上收集数据,并通过连接到人工智能系统上的任何装备或机器人设备采取行动。机器智能总会支持人类不断提高建模与仿真水平,帮助人类认识和改造客观世界,使人类走向更美好的未来。

10.3　建模与仿真的发展构想

建模与仿真(M&S)技术是 21 世纪制造业的一项关键支撑技术,它在改进产品和过程、缩短市场响应时间以及降低产品实现的成本方面,都具有其他技术无法比拟的重要作用。M&S 工具的真正价值在于它能够通过现有的知识,对产品实现过程做出可靠的预测,这种预测将极大地促进产品设计、工艺设计、过程运行,甚至企业管理水平的提高。以前的产品和过程开发完全是通过对产品进行试验来完成的。即先靠试验了解设计是否符合要求,经过分析、修改设计,接着又进行试验,然后再修改,一直这样下去。这种试验—分析—修改的过程占据了产品生产周期中大量的宝贵时间,也增加了许多不必要的成本。如果我们在正式投入生产前,即在产品设计阶段就利用 M&S 工具在虚拟环境下优化产品和过程设计,那么,就可以大大缩短生产周期,降低生产成本。除了用于设计外,M&S 工具还能大大地提高制造过程的效率。例如,它能够精确地模拟设备在一定温度范围之外的运行情况,而不需要对它做长期的温度环境试验,同时也不必再添置许多昂贵的试验仪器。M&S 工具还可以利用采集的生产系统数据和运行使用数据对生产系统、产品的运行使用情况进行实时的仿真分析,了解和掌控系统和产品的状态。

随着机器智能呈指数型发展,机器智能将进一步融入建模与仿真中,促进M&S 技术的飞速发展,通过 M&S 来解决复杂系统问题的范围、能力将不断提高。与此同时,M&S 技术也为机器智能的发展提供了强大的技术反哺,二者必将形成良性循环。

根据对现代 M&S 技术/工具的把握和实践经验积累,笔者对 M&S 技术/工具未来发展的构想(试举几例)如下:

(1)当前,产品、过程模型和仿真存在一个普遍的问题,即它们通常只是针对某些特定的参数建立的,而不适用于更大范围。未来的模型将没有大小的限制,凡在可控范围内都可建模甚至外延至整个世界范围,模型将仍然保持精确性。

(2)未来的仿真模型的建立必须基于对现实的深入理解和把握,模型要尽可能逼真地模拟现实世界。模型能够根据现实世界的实践,吸收模型用户的知识和经验教训,进行自学习和自适应调整。未来的 M&S 工具将不断汲取最新科学知识库的内容(基于优化算法、人工智能等不断学习和发展起来的),基于科学的理论建立模型,并可以实现从微观层次到宏观层次的连续体建模。

(3) 未来的仿真模型具有极好的兼容性,能够通过自定义接口实现即插即用,不需要用于模型集成和修改的额外花费。每一个产品和过程模型都对自己的需求、行为和能力有清楚的认识。例如,当一个新的组件(如一个过程控制元件)要加入系统中时,不需要人工协助就能与系统中所有的其他组件的模型进行协商,有机地嵌入系统中。

(4) 未来的模型和仿真系统将学会了解自己的需要、目标和外界需求,然后作用于其他模型和企业知识仓库,从而能够基于一定的规则不断改善自己。例如,产品模型将不断地对自身进行优化,即在实时掌握各类信息(例如零件和原料的可用性、车间生产能力、加工设备和单元的工作能力等)的基础上,使模型在环境适用性和可生产性等方面得到优化。

(5) 随着 M&S 的普及,制造商将可以对整个企业建立一个实时、精确的仿真模型。模型中包括企业产品、过程、各类资源、企业资产、约束条件和需求等所有内容。M&S 的最终目标就是使活动的企业模型成为一个企业控制器,可以控制企业各项功能,实时监控运行情况,掌握每一步运行状态。利用企业模型明确问题和相互关系,估计预期行为将产生的效果,从而确保企业的运作能不断地对需求和外界条件的变化做出正确的响应。

(6) M&S 技术将从专门的研究与解决问题的工具发展为一项通用的技术,广泛支持制造企业所有部门和所有的运行使用过程。高层领导、基层管理人员、监督人员和生产工人通过与活动的企业模型相连的虚拟界面,实时得到他们所需的任何信息,例如操作、活动和过程信息等,从而控制企业运行。随着仿真技术的不断发展以及相应的智能建模软件的不断普及,M&S 工具会更加便宜,使用起来会更为简单。

(7) 随着机器智能的发展,M&S 系统/工具的智能化水平不断提高。产品及过程开发人员在智能化的顾问软件的帮助下,将极大地提高工作的效率和质量。在产品实现过程中的每一阶段,智能化的顾问系统都将向开发人员提供强有力的帮助。这些智能化的顾问软件可以根据科学原理知识库和实践经验知识库的内容,帮助设计人员逐步攻克障碍,避免错误发生,在设计的每一个阶段都优化开发人员的设计方案。

(8) 随着针对通用物料、过程和零部件等科学化 M&S 工作的大量开展,国内国际关于标准化模型与仿真的存储系统(模型库、算法库、仿真结果库)将不断得到扩充。存储系统中这些模型可以被不同行业的制造商所共享,并提供对比验证。从而,针对各种业务和生产过程进行仿真建模的成本及时间会大大减少。

(9) 未来完善的信息基础设施为智能制造系统与企业内外部数据准确、实时的交换提供了接口,因而未来的 M&S 系统将得到很好的能力支持,团队成员可以在完全虚拟的环境中对产品、过程和设备进行设计、优化及验证。支持 M&S 系统的分析工具将被自动唤醒,同时在后台运行;然后智能化的计算机顾问系统将根据有关指令,帮助设计人员和管理人员解决争议和做出最佳决策。

(10) 为了保持模型的准确性和实时性,未来的仿真模型将通过企业的 CPS 与所有相关数据实时联系起来,从而适应业务的不断变化。例如,产品模型将与原料、劳动成本数据库联系起来,从而连续不断地、清楚地计算出实际产品成本,同时它还能把相关参数的变化(如原材料价格上涨)通知给管理人员,以引起相应的注意(如采用低成本的原材料)。

(11) 基于完善的 M&S 基础工具,可以建立全企业的控制系统。这个控制系统含有一个顶层的企业模型,在该模型中,所有的产品、过程和资源模型彼此联系,相互作用,共同驱动和控制着企业的运行。当然,这一切都需要最大限度地提供完备、准确、实时的数据。目前企业的信息系统将被"虚拟现场"系统(即 CPS 中的虚拟空间)所取代,操作人员、管理人员、设计人员将根据各自的职能处于企业模型中不同的层面上,相互作用,协调工作。"虚拟现场"具有如下优点:

① 可以即时、清楚、准确地掌握各类人员的工作情况;

② 快速对问题及其解决方案进行分析和评估,帮助做出最佳的决策;

③ 迅速将所作的修改和变化情况传达到企业中所有会受到影响的部门,同时自动地更新现有的企业模型。

10.4　小结

未来的制造企业是全面联通的企业,在全世界任何地方都能对工程、生产、销售和售后服务等进行管理及控制。基于丰富的科学理论和专家知识的共享,利用先进的、智能化的 M&S 技术/工具,优化产品设计和生产工艺,每次都可以实现百分之百的合格产品的"首发即中",从而大大缩短产品从设计到生产所需的时间。一旦敏锐察觉、感知到客户需求、市场环境的变化,制造业生态圈内的头部企业将迅速联合其他企业,动态调整合作团队,快速响应客户需求和市场的变化。

目前,使用基于模型的通用知识库,采用一致的系统架构形式,以多个视图,从众多不同的方面对处于系统全生命周期的各个阶段的客户、利益相关者和团队成员提供支持,正在形成一种常态化的方法。未来,制造业 CPS 中的 M&S 系统将根据系统的指令和自动捕获的需求信息,人类+智能机器开展协同 M&S 的活动,支持制造企业做出对复杂产品/系统的最佳决策。

尽管我们不知道通用智能、超级智能何时能实现,但笔者坚信,它们正迅速向我们走来。日渐智能化的 M&S 技术(系统)为我们认识和改造现实世界,不断提供越来越强大的工具。智能的 M&S 技术/系统必将服务于中国制造业的腾飞,支撑中国从制造大国走向制造强国,支持中国梦的实现。

参 考 文 献

[1] 赫拉利.人类简史:从动物到上帝[M].林俊宏,译.北京:中信出版社,2017.
[2] 赫拉利.未来简史:从智人到智神[M].林俊宏,译.北京:中信出版社,2017.
[3] 尼葛洛庞帝.数字化生存[M].胡泳,范海燕,译.北京:电子工业出版社,2017.
[4] 凯利.失控:全人类的最后命运和结局[M].张行舟,陈新武,王钦,等译.北京:电子工业
     出版社,2016.
[5] 迈尔-舍恩伯格,库克耶.大数据时代:生活、工作与思维的大革命[M].盛杨燕,周涛,译.
     杭州:浙江人民出版社,2013.
[6] DEAN J.大数据挖掘与机器学习:工业 4.0 时代重塑商业价值[M].林清怡,译.北京:人
     民邮电出版社,2015.
[7] 史密斯.简单统计学:如何轻松识破一本正经的胡说八道[M].刘清山,译.南昌:江西人
     民出版社,2018.
[8] 史密斯.错觉:AI 如何通过数据挖掘误导我们[M].钟欣奕,译.北京:中信出版社,2019.
[9] 陈敏伯.单靠实验数据统计拟合能逼近真理吗?——论"凭什么相信计算"之三[J].化学
     通报,2019,79(3):196-204.
[10] 吴军.智能时代:大数据与智能革命重新定义未来[M].北京:中信出版社,2016.
[11] 珀尔,麦肯齐.为什么:关于因果关系的新科学[M].江生,于华,译.北京:中信出版
     社,2019.
[12] 多伊奇.真实世界的脉络:平行宇宙及其寓意[M].2 版.梁焰,黄雄,译.北京:人民邮电
     出版社,2016.
[13] 李建中,刘显敏.大数据的一个重要方面:数据可用性[J].计算机研究与发展,2013,
     50(6):1147-1162.
[14] 奥尼尔.算法霸权:数学杀伤性武器的威胁[M].马青玲,译.北京:中信出版社,2018.
[15] 沙利文,安吉拉·朱塔弗恩.数字时代的企业进化:机器智能+人类智能=无限创新
     [M].冯雷,冯瑜,钟春来,等译.北京:机械工业出版社,2020.
[16] 西尔弗.信号与噪声[M].胡晓姣,张新,译.北京:中信出版社,2013.
[17] 马库斯,欧内斯特·戴维斯.如何创造可信的 AI[M].龙志勇,译.杭州:浙江教育出版
     社,2020.
[18] 佩奇.模型思维[M].贾拥民,译.杭州:浙江人民出版社,2019.
[19] 孙东川,孙凯,钟拥军.系统工程引论[M].4 版.北京:清华大学出版社,2019.
[20] 国际系统工程协会(INCOSE).系统工程手册:系统生命周期流程和活动指南[M].张新
     国,译.北京:机械工业出版社,2014.
[21] MINSKY M L. Matter, minds and models, Proceedings of the International Federation
     for Information Processing (IFIP) Congress[C]. Washington DC Spartan Books,1965:45-49.
[22] 王精业.仿真科学与技术原理[M].北京:电子工业出版社,2012.
[23] 肖田元,范文慧.系统仿真导论[M].2 版.北京:清华大学出版社,2010.
[24] 中国仿真学会.建模与仿真技术词典[M].北京:科学出版社,2018.
[25] Fritzson P. Principles of Objet Oriented Modeling and Simulation with Modilica 2.1[M].
     Sweden:John Wiley & Sons,Ltd. ,2004.

[26] Department of Defense. DoD Modeling and Simulation（M&S）Management[R]. Drective Number 5000. 59，August 8，2007.

[27] PREZIOSI L，BELLOMO L N. Modeling，Mathematical Method and Scientific Computation[M]. Boca Raton：CRC Press，1995.

[28] VELTEN K. 数学建模与仿真：科学与工程导论[M]. 周旭，译. 北京：国防工业出版社，2012.

[29] FISHER R A. Statistical Methods and Scientific Inference[M]. Edinburgh：Oliver & Boyd，1956.

[30] DEUTSCH D. 真实世界的脉络[M]. 桂林：广西师范大学出版社，2002.

[31] TAYLOR J C. 自然规律中蕴蓄的统一性[M]. 北京：北京理工大学出版社，2004.

[32] GOLOMB S W. Mathematical models uses and limitation[J]. Simulation，1970，4（14）：197-198.

[33] 米歇尔. 复杂[M]. 唐璐，译. 长沙：湖南科学技术出版社，2018.

[34] 梅菲尔德. 复杂的引擎[M]. 唐璐，译. 长沙：湖南科学技术出版社，2018.

[35] 霍兰. 隐秩序：适应性创造复杂性[M]. 周晓牧，韩晖，译. 上海：上海科技教育出版社，2019.

[36] 于景元，刘毅，马昌超. 关于复杂性研究[J]. 系统仿真学报，2002，14（11）：1417-1424，1446.

[37] 金吾伦，郭元林. 复杂性科学及其演变[J]. 复杂系统与复杂性科学，2004，1（1）：1-5.

[38] 黄欣荣. 复杂性科学的方法论研究[M]. 重庆：重庆大学出版社，2006.

[39] 殷瑞钰，汪应洛，李伯聪，等. 工程哲学[M]. 2版. 北京：高等教育出版社，2013.

[40] 钱学森，许国志，王寿云. 组织管理的技术：系统工程[M].//钱学森. 论系统工程. 长沙：湖南科学技术出版社，1982.

[41] System and Software Engineering System Life Cycle Processes：2015. ISO 15288[S/OL] https：//www. iso. org/standard/63711. html.

[42] 美国国家航空宇航局（NASA）. NASA系统工程手册[M]. 朱一凡，李群，杨峰，等译. 北京：电子工业出版社，2012.

[43] 希金斯. 系统工程：21世纪的系统方法论[M]. 朱一凡，王涛，杨峰，译. 北京：电子工业出版社，2017.

[44] 栾恩杰，陈红涛，赵滟，等. 工程系统与系统工程[J]. 工程研究——跨学科视野中的工程，2016，8（5）：480-490.

[45] 陈英武，姜江. 关于体系及体系工程[J]. 国防科技，2008，29（5）：30-35.

[46] 胡晓峰，张斌. 体系复杂性与体系工程[J]. 中国电子科学研究院学报，2011，6（5）：446-450.

[47] 赵青松，杨克巍，陈英武，等. 体系工程与体系结构建模方法与技术[M]. 北京：国防工业出版社，2013.

[48] 张宏军，韦正现，鞠鸿彬，等. 武器装备体系原理与工程方法[M]. 北京：电子工业出版社，2019.

[49] 沈雪石，吴集，安波，等. 装备技术体系设计理论与方法[M]. 北京：国防工业出版社，2014.

[50] 胡晓峰. 战争复杂性与复杂体系仿真问题[J]. 军事运筹与系统工程，2010，24：27-34.

[51] 克劳利，卡梅隆，赛尔瓦. 系统架构：复杂系统的产品设计与开发[M]. 北京：机械工业出版社，2020.

［52］ 李伯虎,柴旭东,杨明,等.现代建模与仿真技术的发展［J］//中国科学技术前沿（中国工程院版,第六卷）.北京：高等教育出版社,2003.

［53］ 李伯虎,柴旭东,朱文海,等.现代建模与仿真技术发展中的几个焦点［J］.系统仿真学报,2004,16(9)：1871-1878.

［54］ 刘晓平,唐益明,郑利平.复杂系统与复杂系统仿真研究综述［J］.系统仿真学报,2008,20(23)：6303-6315.

［55］ 杨明,张冰,王子才.建模与仿真技术发展趋势分析［J］.系统仿真学报,2004,16(9)：1901-1904.

［56］ 黄柯棣.对建模与仿真技术学科的粗浅理解［J］.计算机仿真,2004,21(9)：Ⅵ-Ⅸ.

［57］ 王子才.仿真科学的发展及形成［J］.系统仿真学报,2005,17(6)：1279-1281.

［58］ 刘兴堂.仿真科学技术及工程［M］.北京：科学出版社,2013.

［59］ 刘宝宏,黄柯棣.多分辨率建模的研究现状与发展［J］.系统仿真学报,2004,16(6)：1150-1154.

［60］ 刘宝宏,黄柯棣.多分辨率模型联合仿真的研究［J］.计算机仿真,2005,22(2)：9-11.

［61］ 杜燕波,杨建军,吕伟,等.多分辨率建模与仿真相关概念研究［J］.系统仿真学报,2008,20(6)：1386-1389.

［62］ 杨立功,郭齐胜,徐如燕.多分辨率建模方法及其在分布交互仿真中的应用［J］.计算机工程与应用,2002,4：37-39,149.

［63］ 李京伟.多分辨率建模在航母战斗群作战仿真中的应用研究［J］.系统仿真学报,2013,25(8)：1924-1929.

［64］ 刘宝宏,黄柯棣.多分辨率模型系中的一致性问题研究［J］.系统仿真学报,2005,17(9)：2057-2059,2074.

［65］ 李剑雄,朱早红,张德群.多分辨率建模及其军事应用［J］.情报指挥控制系统与仿真技术,2005,27(5)：21-25,33.

［66］ 梁义芝,张维石,康晓予,等.仿真模型重用方法综述［J］.计算机仿真,2008,25(8)：1-5,13.

［67］ 刘营,张霖,赖李嫒君.复杂系统仿真的模型重用研究［J］.中国科学,2018,48(7)：743-766.

［68］ FUJIMOTO R,BOCK C,CHEN W,et al. Research Challenges in Modeling & Simulation for Engineering Complex Systems［M］.Berlin：Springer,2017.

［69］ 许素红,吴晓燕,刘兴堂.关于建模与仿真 VV&A 原则的研究［J］.计算机仿真,2003,8：39-42,132.

［70］ 金伟新,肖田元,胡晓峰,等.分布式集群协同仿真研究［J］.计算机仿真,2005,5：120-123.

［71］ TOLK A.作战建模与分布式仿真的工程原理［M］.郭齐胜,徐享忠,王勃,等译.北京：国防工业出版社,2016.

［72］ 宋晓,李伯虎,迟鹏,等.复杂系统建模与仿真语言［M］.北京：清华大学出版社,2020.

［73］ 雷尼,图尔克.建模与仿真在体系工程中的应用［M］.张宏军,李宝柱,刘广,等译.北京：国防工业出版社,2019.

［74］ 张宏军,韦正规,鞠鸿彬,等.武器装备体系原理与工程方法［M］.北京：电子工程出版社,2019.

［75］ 蒋彩支,王维平,李群.SysML：一种新的系统建模语言［J］.系统仿真学报,2006,18(6)：

1483-1487.

[76] 吴娟,王明哲.DoDAF 产品集的 SysML 模型支持[J].兵工自动化,2006,25(2):13-15.

[77] 石福丽,黄炎炎,朱一凡,等.基于 SysML 的无人侦察机需求描述方法研究[J].计算机仿真,2007,24(6):53-56.

[78] 熊光楞,李伯虎,柴旭东.虚拟样机技术[J].系统仿真学报,2001,13(1):114-117.

[79] 李伯虎,柴旭东.复杂产品虚拟样机工程[J].计算机集成制造系统,2002,8(9):678-683.

[80] 李伯虎,朱文海,刘杰,等.复杂产品虚拟样机技术的研究与实践[J].测控技术,2001,20(11):1-6.

[81] 柴旭东,李伯虎,熊光楞,等.复杂产品协同仿真平台的研究与实现[J].计算机集成制造系统,2002,8(7):580-584.

[82] 侯宝存,李伯虎,柴旭东,等.虚拟样机设计仿真环境中多领域工具集成的研究[J].系统仿真学报,2004,16(2):234-237,241.

[83] 王江云,王行仁,贾荣珍.协同仿真环境体系结构[J].系统仿真学报,2001,13(6):687-689.

[84] 陈曦,王执铨,吴慧中.复杂产品虚拟样机技术研究[J].计算机仿真,2005,22(12):132-135.

[85] DoD SBA Task Force. A Roadmap for Simulation Based Acquisition[EB/OL](1998-12-09)[2021-8-1]. http://www. msosa. dmso. mil/sba/documents. asp.

[86] Department of the Navy Acquisition Reform Office. Simulation based acquisition (SBA) status and international implications[R]. Washington,DC:US DoD,2000.

[87] 周振浩,曹建国,王行仁.基于仿真的采办(SBA)研究与应用对策[J].系统仿真学报,2003,15(9):1261-1264.

[88] 黄柯棣,段红,姚新宇.我国"基于仿真的采办"现状和期望[C]//2005 全国仿真技术学术会议论文集,1-6.

[89] 李伯虎,柴旭东,朱文海,等.SBA 支撑环境技术的研究[J].系统仿真学报,2004,16(2):181-185.

[90] 刘同,吕彬.美军武器装备采办绩效评估研究[M].北京:国防工业出版社,2017.

[91] GLAESSGEN E,STARGEL D. The Digital Twin Paradigm for Future NASA and U. S. Air Force Vehicles[M/OL]. 53rd AIAA/ASME/ASCE/AHS/ASC Structures, Structural Dynamics and Materials Conference. American Institute of Aeronautics and Astronautics,2012[2020-01-20]. https://doi. org/10. 2514/6. 2012-1818. DOI:10. 2514/6. 2012-1818.

[92] GRIEVES M W. Virtually Intelligent Product Systems:Digital and Physical Twins[M/OL]. Complex Systems Engineering:Theory and Practice. American Institute of Aeronautics and Astronautics, 2019:175-200. [2020-01-20]https://doi. org/10. 2514/5. 9781624105654. 0175. 0200. DOI:10. 2514/5. 9781624105654. 0175. 0200.

[93] KRAFT E M. HPCMP CREATE-AV and the air force digital thread[C]. 53rd AIAA Aerospace Sciences Meeting, 2015[2015-1-5,2015-1-9]. Reston:American Institute of Aeronautics and Astronautics Inc. ,AIAA,2015. DOI:10. 2514/6. 2015-0042.

[94] 庄存波,刘检华,熊辉,等.产品数字孪生体的内涵、体系结构及其发展趋势[J].计算机集成制造系统,2017,23(4):753-768.

[95] 陶飞,刘蔚然,刘检华,等.数字孪生及其应用探索[J].计算机集成制造系统,2018,24(1):1-18.

［96］ 陶飞，刘蔚然，张萌，等.数字孪生五维模型及十大领域应用［J］.计算机集成制造系统，2019,25(1)：1-18.

［97］ 张霖.关于数字孪生的冷思考及其背后的建模和仿真技术［J］.中国仿真学会通讯，2019,9(4)：58-62.

［98］ 周军华，薛俊杰，李鹤宇，等.关于武器系统数字孪生的若干思考［J］.系统仿真学报，2020,32(4)：539-552.

［99］ 刘青，刘滨，王冠，等.数字孪生的模型、问题与进展研究［J］.河北科技大学学报，2019,40(1)：68-78.

［100］ 陶飞，马昕，胡天亮，等.数字孪生标准体系［J］.计算机集成制造系统，2019,25(10)：2405-2418.

［101］ 袁胜华，张腾，钮建伟.数字孪生技术在航天制造领域中的应用［J］.强度与环境，2020,47(3)：57-64.

［102］ 胡权.数字孪生体：第四次工业革命的通用目的技术［M］.北京：人民邮电出版社，2021.

［103］ 郭亮，张煜.数字孪生在制造中的应用进展综述［J］.机械科学与技术，2020,39(4)：590-598.

［104］ 董磊.以数字线索理念为指导的系统生命周期管理解决方案［J］.智能制造，2020,10：39-40.

［105］ FISHER J. Model-based systems engineering：a new paradigm［J］. Insight，1998，1(3)：3-49.

［106］ AIAA. Model-Based Systems Engineering Pilot Program at NASA Langley［C］∥AIAA SPACE 2012 Conference & Exposition，2012.

［107］ 朱静，杨晖，高亚辉，等.基于模型的系统工程概述［J］.航空发动机，2016,42(4)：12-16.

［108］ 王崑声，袁建华，陈红涛.国外基于模型的系统工程方法研究与实践［J］.中国航天，2012,11：52-57.

［109］ 陈红涛，邓昱晨，袁建华，等.基于模型的系统工程的基本原理［J］.中国航天，2016,3：18-23.

［110］ 贾晨曦，王林峰.国内基于模型的系统工程面临的挑战及发展建议［J］.系统科学学报，2016,24(4)：100-104.

［111］ 梅芊，黄丹，卢艺.基于 MBSE 的民用飞机功能架构设计方法［J］.北京航空航天大学学报，2019,45(5)：1042-1051.

［112］ 韩凤宇，林益明，范海涛.基于模型的系统工程在航天器研制中的研究与实践［J］.航天器工程，2014,23(3)：119-125.

［113］ 刘玉生.MBSE：实现中国制造创新设计的使能技术探析［J］.科技导报，2017,35(22)：58-64.

［114］ 毛寅轩，袁建华.基于模型系统工程方法研究与展望［J］.电脑开发与应用，2014,27(4)：71-75.

［115］ 卢志昂，刘霞，毛寅轩，等.基于模型的系统工程方法在卫星总体设计中的应用实践［J］.航天器工程，2018,27(3)：7-16.

［116］ 周兵.支持 MBSE 的企业信息管理系统发展与启示［J］.电讯技术，2018,58(7)：852-858.

［117］ 胡峻豪，冯雷，朱睿，等.支持 MBSE 的系统全过程设计应用框架研究与实现［J］.航空制

造技术,2016,13：105-109.

[118] 张柏楠,戚发轫,邢涛,等.基于模型的载人航天器研制方法研究与实践[J].航空学报,2020,41(7)：023967-1-023967-9.

[119] 邓昱晨,毛寅轩,夏倩雯.基于模型的系统工程的应用及发展[J].科技导报,2019,7：49-54.

[120] 胡京煜.基于模型的系统工程方法在导弹总体设计中应用[J].科技与创新,2019,11：153-155.

[121] 于景元,周晓纪.综合集成方法与总体设计部[J].复杂系统与复杂性科学,2004,1：20-26.

[122] BRADLEY T H.基于模型的系统工程有效方法[M].高星海,译.北京：北京航空航天大学出版社,2020.

[123] 朱文海.制造业数字化转型的系统方法论：局部服从全局[M].北京：北京大学出版社,2021.

[124] 梅多斯.系统之美：决策者的系统思考[M].邱昭良,译.杭州：浙江人民出版社,2012.

[125] 朱文海,施国强,林廷宇.从计算机集成制造到智能制造：循序渐进与突变[M].北京：电子工业出版社,2020.

[126] 波斯特洛姆.超级智能：线路图、危险性与应对策略[M].张体伟,张玉青,译.北京：中信出版社,2015.

[127] KURZWEIL R.人工智能的未来[M].盛杨燕,译.杭州：浙江人民出版社,2016.

[128] KURZWEIL R.奇点临近[M].李庆诚,董华,田源,译.北京：机械工业出版社,2018.

[129] 巴拉特.我们最后的发明：人工智能与人类时代的终结[M].闾佳,译.北京：电子工业出版社,2016.

[130] 米歇尔.AI 3.0：A GUIDE FOR THINKING HUMANS[M].王飞跃,李玉珂,王晓,等译.成都：四川科学技术出版社,2021.

[131] 戴曼迪斯,科特勒.创业无谓：指数级成长路线图[M].贾拥民,译.杭州：浙江人民出版社,2015.

致　　谢

感谢中国工程院李伯虎院士,感谢他率领我们大家在系统工程、建模与仿真、复杂产品虚拟样机、虚拟采办(SBA)等领域开展研究与实践探索。无论是建模与仿真、虚拟样机、虚拟采办等,还是今天的智能制造、MBSE,李院士一直都在为我们指引技术研究的方向,并身体力行地长年坚持研究与探索工作。

感谢复杂产品智能制造系统技术国家重点实验室(以下简称国家重点实验室)依托单位北京电子工程总体研究所的领导和同志们给予的关心和帮助,特别感谢国家重点实验室张维刚主任、王蒙一副主任的大力支持和帮助。感谢国家重点实验室办公室全静主任、王瑾主管;感谢依托单位的工程信息中心的施国强主任、沈人豪书记、周军华副主任、林廷宇副主任;感谢档案资料室的陈洪磊主任、苗薇书记;感谢《系统仿真学报》《现代防御技术》编辑部的王娜、安静等;感谢国家重点实验室所有团队成员在本书成书过程中给予的支持和帮助!感谢我国建模与仿真领域领导和专家们多年来的关心和鼓励!

感谢清华大学出版社的刘杨等,为本书的正式出版所付出的辛苦和帮助!

最后感谢笔者亲人们的默默付出!